JN041738

生命と医療の本質を探る

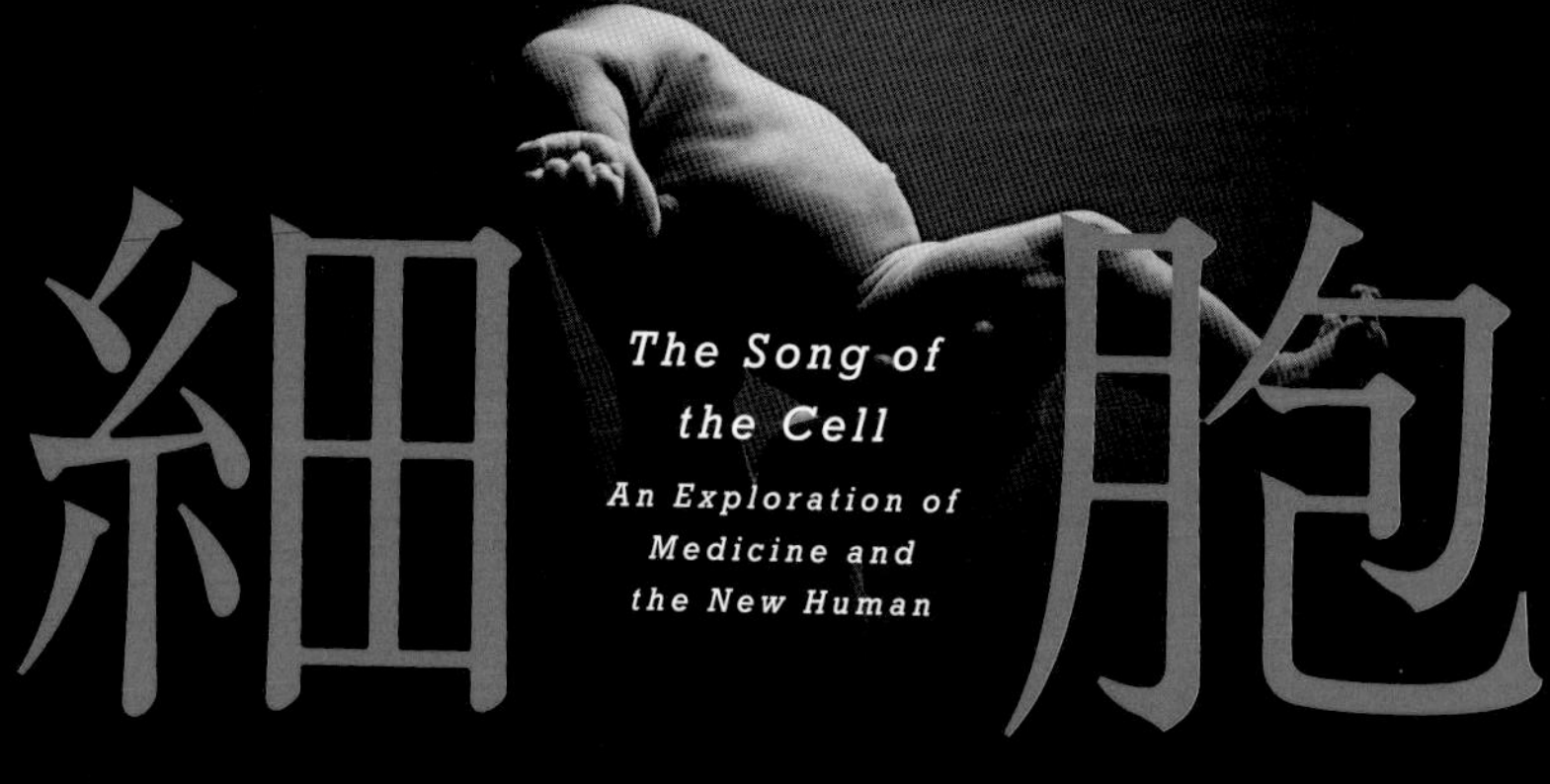

細胞

The Song of the Cell
An Exploration of Medicine and the New Human

下

シッダールタ・ムカジー
Siddhartha Mukherjee

田中 文 訳

早川書房

1　エイズを克服した最初の患者のひとりである、ティモシー・レイ・ブラウン。彼は「ベルリンの患者」として知られていた。2012年5月23日、南フランスのマルセイユで開催されたHIV・新興感染症国際シンポジウムにて撮影された写真。HIVに感染してから10年以上が経過したあと、彼は天然のCCR5 Δ 32変異を持つ「ドナー」細胞を含む骨髄の試験的な移植を受けた。細胞表面受容体であるCCR5にこの変異を持つ人は、HIVに感染しないことが知られている。ドイツ人血液専門医ゲロ・ヒュッターの研究チームがこの骨髄移植を主導した。ブラウンは最終的に白血病のために命を落としたが、骨髄移植によって、HIVへの天然の抵抗力を獲得した可能性が高いと考えられている。ブラウンという症例から、HIVワクチンについてのさまざまな問題が提起された。

2　1876年に撮影されたサンティアゴ・ラモン・イ・カハールの写真。カミッロ・ゴルジが開発した染色法を使ってカハールが描いた神経系のスケッチは、脳神経系の働きについての概念に革命をもたらした。カハールのスケッチは、最も美しく意義深い科学のスケッチのひとつとみなされている。

3　フレデリック・バンティングとチャールズ・ベストと犬。1921年8月、トロント大学の医療棟の屋上にて。バンティングとベストは、血糖値を調節する主要なホルモンであるインスリンを分離して精製するための巧妙な実験法を考案した。

4　造血幹細胞の同定についての画期的な研究により、ラスカー基礎医学研究賞を共同受賞したジェームズ・ティル（左）とアーネスト・マッカロ（右）。ニューヨークにて。

5　2001年にノーベル生理学医学賞を受賞したリーランド・ハートウェル（左）。2001年10月8日、ワシントン州シアトルでの記者会見のあと、1990年のノーベル賞受賞者であるエドワード・ドナル・トーマスに語りかけている。フレッド・ハッチンソンがん研究センターの所長兼名誉会長で、ワシントン大学の遺伝学部教授でもあるハートウェルは、細胞分裂のメカニズムに関する歴史的な研究によりノーベル賞を受賞し、トーマスも1990年に、骨髄移植の開発により同賞を受賞した。一見、かけ離れているように思えるこれら2つの細胞生物学分野は今では共通のテーマや関連性（たとえば、ヒトに移植された造血幹細胞の増殖をうながし、新しい血液を構築させる効果的な方法の開発など）によって結びつきつつある。

細胞——生命と医療の本質を探る——

〔下〕

日本語版翻訳権独占
早　川　書　房

THE SONG OF THE CELL

An Exploration of Medicine and the New Human

by

Siddhartha Mukherjee

Translated by
Fumi Tanaka
First published 2024 in Japan by
Hayakawa Publishing, Inc.
This book is published in Japan by
direct arrangement with
The Wylie Agency (UK) Ltd.

カバーデザイン／鈴木大輔・仲條世菜（ソウルデザイン）
カバー写真／© Getty Images

目次

第六部　再生　167

＊訳注は、本文内は割注、原注内は〔　〕で示した。

上巻目次

第三部

血液

（承前）

識別する細胞——T細胞の鋭い知性

何世紀ものあいだ、胸腺は機能不明の器官だった。

——ジャック・ミラー[1]

一九六一年、ロンドン大学の三〇歳の博士課程の学生ジャック・ミラーが、あるヒトの器官の機能を解明した。[2] 大半の科学者に長いあいだ忘れ去られていたその器官、胸腺(きょうせん)（thymus）は、タイム（thyme）の葉になんとなく形が似ていることからそう名づけられた。ガレノスは胸腺を心臓の上にある「大きくて、やわらかい腺」であると説明している。紀元二世紀の医師であるガレノスですら、人間が成長するにつれて胸腺が少しずつ小さくなっていくことに気づいた。おまけに、成体の動物から胸腺を取り除いても、何も起こらなかった。しだいに縮んでいく、不用な、葉のような形の器官。そんなものがヒトの生命維持に欠かせない器官などということがありうるだろうか？　医師や科学者はしだいに、胸腺は進化の過程で取り残された不用な痕跡器官だと考えるようになった。虫垂や尾骨のようなものだと。

しかし胎児の発生過程では、胸腺はなんらかの機能を担っているのではないだろうか？　極小の鉗(かん)子(し)と極細のシルク縫合糸を使って、ミラーは生後一六時間のマウスの子の胸腺を摘出した。その影響は予期せぬものであるとともに、劇的だった。血中のリンパ球（マクロファージや単球以外の白血球）の数が激減し、マウスは感染症にかかりやすくなったのだ。Ｂ細胞数も減少していたが、それ以外の白血球（それまで未知だった白血球）の減り具合のほうがはるかに著しかった。多くのマウスが肝炎ウイルスの感染によって死んだ。脾臓（ひぞう）に細菌のコロニーができているマウスも多かった。さらに不可解だったのは、ミラーが別のマウスの皮膚をマウスの脇腹に移植しても、拒絶反応が起きなかったことだ。それどころか、皮膚は生着し、「ふさふさの体毛」を生やした。[3] マウスはあたかも、自分自身の組織と別の個体の組織を見分けるメカニズムを失っているかのようだった。まるで「自己」の感覚をなくしてしまったかのように。

一九六〇年代半ばには、ミラーをはじめとする研究者たちは、胸腺は痕跡などではないことに気づいていた。新生児では、胸腺はある種の免疫細胞が成熟する場だった。その免疫細胞とはＢ細胞ではなく、Ｔ細胞だ（Ｔは胸腺 Thymus を意味する）。

しかしＢ細胞が微生物を殺す抗体をつくるなら、Ｔ細胞は何をしているのだろう？　Ｔ細胞を持たないマウスはなぜ感染しやすくなり、移植された皮膚をおとなしく受け入れるようになるのだろう？　本来ならすぐに拒絶反応が起きるはずなのに？　マウスはなぜ、どのようにして、自己の感覚を失ったのだろう？　「自己」とはそもそもなんだろう？

一九七〇年代に入っても、人体にとって最も重要な細胞の生理機能が依然として謎に包まれたままだったという事実は、細胞生物学が科学としていかに初期段階にとどまっていたかを示している。Ｔ細胞が発見されたのは今からほんの五〇年前だった。そして、ミラーの実験から二〇年も経たない一九八一年、Ｔ細胞は人類史上最も際立った特徴を持つ疫病の渦中の存在となる。

アラン・タウンセンドの研究室はオックスフォード大学の端にある分子医学研究所†の敷地内の急な

勾配の頂にある。一九九三年の秋、免疫学専攻の大学院生だった私が、アランのもとで研究するためにオックスフォード大学にやってきたときには、謎めいたＴ細胞の機能はまだ解明されていなかった。研究所はモダニズム建築の建物だった。正面のデスクにいるウェールズ訛りの強い女性警備員は、身分証の確認を決して怠らず、しかるべき証明を持っていないと、絶対に通してくれなかった。身分証を探してポケットを手探りする日々が二年間続いたあと、私はついに勇気を出して彼女と対決することにした。私は二四カ月間、毎日、ここに来ているのですが、もう顔を覚えていただけていますよね？

彼女は無表情のまま、私を見て言った。「私はただ自分の仕事をしているだけです」。彼女の仕事とはおそらく、侵入者を見つけることだった。もしかしたら私は、夜、培養中のＴ細胞に餌を与えるという極秘ミッションを遂行すべくアストンマーティンに乗って丘をのぼってくるムカジーの覆面をつけたジェームズ・ボンドかもしれないではないか。今思えば、彼女の熱心さには頭が下がる。彼女には免疫力がそなわっていたのだ。

アランの研究室で、私が与えられた課題は、科学者たちを魅了すると同時に、挫折させてきた問題を解決することだった。インフルエンザなどのウイルスが感染後に完全に排除されるのに対し、単純ヘルペスウイルス（ＨＳＶ）やサイトメガロウイルス（ＣＭＶ）、エプスタイン・バールウイルス（ＥＢＶ）などの慢性活動性ウイルスはなぜ、人体内に潜みつづけるのだろう？　このようなウイルスはなぜ、免疫系（とりわけＴ細胞）に打ち負かされないのだろう？

アランの研究室は脈打つような知の楽園であり、私がそれまで経験したことのない熱気であふれていた。午後四時に古い真鍮のベルが鳴ると、研究所で働く人々はカフェテリアに移動し、薄くてぬるい、ほぼ飲用に適さない紅茶を飲み、固すぎてほぼ食用に適さないビスケットを食べた。免疫学のパイオニアのひとりであるイタ・アスコナスがときどきやってきては、カフェテリアの隅のほうで人々に取り囲まれた。ノーベル賞を受賞したケンブリッジ大学の遺伝学者であるシドニー・ブレナーも軽い会話をするために立ち寄ることがあった。私たちが新しい実験結果を話すたびに、彼の見事なまでにふさふさした眉が嬉しそうに持ち上がったり、揺れたりした。

私を直接指導してくれたのは、イタリア人博士研究員のヴィンチェンツォ・セルンドロだった。セルンドロ（エンゾと呼ばれていた）は小柄で、饒舌かつ陽気な人物だった。しかし私が研究室にやってきた最初の数週間、彼は私を完全に無視した。私をよけるようにして通り過ぎながら、研究室の中で忙しそうに動きまわっていた。まるで私が、誰かがまちがった場所に置いていった邪魔な荷物であるかのように。彼は研究論文を書き終えようと奮闘している最中であり、新参の大学院生に免疫学の

---

† この研究所はウェザーオール分子医学研究所と改称された。

‡ これらのウイルスは、免疫による探知を逃れるための特別な方法を進化させてきたことがわかっている。[4] ウイルスの免疫回避と呼ばれる方法だ。EBVの免疫回避に関しては、免疫学者のマリア・マスッチの研究と、私自身の博士課程の研究が同じ答えにたどり着いた。EBVのゲノムには多くの遺伝子がコードされている。しかし、EBVがB細胞内に入ると、ウイルスは、EBNA1とLMP2という二つの遺伝子以外のほぼすべての遺伝子をオフにする。ならばT細胞はこのEBNA1タンパク質を検知すればいいように思えるが、実際には、このタンパク質はT細胞には見えない。その理由のひとつは、EBNA1タンパク質が細胞内で細かく切断されることを拒むからだ。後述するように、T細胞は、主要組織適合遺伝子複合体（MHC）の上に載せられたウイルスタンパク質の断片（ペプチド）しか検知できないことがアラン・タウンセンドによって発見された。だがEBNA1タンパク質は、ペプチドへと切断されないのだ。LMP2の場合は、これとは別の方法で免疫を回避している可能性があるが、詳しいことはまだわかっていない。単純ヘルペスウイルスもまた、独自の方法で免疫を回避している。その方法とは、ペプチドがMHC分子へ輸送されるメカニズムの阻害だ。同様に、サイトメガロウイルス（CMV）も独自の方法で免疫を回避している。MHC（CMV感染細胞をT細胞が認識するのに必要な分子）を破壊するタンパク質をつくるという方法だ。

成り立ちについて詳しく教えるなど、時間とエネルギーの無駄遣いだと思っているようだった。

　彼のプロジェクトのひとつは、マウスとヒト両方の細胞に感染するウイルスを作製することだった。特定の遺伝子の機能を調べるために、ウイルスはヒト細胞にそれらの遺伝子を運び込めるようにデザインされていた。ウイルスを増やすには（つまり、ウイルス粒子を数多くつくるには）、ウイルスを培養細胞に感染させる必要があった。それから培養細胞をすべて試験管に入れ、凍結と解凍をきっちり三回繰り返して、ウイルスを抽出する。それは正確さと鍛錬を必要とする手技だった。凍結したものを解凍しなければ、ウイルス粒子を取り出すことができない。しかしこれを繰り返しすぎると、ウイルスは完全に死んでしまう。私が研究室にやってきてすぐのころのある朝、エンゾが一本の試験管を前にやきもきしていた。実験技師（彼女もイタリア人だった）が彼のためにウイルスの下準備をし、その後、休暇を取っていた。しかしエンゾは、ウイルスがすでに抽出されたのか、されていないのかわからなかった。彼の顔は緊張していた。ウイルスの数が少なければ、論文を書くのに不可欠な実験がすべて水の泡になる。エンゾは小声で悪態をついた。ちくしょう（カヴォーロ）。

　私は彼に試験管を見せてもらえないかと言った。彼は試験管を寄越した。試験管の底のほうに、技師が書いた文字がかろうじて見えた。*C*、*S*、*C*、*S*、*C*、*S*。

「イタリア語で、凍結を意味する言葉は？」と私は尋ねた。

「コンジェラーレ」とエンゾは答えた。

「解凍は？」

「スコンジェラーレ」

　つまり、技師が書いたのはそれだったのだ。「凍結、解凍、凍結、解凍、凍結、解凍」。ただ、それはイタリア語のモールス信号で書かれていた。凍結と解凍が三回繰り返されたという意味だ。

エンゾは鋭い目で私を見た。もしかしたら、私という存在は時間の無駄ではなかったのかもしれない。実験を終えると、彼は私にコーヒーを飲まないかと言った。彼はコーヒーを二杯つくった。私たちのあいだで、何かが解凍した。

私たちは友人になった。私は彼からウイルス学や細胞培養、T細胞の生物学、イタリア語のスラング、そして、美味しいボロネーゼをつくる秘訣を教わった。降りつづく雨のなか、私は毎朝自転車で丘をのぼり、彼とともに実験をして、夕方にはまた雨のなか、丘をくだった。私は気の向くままに実験室を行き来した。実験で使う細胞が培養器で培養されている真夜中、丘をのぼることもあった。

私の内的世界は、T細胞と慢性感染ウイルスとの相互作用をめぐる考えでいっぱいになっていた。自転車で丘をくだりながら、実験について再考し、頭の中でデータを見直し、細胞内でのウイルスのふるまいを想像した。「T細胞のウイルス学を理解するには、ウイルスのように考えなければならない」とエンゾは私に言った。だから私はそうした。ある午後には、EBVに「なり」、翌日はヘルペスに「なった」（後者になるには、ちょっとしたユーモアのセンスが必要だった）。

オックスフォードを離れたあとも、私はエンゾと共同研究を続け、一緒に論文を発表した。彼は私に、実験で使うための細胞を送ってくれ、私は彼に、台所で実験するための母のレシピを送った。世界各地のセミナーで会うたびに、私たちはずっと一緒にいたかのように会話した。私たちの興味の対象はほぼ同時期に、免疫からがんへ、そして最終的に、がんの免疫学へ移った。数十年のあいだに、私は彼の学生から同僚へ、そして友人へと成熟した。しかし結局、彼を満足させられるようなエスプレッソをつくることはできなかった。一度、挑戦したことがあったが、彼は私のつくったエスプレッソを吐き出した。ヴォルフガング・パウリならこう言ったかもしれない。あまりにひどすぎて、まちがってすらいない。

二〇一九年初め、私はエンゾが進行性肺がんと診断されたことを知った。あまりのショックに、私は麻痺したようになり、何日も彼に電話をかけられずにいた。一週間が過ぎた。ひょっとしたら二週間だったかもしれない。私はようやく、ニューヨークから彼の番号をダイヤルした。彼はすぐに電話に出た。そして、病状について淡々と話した。彼が生涯をかけて謎を解き明かそうとしてきたT細胞が、がんと闘う方法を見いだす可能性があった。アラン・タウンセンドは《ネイチャー・イミュノロジー》誌の中で、エンゾについてこう書いている。[5]「〝がんと闘う〟という言葉はよく聞くが、その言葉は、彼の個人的な闘いの薄い影にすぎない。彼は、自分に反逆してきた細胞に対して、強烈かつ過酷な免疫の闘いを繰り広げた。自宅で、あるいは世界中から手に入れられるあらゆる手段を使って、自身の深い知識や経験を総動員して奮闘した。そうしながらも……平静を保ち、ひとつのセミナーも欠席することなく、いつも学生や同僚の相談に乗ってくれた。まさに、至高の勇気の体現者だった」

二〇二〇年、オックスフォードで講演をするためにイギリスに行く数週間前に、私はエンゾが亡くなったことを知った。私はイギリス行きをキャンセルした。その晩、静まりかえった研究室で、指導教官であり、ボロネーゼの師匠だった友人の思い出に耽った。彼との時間を胸に押しとどめた。やがてそれが固まるまで。薄闇の中で茫然としたまま、自分が乾き切り、凝固したように感じていた。それから何時間も経ってからようやく、悲しみがいっきにあふれ出した。涙が止めどなく流れた。

凍結。解凍。

膜で隔てられた内部と外部。感染が起きているあいだ、T細胞は何をしているのだろう？　ヒトの免疫系の視点から見ると、微生物の世界は二つに分けられる。ひとつは、細胞の「外部」の世界、つまりリンパ液や血液、組織の中を漂っている細菌やウイルスの世界だ。もうひとつは、細胞の「内部」の世界、つまり細胞内に侵入しているウイルスの世界だ。

抽象的な、というよりもむしろ物理的な問題となるのは、後者の世界のほうだ。前述したように、細胞は膜で囲まれた自律性の存在であり、その膜が、細胞を外部と隔てている。細胞の内部(細胞質や核)は閉ざされた聖所であり、細胞自身が表面に送り出すことに決めたシグナルや受容体以外には、外部と通じていない。

しかし、ウイルスが細胞内に棲みはじめたらどうなるだろう? たとえばインフルエンザウイルスが細胞内に侵入し、ウイルスタンパク質を合成するために細胞のタンパク質合成装置を乗っ取ったら? まさしくこれが、ウイルスがしていることだ。ウイルスは「寄生」するのだ。インフルエンザウイルスは人質である宿主細胞を文字どおりのインフルエンザ工場に変え、一時間あたり何千個ものウイルス粒子を生産する。しかし、細胞内に入ることができない抗体はどうすれば、正常細胞のふりをした悪漢のごとき細胞を見分けることができるのだろうか? ウイルスが体内のすべての細胞を利用し、それらを微生物にとっての完璧な聖域にするのをどうすれば防ぐことができるのだろうか?

これらすべてに対する答えが細胞にあることを、私はほどなく知ることになった。そしてその細胞の魅惑的な歌が、カリフォルニアにいた私をオックスフォードのアラン・タウンセンドの研究室へといざなったのだ。その細胞は奇跡的なほど敏感に、ウイルス感染細胞と非感染細胞を見分けることができる。さらに、自己と非自己を区別することもできる。その細胞とは、鋭くて賢い、識別する能力を持つT細胞だ。

一九七〇年代、オーストラリアで研究していた免疫学者のロルフ・ツィンカーナーゲルとピーター・ドハーティーが、T細胞による認識メカニズムを解明する最初のヒントを見つけた。[6] 彼らはまず、いわゆるキラー（細胞傷害性）T細胞の研究から始めた。ウイルスに感染した細胞を認識して毒をかけ、細胞を縮小させて死滅させ、それによって、細胞内に逃げ込んだウイルスを一掃するT細胞だ。このタイプのT細胞は、その表面にCD8という特殊なタンパク質のマーカーを持っている。

ツィンカーナーゲルとドハーティーは、キラーT細胞の奇妙な特徴を発見した。この細胞は、ウイルスに感染した自己細胞のみを認識する能力を持っているのだ。つまり、あなたのキラーT細胞は、ほかでもない、あなたの身体の細胞がウイルスに感染した場合にだけ、その感染細胞を認識することができる。†

キラーT細胞の二つめの特徴もまた謎めいていた。このT細胞は同じ身体由来の細胞を認識することができるが、それが殺すのは同じ身体由来の感染細胞だけなのだ。ウイルスに感染していなければ、殺さない。まるでこのT細胞は、二つの異なる質問をする能力を持っているかのようだった。ひとつめはこんな質問だ。私が今調べているのは、私の身体の細胞だろうか？　つまり、自己だろうか？　二つめはこうだ。この細胞はウイルスに感染しているだろうか？　つまり、自己は変化してしまったのだろうか？　この二つの質問の答えがどちらもイエスであった場合にのみ（自己と感染の両方が成り立った場合にのみ）、T細胞は標的を殺す。

要するに、T細胞は自己を認識するように進化したが、認識できるのは、感染して変化した自己だけだ。しかしどのようにそれを認識するのだろう？　ツィンカーナーゲルとドハーティーは遺伝子技術を用いて、T細胞が自己を認識するのに使う部位を突き止めた。それはMHCクラスIと呼ばれるタンパク質だった。‡

MHC（主要組織適合遺伝子複合体）タンパク質は額縁のようなものだ。正しい額縁、あるいは背景（「あなた自身」という背景）がなければ、T細胞には絵が見えない。たとえ、その絵が「自己」

の歪んだバージョンだったとしても、見えないのだ。あるいはまた、額縁の中に絵（おそらくはウイルスの一部）が入っていなければ、T細胞はやはり感染細胞を見つけられない。T細胞には病原体と自己の両方が必要なのだ。絵と額縁が。‡‡

ツィンカーナーゲルとドハーティーはパズルのピースのひとつを見つけた。T細胞が感染した「自己」を認識するという事実だ。しかし二つめのピースもやはり、見つけるのがむずかしかった。MHCクラスIという分子が関係しているのはわかった。だが細胞はどのようにして、自己が変化したことを、すなわち感染したことを伝えるのだろう。キラーT細胞はいかにして、インフルエンザウイルスに感染した自己細胞を見つけるのだろう？

私のかつての助言者で、その後、親しい友人となったアラン・タウンセンドは、一九九〇年代にこの問題に取り組んだ。最初はロンドンのミルヒルにある国立医学研究所で、その後はオックスフォード

---

† もしT細胞と標的細胞が「非適合」であれば（両者が異なる身体由来であり、表面のタンパク質マーカーが異なっているとしたら）、細胞がウイルスに感染しているかいないかに関係なく、免疫系は標的細胞を殺す。その例が移植細胞に対する拒絶反応だ。他人の細胞をあなたの体内に入れたなら、細胞は拒絶される。この「非自己」認識のメカニズムについては後述する。

‡ MHCクラスIタンパク質は何千種類もある。私たちはそれぞれが独自のMHCクラスI遺伝子の組み合わせを持っている。T細胞が最初に見つけるのはこの自己のMHCだ。感染細胞とキラーT細胞が同じ人由来（同じMHCクラスIを持っている）ならば、感染細胞はT細胞によって認識され、破壊される。

‡‡ この背景にはおそらく、進化に基づく深い理屈があると思われる。マクロファージや単球が提示するペプチド断片は、正真正銘の感染を示している。自由に浮遊している（食細胞の額縁におさまっておらず、正しく提示されていない）断片は、偶然生じた何かの残骸や、さらに悪いことには、ヒト細胞のかけらである可能性もある。こうした「自己」の断片に対する免疫反応は自己免疫反応――T細胞の免疫による破壊的な反応――を引き起こす。

大学で。アランは私がこれまで出会った中で最も優秀かつ先見の明のある科学者のひとりであり、ときにオックスフォード大学の学者の戯画(カリカチュア)そのもののようでもあった。エキゾチックな場所で開催される科学会議に行くのをひどく嫌い、「トロピカル」という言葉を聞くたびにぞっとした。ずっしりとした肉入りのパスティ（イギリスのミートパイ）を毎日のようにランチに食べ、手厳しい婉曲表現を繰り出すという英国人の習慣を完璧に身につけていた。ある考えがばかげているとか、非科学的だと思ったら、彼は遠くをぼんやり見つめ、しばし黙ったあと、こう言うのだ。「なーるほど！　その考えは……その、つまり、かなり微妙（subtle）だね」。告白しよう。研究室でのミーティングで、私はしばしば、かなり微妙だった。

一九八〇年代末から一九九〇年代初めにかけて、タウンセンドをはじめとする研究者たちは、ＣＤ８（キラー）Ｔ細胞がウイルス感染細胞を認識するメカニズムの解明に乗り出した。タウンセンドが最初におこなったのは、キラーＴ細胞を使った実験であり、彼はとりわけ、インフルエンザウイルスに感染した細胞に興味を持っていた。これらの感染細胞はいかにして認識され、排除されるのだろう？　ツィンカーナーゲルとドハーティーが以前示したように、タウンセンドもまた、同じ身体由来のインフルエンザ感染細胞をキラーＴ細胞が認識して破壊することを発見した。要するに、キラーＴ細胞の働きは、自己認識に依存していたのだ。しかし前述したように、破壊されるためには、自己細胞は感染していなければならず、さらに、ウイルスタンパク質を表出していなければならない。では、キラーＴ細胞はどんなウイルスタンパク質を認識するのだろう？　研究者たちは、キラーＴ細胞の中にはインフルエンザタンパク質の存在を検知するものがあることを発見していた。インフルエンザ感染細胞の内部にある、核タンパク質（ＮＰ）の存在を。†

しかし、謎はここから始まった。それは、内側・外側問題だった。「ＮＰというこのタンパク質が細胞表面に出ることはない」とアランは私に言った。[7] 私たちは講義を終えて帰る途中で、ロンドンのタクシーに乗っていた。ロンドンの夕暮れ時らしく、陽はときおり斜めに射し込むだけだった。私たちが通り抜けていく街路――リージェント・ストリート、バリー・ストリート――には、ぽつぽつと明かりの灯った窓や、ドアの堅く閉ざされた家々がどこまでも連なっていた。家を一軒一軒まわる探偵はどうすれば、どこかの家の内側にいるひとりの住人を見つけ出すことができるのだろう。その人物が決して家の外側に顔を出さないとしたら？

Ｔ細胞も細胞の内側に入ることはできない。細胞膜があるからだ。だとすればＴ細胞はどうやって感染細胞の内側を調べることができるのだろう？

「ＮＰはつねに細胞内にとどまっている」とアランは続けた。自身の実験を思い出していたのだろう、前方を凝視するようなその目はしかし、輝いていた。彼はきわめて繊細な分析をおこなっていた。Ｔ細胞が認識できるごくわずかな量のＮＰがインフルエンザ感染細胞の表面に出てはいないかと、何週間ものあいだ分析を繰り返していた。しかし結局、見つからなかった。ＮＰが細胞膜の外側に顔を出すことはなかった。「細胞表面のタンパク質に関するかぎり、ＮＰ検知Ｔ細胞から見えるものは何もない」と彼は言った。「細胞表面には何も見えないんだ。細胞表面に存在すらしていない。それなのに、Ｔ細胞には完全にそれが見えるようなのだ」。タクシーは信号で停止していた。まるで答えを待

† 核タンパク質は細胞内でつくられるインフルエンザタンパク質であり、細胞内で合成されたあと、インフルエンザウイルス粒子へとパッケージされる。この核タンパク質は細胞表面に達するシグナルを出したりはしない。それではなぜＴ細胞はこのタンパク質の存在を認識できるのか。アラン・タウンセンドはこの点について頭を悩ませることになった。

っているかのように。

Ｔ細胞はいかにして、ＮＰを見つけ出すのだろう？　決定的な発見は一九八〇年代末にもたらされた。キラーＴ細胞は、細胞の外に顔をのぞかせている完全な形をしたＮＰタンパク質を認識するのではなく、ウイルスのペプチド（ウイルスタンパク質であるＮＰの小さなかけら、つまり断片）を認識していることをアランは発見したのだ。きわめて重要な点は、これらのペプチドがしかるべき「額縁」に入れられて、Ｔ細胞に「提示」されなければならないということだった。ＭＨＣクラスＩタンパク質に載せられて、細胞の表面に表出されなければならないのだ。Ｔ細胞が認識するのは自己だった。だが、それは変化した自己だ。

ＭＨＣクラスＩタンパク質（ツィンカーナーゲルとドハーティーがキラーＴ細胞の反応と結びつけたまさにそのタンパク質）は実際には運び手かつペプチドの担い役であり、「額縁」だった。ＭＨＣは内側を裏返して外側にし、細胞内部のサンプルを絶えず外部に表出しているのだ。

これをスパイのようなものだと想像してみよう。「ハバナの男」（グレアム・グリーンのスパイ小説より）のようなものだと。スパイは細胞内部についての情報を信号として免疫系に送る。Ｔ細胞にはしかるべき（自己の一部である）スパイと、しかるべき信号（細胞内に存在する外来の病原体）が必要だ。これもまた、生物学の暗号のひとつだ。しかるべきスパイと、しかるべき信号。ウイルスのペプチド断片を担う自己のＭＨＣ。これらが存在するとき、Ｔ細胞は標的に向かって動き出すのだ。

生物学では、ある分子の構造とその機能とが結びついたときほど希少で感動的な瞬間はない。ある分子の形と、その分子のおこないが完全に一致した瞬間だ。象徴的な二重らせん構造を持つＤＮＡを例に挙げてみよう。その形は情報の運び手のように見える。Ａ、Ｃ、Ｔ、Ｇという四つの化学物質が、まるでモールス信号のように、特定の並び方で（たとえば、ACTGGCCTGCといった具合に）鎖状に連なっている。二重らせんという構造から、私たちは複製がいかに起きるかを理解できる。二本の鎖は陰と陽のように、互いを補っているのだ。鎖の中のAは、もうひとつの鎖のTに対応し、CはGに対応する。細胞分裂のときに、DNAのコピーが二つつくられる際には、それぞれの鎖がテンプレートとなって、もう一本の鎖がつくられる。陰が陽をつくり、陽が陰をつくる。このようにして、新しい陰と陽のDNA二重らせんができるのだ。

卵子に向かう泳ぎを可能にしている精子の尾部の形は、まるで尻尾のように見えるが、実際にはタンパク質の集まりでできている。尻尾を動かすモーターは、動くパーツが輪のように連なったモーターのような形をしている。円を描くようなモーターの動きをプロペラ様の精子の泳ぎに変換するのは、モーターと尾部の接続部だ。この部分はフックのような形をしている。動きを変換できるように精巧にデザインされているのだ。

このことはMHCクラスIにもあてはまる。現在はカリフォルニア工科大学に所属する結晶学者のパメラ・ビョークマンによって解明されたその構造は、機能と完全に一致していた[8]。ご想像のとおり、この分子は、ホットドッグのパンを持つ手のような形をしていた。開いたパンの両側（らせんの形をした二つのタンパク質）のあいだには完璧な溝がある。提示されるウイルスのペプチドは、パンの溝に挟み込まれたソーセージのようなものであり、T細胞に認識されるのを待っている。

「そのイメージの中ですべての要素が一体となった。すべてがぴたりとおさまったんだ」とアランは言った。外来の要素（溝にはさまったウイルスのペプチド）と、自己の要素（MHCのらせん形の両側の縁）はどちらもT細胞から見える。その構造を見て、アランは心底感動したという。ウイルスペプチドのT細胞への提示を視覚的にとらえることができたのだ。「MHCタンパク質の結合部位の三次元構造を初めて目の当たりにしたなら、どんな免疫学者の心臓も高鳴ることだろう」と彼は《ネイチャー》に書いている。[9] なぜなら、それは抗原認識の「構造的な基盤」を説明していたからだ。MHCクラスI分子の構造は免疫学者が投げかけた無数の質問に答えると同時に、無数の新たな質問を生んだ。アランは一九八七年の自身の論説のタイトルとして、ウィリアム・バトラー・イェイツの詩の一節を拝借している。

その形象はなおも
新たな形象を生む[10]

そして実際に、ペプチドと結合したMHCクラスI分子の形象の発見によって、新たな形象についての疑問が生まれた。MHCクラスIがT細胞に認識される仕組みとはどのようなものだろう？　MHCクラスI（運び手のタンパク質）は自己と外来の要素の両方を提示できる大皿であり、T細胞の表面には提示されたものを認識する分子があるはずだ。では、その構造はどのようなものだろう？運び手であるMHCとペプチドとの複合体を認識するタンパク質はどんな形をしているのだろう？

MHCクラスIの分子構造が解明されたのと時期を同じくして、スタンフォード大学のマーク・デイヴィス、トロントのタック・マック、ヒューストンのジェームズ・アリソンらのチームをはじめとするいくつかの研究チームが、T細胞受容体（ペプチドに結合したMHCを認識するT細胞表面の分子）の遺伝子を突き止めた。[11] やがてその構造が解明されると、やはりまた、構造と機能がぴたりと一致したのだ。

T細胞受容体は二本の指のような形をしている。指の一部が自己（ペプチドをはさむパンのような部分）に触れ、指の別の部分が溝の中の外来ペプチドに触れる。このようにして、自己と外来ペプチドが同時に認識されるのだ。感染細胞を見分けるのにはこの二つの認識が必要であり、その機能は構造そのものに含まれている。指の一部が自己に触れ、別の一部が外来のペプチドに触れる。指が自己と外来ペプチドの両方に触れた時点で、認識は完了する。

構造と機能が一致するという考えは、生物学の最も美しい概念のひとつであり、それを最初に説明したのはアリストテレスをはじめとする何世紀も前の思想家たちだった。MHCクラスIとT細胞という二つの分子の構造には、免疫学と細胞生物学の根本的なテーマがある。私たちの免疫系は、自己とその歪んだバージョンの両方を認識するようにつくられている。つまり、変化した自己を見つけ出すように進化してきたのだ。アランは新時代を画する自身の論説をこう結んでいる。「ようやく今、T細胞による認識を合理的に探究できるようになった」

構造と機能の一致という話題からしばし離れよう。タウンセンドは、T細胞の認識をめぐる問題が解決されたことによって、また新たな問題が生まれたことを知っていた。新たな形象についての疑問が生まれたのだ。細胞の内部で合成されたウイルスタンパク質（たとえば、NP）はどのようにして細胞の外部に移動するのだろう？　T細胞に見つかるかもしれない場所へ？

分子についての研究が深まるにつれ、タウンセンドらは、この仕事を完遂できる巧妙な内部装置を発見した。細胞の内部を裏返して外側の世界から見えるようにする装置だ。この過程は、ウイルスタンパク質が細胞内に入った直後に始まることがわかっている。細胞は、入ってきたタンパク質が正常なレパートリーのひとつなのか、それとも、異物なのかがわからない。ウイルスタンパク質には、それが「ウイルス」だとわかるような特別な特徴はないからだ。

そこで、すべてのタンパク質と同じように、ＮＰも細胞にそなわった老廃物廃棄メカニズム、つまり肉挽き器のようなプロテアソームへと送られて、細かい断片（ペプチド）へと砕かれ、細胞内に排出される。その後、特別なチャネルを介して、ウイルスペプチドは小部屋へ運ばれてＭＨＣクラスⅠに載せられる。そして、このＭＨＣクラスⅠによって細胞表面へと運ばれ、Ｔ細胞に提示されるのだ。ＭＨＣクラスⅠ分子は、その構造が示すように、分子の大皿のようなものであり、細胞の中身の一部をティーザー広告のように（あるいは、コース料理の最初のアミューズのように）Ｔ細胞に提示して、調べさせている。

　これは細胞にそなわった分子装置の最も賢い転用例だといえる。体内の老廃物廃棄工場を利用して、ウイルスタンパク質を他の廃棄用タンパク質と同様に扱い、タンパク質キャリアに載せる。そして、ハッチの外に押し出して、細胞の表面に表出させるのだ。

　今では内側が裏返って、外側になった。免疫系に調べさせるために、細胞はしかるべき額縁に内部のサンプルを入れて、表面に出したのだ。通りかかったキラーＴ細胞は細胞表面のにおいを嗅ぎ、細胞の内部から表面へと運ばれてきた膨大な数のペプチドを調べる。その中には当然、ウイルスのペプチドも含まれている。自己のＭＨＣによってその外来のペプチドが提示されている場合にのみ、キラーＴ細胞は免疫反応を起こし、感染細胞を破壊する。

　これまでのところ、私たちは細胞の「内部」世界に、つまり細胞内に入り込んだ病原体に焦点をあててきた。しかし、「外部」世界（病原体が体内を自由に移動している場合）に関しても同様の疑問が生じる。細胞の外側に存在するウイルスや細菌はどのようにしてＴ細胞を活性化するのだろう？

　原理上、ウイルスが標的細胞に感染する前に（ウイルスが血流に乗っていたり、リンパ系を移動していたりする段階で）T細胞を活性化すれば、個体には多くの利点がある。差し迫った感染にそなえて、免疫反応を担う種々の細胞の準備を整えることができるからだ。感染を初期段階で鎮めるために、熱や炎症、抗体の産生といったアラームを体内に発することもできる。

前述したように、自然免疫系の細胞（マクロファージ、好中球、単球）は、損傷や感染の徴候を見つけようと、体内を絶え間なくパトロールしている。感染を検知すると、これらの細胞は感染部位へ集まり、細菌やウイルス粒子を貪食する。侵入者をむさぼり食い、内部に取り込んで、特別な部位へ送る。それらの部位（リソソームなど）には酵素が豊富に含まれており、その酵素によって、ウイルスは小さな断片に分解される。それらの断片もやはり、ペプチドだ。

これもまた、一種の「内部への取り込み」だが、感染を引き起こすタイプの「取り込み」ではない。ここではウイルスは明らかな外来者であり、破壊されるべく運命づけられている。ウイルスはまだ細胞内に侵入して新しいウイルス粒子をつくったり、「寄生」したりしてはいない。前述したように、アラン・タウンセンドの研究テーマは、ウイルスが細胞内に入り込んだ*あと*のキラーT細胞の反応だった。だが、体内の監視システムが病原体を検知した直後に、T細胞の反応の準備が始まったほうがいいのではないだろうか？

一九九〇年代、ワシントン大学医学部教授のエミル・ウナヌーが、細胞外に存在する微生物に対するT細胞の反応について調べはじめた[12]。そして、このタイプの探知の原理も、タウンセンドが発見した反応の原理とほぼ同じであることが判明した。

細菌やウイルスが食細胞によって貪食され、食細胞内のリソソームに送られて分解される*と*、それらは細かく切り刻まれてペプチドになる[†]。そして、感染細胞のMHCクラスⅠが細胞内部のペプチドを額縁に入れて提示するのと同様に、食細胞が持つ類似のタンパク質（ＭＨＣクラスⅡ）が、そうした外部のペプチドをＴ細胞に提示する。ＭＨＣクラスⅡの構造もＭＨＣクラスⅠの構造と似ている。手がホットドッグのパンを持っていて、パンの真ん中にペプチドをはさむ溝があるのだ。

　大雑把に言うと、こんな感じだ。

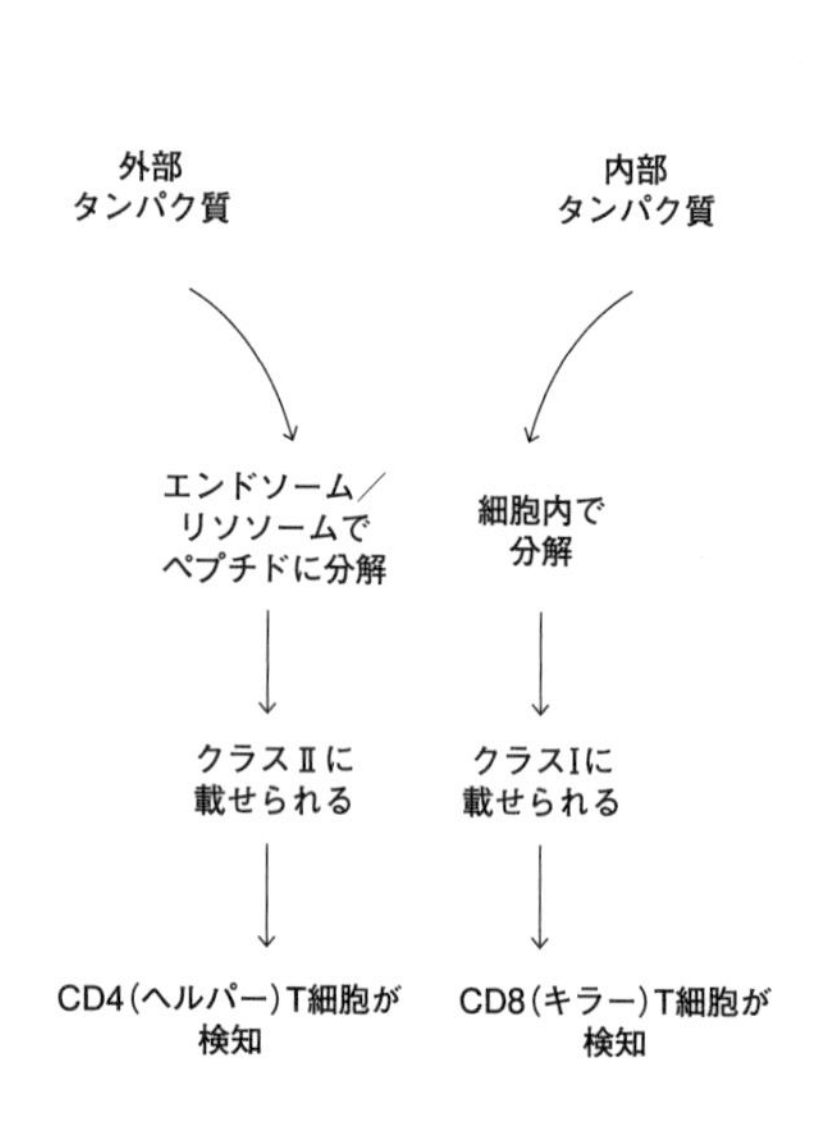

　免疫反応が多様化し、二つめのシステムによる攻撃が始まるのはここからだ。ツィンカーナーゲルとドハーティーが発見したように、ＭＨＣクラスⅠによって提示される細胞内部のペプチドは、キラーＴ細胞によって認識される。前述したように、キラーＴ細胞は感染した自己の細胞を破壊し、その過程で、ウイルスを一掃する。

　それとは対照的に、細胞外部に存在する病原体に由来するペプチドの大半はＭＨＣクラスⅡによって提示され、それらは、T細胞の二つめのクラス、すなわちCD4T細胞に認識される。[13] CD4T細胞はキラー（殺し屋）ではなく（この点にもちゃんと理屈がある。ウイルスはすでに死んでおり、細かく砕かれてしまっている。死んだウイルスの存在をT細胞に教える食細胞を殺す必要があるだろうか？）、調整係だ。MHCクラスⅡがペプチドを提示していることを感知すると、CD4T細胞は免疫反応を調整しはじめる。B細胞を活性化して抗体産生をうながしたり、マクロファージの貪食能を高める物質を分泌したりする。さらには、感染部位の血流を増やしてB細胞などの免疫細胞を呼び寄せ、感染と闘わせる。

CD4T細胞がなければ、自然免疫から獲得免疫への移行、つまり抗原の探知とB細胞による抗体産生がうまくいかなくなる。こうした機能に基づいて、とりわけB細胞による抗体産生を助けることから、CD4T細胞は「ヘルパー」T細胞と呼ばれる。このT細胞の仕事は、自然免疫系と獲得免疫系の橋渡しだ。一方の側にはマクロファージと単球がいて、もう一方の側にはB細胞とT細胞がいる。それらをつなぐのがこのヘルパーT細胞なのだ。‡

抗原の処理とヘルパーT細胞およびキラーT細胞――T細胞認識の二本の大黒柱――への提示は、ゆっくりだが、きわめて整然とした過程だ。分子犯罪者集団との中心街での対決を今か今かと待ち構えている早撃ちの保安官のような抗体とはちがって、T細胞は、部屋の中に身を潜めている犯人を探して、家を一軒一軒まわる探偵のようなものだ。ルイス・トマスは自著『細胞から大宇宙へ――メッセージはバッハ』の中で、次のように書いている。「リンパ球は、蜂のように、探査を遺伝的にプロ

† 細胞内部由来の小さなペプチド断片（たいていは老廃物）もまた、リソソームへ送られて破壊され、MHCクラスⅡで提示される。

グラムされているが、個々の細胞が持つことができるのはどうやら、ひとつの考えだけのようだ。リンパ球は組織を移動しながら、変化を感知したり監視したりしている」[14]。B細胞が銃を発砲しながら酒場から飛び出してくる犯人を待ち構えているのに対し、T細胞はまるで傘を手にパイプをくゆらせる博識のシャーロック・ホームズのように、ある人物の存在を示す徴候を探している。たとえば、その人物が家の中にいることを示す、ゴミのようなものを。家の外のゴミ箱に捨てられた、破れた手紙。手紙には名前が書かれているが、名前の部分も引きちぎられている（ゴミ箱の中の手紙の断片は、MHC分子に提示されるペプチドのようなものだ）。

免疫系の認識システムには二種類ある。ひとつめの認識システム（B細胞と抗体）は自己細胞という背景を必要とせず、二つめの認識システム（T細胞）は、外来タンパク質が自己細胞によって提示された場合にのみ活性化される。このように二種類のシステムがあることによって、ウイルスや細菌は抗体によって血液中から排除されるだけでなく、T細胞によって感染細胞からも排除される。

アランは subtle という言葉を「微妙」という意味で使ったが、subtle はそれとは反対の意味でも使われる。これはほんとうに、賢い（subtle）システムだ。

最初の患者たちが病院やクリニックを受診しはじめたのは、一九七九年から一九八〇年にかけてのことだった。一九七九年の冬、ロサンゼルスの医師ジョエル・ワイズマンは彼のクリニックを受診する若い男性患者が急増していることに気づいた。患者の多くは二十代から三十代で、いずれの患者も不可解な症状を訴えていた。「単核球症に似た症状で、消耗熱と体重減少、リンパ節腫脹（しゅちょう）を特徴とする」[16]。国の反対側でも、病名が特定できない病気がいきなり集団発生した。一九八〇年三月、ニューヨークで、ニックという名の患者が謎の消耗性疾患にかかった[17]。「倦怠感と体重減少があり、全身が徐々に衰弱していった」

一九八〇年初めまでには、患者数はさらに増えていた。主な患者は依然として、ニューヨークやロ

‡ 私たちと病原体との闘いはあまりに壮絶で、あまりに頻繁に起きているため、ヘルパーですらヘルパーを必要とする。多種多様な細胞（すでに取り上げた単球やマクロファージ、好中球）がペプチドとMHCの複合体を提示し、細胞の中身の載ったこの分子の大皿が、ヘルパーT細胞とキラーT細胞の反応をうながす。これは結局のところ、ウイルス感染細胞を見つけるための、一般的な監視システムだ。しかし、T細胞の活性をうながすのに特化した特別な細胞もある。抗原提示だけを専門におこなうこの細胞の唯一の仕事は、病原体を検知して、免疫反応をいっきに活性化させることだ。科学者のラルフ・スタインマンが発見したこの細胞は主に脾臓に存在し、あたかもT細胞を呼び寄せようと手招きするかのように、体から数十本の枝を出している。一九七〇年代に顕微鏡でこの細胞を発見したスタインマンは、それから四〇年を費やして、その機能の解明に取り組んだ。そして、この細胞がウイルスや細菌をとらえるためのきわめて効果的なメカニズムを持つことを突き止めた。この細胞はさらに、ペプチドとMHCの複合体を提示するための非常に効率的な処理システムを持ち、T細胞を活性化するための分子を細胞表面に最も多く取りそろえていることがわかった。加えて、自然免疫系と獲得免疫系の両方を活性化する分子警報を発する（分泌する）ための強力なメカニズムも持つことが判明した。この細胞はギリシャ語で枝を意味する「樹状（dendritic）」細胞と名づけられた。体からいくつもの枝や突起が出ているからだ（それらの枝はT細胞との個別のドッキングシステムなのではないかと想像したくなるほどだ）。しかし実際に、樹状細胞の機能は多岐にわたっており、免疫系の多方面をまとめて、ひとつの反応を生み出している。樹状細胞はひょっとしたら、病原体に対する免疫反応を活性化する緊急対応チームの先頭に立っているのかもしれない。

ノーベル委員会がこの発見を讃えて彼に賞を授与する数日前の二〇一一年九月三〇日、ラルフ・スタインマンはニューヨークで死去した（残念ながら、スタインマンの受賞は決まっていたものの、受賞者はいなかった。ノーベル賞が死後に贈られることはないからだ。しかし、スタインマンの受賞は彼が亡くなるずっと前に決まっていたため、最終的に、スタインマンは予定どおり、ノーベル賞を受賞した）。追悼記事には科学者や医師、弟子たちからスタインマンへの賛辞の言葉があふれた。中でも私の感情に最も訴えたのは、シアトルの免疫学者フィル・グリーンバーグが寄稿した記事で、そのタイトルは、私たちを細胞生物学のまさにそのルーツへといざなうものだった。顕微鏡をのぞいて、生物学の新たな宇宙を発見したレーウェンフック、フック、ウィルヒョウへと。記事のタイトルは次のようなものだった。「ラルフ・M・スタインマン——ひとりの男、一台の顕微鏡、一個の細胞。そこから生まれた途方もなく大きなこと[15]」。このタイトルは、本書に登場するほぼすべての研究者のストーリーを三つの言葉でとらえている。ひとりの科学者。一台の顕微鏡。一個の細胞。

サンゼルスに住む若い男性で、その大半がある種の肺炎をわずらっていた。重症の免疫不全に陥っている患者しか発症しない肺炎で、教科書でしか見たことのない病原体、ニューモシスチスを原因としていた。この肺炎はあまりにまれなため、唯一の治療薬である抗真菌薬のペンタミジンは連邦薬局を通してのみ販売されていた。一九八一年四月、アメリカ疾病予防管理センター（ＣＤＣ）は、この抗真菌薬の需要が三倍近くに急増したことに気づいた。[18] 注文はニューヨークとロサンゼルスの病院から来ていた。

一九八一年六月五日、歴史的なその日、ＣＤＣが毎週発行する全国の疾患罹患状況についての報告書《罹患率と死亡率の週間報告（Morbidity and Mortality Weekly Report：ＭＭＷＲ）》は、五例のニューモシスチス肺炎の男性患者を報告した。[19] 報告書では、五人全員がロサンゼルス在住で、互いに数マイルしか離れていない場所に住んでいるというきわめて異例な点が指摘されていた。さらに、患者の多くが、男性同士の性的接触を持っていたことがのちに判明した。「以前はまったく健康で、臨床的に明らかな免疫不全のない五人の男性がいずれもニューモシスチス肺炎を発症したのは異例である」[20]と報告書には書かれている。「検査を受けた三人の患者すべてで、細胞性免疫の機能異常が見つかっており、四人のうち二人が、同性との性的接触を最近持ったことを報告している。これらすべてを鑑みたなら、細胞性免疫不全（傍点は著者による）の可能性が示唆され、そのせいで患者は、ありふれた病原体を原因とする日和見感染症にかかりやすくなったのではないかと考えられる」[21]

その後、東海岸と西海岸の両方で、複数の男性たちが皮膚や粘膜のめずらしいがんを発症し、病院を受診するようになった。そのがんとは、アメリカでの発生がきわめてまれなカポジ肉腫だった。のちにウイルス感染との関連が判明したこの進行の遅いがんは、たいていの場合、青紫色の皮膚病変を生じるだけで、患者の多くは地中海沿岸に住む高齢の男性や、アフリカの赤道付近の地域に住む人々だ。しかし、ニューヨークやロサンゼルスでは、この肉腫は進行の速い浸潤がんであり、紫色のみみず腫れのようなびらん性の病変が腕や脚全体に広がっていた。一九八一年三月、《ランセット》誌に八例のカポジ肉腫の症例が報告された[22]。これもまた、不可解な集団発生だった。そのころには、ニックはトキソプラズマ脳炎が原因ですでに他界していた。トキソプラズマとは、家ネコをはじめ、ほぼすべての動物に感染するありふれた病原体で、たいていは無害である。

一九八一年の晩夏には、特異な病気がどこからともなく次々と発生しはじめているように見えた。それらはみな、以前は重症の免疫不全患者でしか見られなかった病気だった。《MMWR》は毎週のように、ある特異な疫病の罹患者数が深刻なまでに増加していることを報告した。その疫病は一見、なんの関連もなさそうな多種多様な病気で構成されていた。ニューモシスチス肺炎やクリプトコッカス髄膜炎、トキソプラズマ症、若い男性にできる紫色の肉腫。まるで、以前はおとなしかったそれらの原因ウイルスが突然、怒り狂ったかのようだった。加えて、めずらしいリンパ腫も急増していた。

共通する唯一の疫学的な傾向は、この疫病が、同性との性的接触の経験を持つ男性に発生している点だった。しかし一九八二年までには、血友病の患者など、頻繁に輸血を受けている人々の中にも罹患者がいることが明らかになった。そしてほぼすべての症例で、免疫（とりわけ細胞性免疫）の崩壊の徴候が見られた。一九八一年の《ランセット》誌に掲載された編集者へのレターで「ゲイ不全症候群」という病名が提唱された[23]。中には「ゲイ関連免疫不全[24]」と呼ぶ者や、「ゲイがん」というさらに悪質な呼び名をつける者もいた（そこには明らかに差別が含まれていた）。医師らが病因を突き止めようと必死の努力を続けるなか、一九八二年七月、病名は後天性免疫不全症候群（エイズ）に変更された[25]。

しかし、この免疫崩壊の原因はなんだろう？　早くも一九八一年には、ニューヨークとロサンゼルスの三つの研究チームがそれぞれ患者について研究し、患者の細胞性免疫が破壊されていることを発見していた[26]（八一年六月の《ＭＭＷＲ》の報告ですでに、「細胞性免疫の崩壊」が指摘されていた）。各免疫細胞について調べたところ、ＣＤ４（ヘルパー）Ｔ細胞が機能不全に陥っており、その数も減少していることが判明した。正常では、ＣＤ４Ｔ細胞は一立方ミリメートルの血液中に五〇〇個〜一五〇〇個含まれているが、エイズを発症した患者では、五〇個しか存在せず、中には一〇個しか存在しない症例もあった。ある研究チームが指摘したように、エイズは「特定のＴ細胞サブセット、つまりＣＤ４Ｔ細胞の選択的な欠損を特徴とする初のヒト疾患」だった[27]。一立方ミリメートルの血液に含まれるＣＤ４Ｔ細胞数が二〇〇個以下になると、患者はエイズを発症することがわかった。

感染性の因子、おそらくはウイルスが関与していることはすぐに明らかになった。そのウイルスは同性および異性間の性行為や輸血、ウイルスが付着した注射針を介して（たいていは、不法な麻薬の静脈注射によって）伝搬していると考えられた。患者に通常の検査をおこなっても、既知のウイルスや細菌は検出されなかった。どうやらこの病気は、発生源が不明の未知のウイルスによる感染症であり、そのウイルスがたまたま細胞性免疫を攻撃したにちがいなかった。そしてこれはまた、最悪の感染症でもあった。なぜなら、このウイルスは生物学的な観点からも、比喩的に言っても、完璧な病原体だったからだ。自らを殺すようにデザインされた、まさにそのシステムを破壊することができるからだ。

一九八三年三月二〇日、エイズの原因ウイルスがついに突き止められた[28]。フランスの研究者リュック・モンタニエがフランソワーズ・バレ＝シヌシと共同研究をおこなった結果、数人のエイズ患者のリンパ節から新しいウイルスが分離されたことを《サイエンス》誌に報告した。それから一年のあいだ、ヨーロッパやアメリカでのエイズによる死者数が何千人にものぼるなか、ウイルス学者たちは、モンタニエらが発見したこの新しいウイルスがほんとうにエイズの原因なのか議論を戦わせた。そして一九八四年に、アメリカ国立がん研究所のウイルス学者ロバート・ギャロの研究室がついに、この論争に決着をつけた。研究チームは、この新ウイルスがエイズの原因であることを示す四本の論文を《サイエンス》誌に発表したのだ。[29] 提示されたのは議論の余地のない証拠であり、ウイルスはヒト免疫不全ウイルス（HIV）と名づけられた。[30] ギャロの研究室はさらに、ウイルスを培養してその抗体をつくる方法も開発し、血液検査によるHIV検査法の基礎をつくった。[31]

エイズは一般的にウイルス性疾患だと考えられている。しかし、それと同時に、この疾患は細胞の病気でもある。CD4T細胞は、細胞性免疫の交差点に位置している。この細胞を「ヘルパー」細胞と呼ぶのは、トマス・クロムウェル（一六世紀の英国の政治家。ヘンリー八世を支えて宗教改革を推進した）を中位の官僚と呼ぶようなものだ。CD4T細胞はヘルパーというよりもむしろ、免疫系全体にとっての企画者であり、コーディネーターであり、中核だ。ほぼすべての免疫情報はこの細胞を介して流れる。CD4T細胞は多種多様な機能を担っており、前述したように、まず最初に抗原提示細胞のMHCクラスⅡに載った病原体由来のペプチドを感知し、それをきっかけに働きはじめる。次に、免疫反応をいっきに活性化し、警報を発し、B細胞の成熟をうながし、ウイルスの感染部位にキラーT細胞を集める。免疫反応の各部門同士の連絡を可能にする因子を分泌する。CD4T細胞は自然免疫系と獲得免疫系（つまり、免疫系のあらゆる細胞同士）をつなぐ中心的な架け橋であり、CD4T細胞が崩壊すれば、免疫系全体があっというまに崩壊するのだ。

男性は金曜の午後に私の外来を受診した。長身で痩せたその男性の訴える症状はひとつしかなかった。体重減少だ。熱もなく、悪寒もなく、寝汗もなかった。にもかかわらず、体重が減りつづけていた。男性は毎日のように家の体重計に乗ったが、そのたびに〇・五キログラムずつ減っていた。彼は立ち上がって、私に身体を見せた。この六カ月のあいだに、ベルトの穴をひとつずつずらしていき、やがて、一番うしろの穴になったと彼は言った。にもかかわらず、ズボンは腰からずり落ちそうになっていた。

私はいくつかの質問をした。彼はロードアイランド在住で、もとは不動産業者だった。以前は結婚していたが、今はひとり暮らしだった。彼にはどこかよそよそしいところがあった。医学的な症状やリスクについてはなんの隠し立てもなく話したのに対し、私生活については詳しく話したがらず、言葉を濁した。

「静脈注射するタイプのドラッグを使用したことは？」と私は尋ねた。

「ありません」と彼は強く否定した。一度もない、と。

「がんの家族歴は？」

彼の父親は大腸がんで亡くなり、母親には乳がんの既往歴があった。

「避妊なしの性行為の経験は？」

こいつは頭がおかしいのか、とでも言いたげな視線を彼は私に向けた。

「ありません」もう何年も禁欲生活を続けている、と彼は主張した。

私は男性を診察した。これといった異常は認められなかった。「基本的な検査をしましょう」と私は言った。症状のない体重減少は医学的な難題だ。消化管出血や、がんの有無を調べる必要があった。結核の可能性は低かった。ＨＩＶ感染のリスクは低かったが、完全には否定できなかった。

診察の終了時間になると、男性は立ち上がった。彼は素足にスニーカーを履いていた。男性が立ち去りかけ、身体の向きを変えたときだった。私の視野の隅に、それが見えた。スニーカーのすぐ上の足首のところに、青紫色のできものがあった。

「ちょっと、こっちへ来てください」と私は言った。「スニーカーを脱いで」

私は病変部位を慎重に調べた。それは皮膚から少し盛り上がっており、大きさはキドニービーンズくらいで、色は濃いナス色だった。カポジ肉腫に似ていた。「CD4T細胞数も追加で調べてみましょう」と私は言い、そして、やわらかい口調でつけ加えた。「それと、HIV検査も」。彼が動じた様子はなかった。

一週間後、検査結果が出た。男性はエイズを発症していた。CD4T細胞数は正常の一〇分の一しかなく、青紫色の病変に生検をほどこした結果、予想どおり、カポジ肉腫であることが判明した。エイズの診断を確定的にする症状のひとつだ。

私は男性をHIVの専門医に紹介した。次に彼が私の外来を受診したとき、男性はやはり、HIV感染のリスク行動はいっさいしていないと強く主張した。男女問わず、避妊なしの性行為もしていなければ、ドラッグの静脈注射や輸血の経験もない。ウイルスは、まるでどこからともなく現れたかのようだった。これ以上詮索しても意味がなかった。私たちのあいだには、突きとおすことのできないプライバシーの布が垂れ下がっていた。サルマン・ラシュディは、一九八一年出版の小説『真夜中の子供たち』の中で、若い女性患者の診察を許された医師について書いている[32]。医師は、白い布の穴を通してのみ、診察を許された。私もときに、布の穴を通してしか患者を診ていないような気がする。その布の正体はなんなのだろう？　同性愛嫌悪？　否定？　性にまつわる羞恥心？　依存症？　男性の抗ウイルス薬治療が始まった。CD4の数値が上昇しはじめた。期待したよりは遅いペースだったものの、毎日少しずつ上がっていった。しばらくのあいだ、体重減少も止まった。

しかしその後、体重がまた減りはじめた。腕に青紫色の新しい病変が二つできた。予期せぬ展開だった。新しいあざ？　カポジ肉腫？　しかしタイミングがおかしかった。そのころには、高熱と悪寒という新しい症状も現れており、脇の下にしこりもできていた。腕の二つの青黒い病変も大きくなっていった。数日後、彼はふたたび救急救命室に運ばれた。

彼の病状はすぐに手に負えないものになった。血圧が急降下し、足指が青くなった。血液培養の結果、エイズ患者でよく検出されるバルトネラ菌が検出された。めまぐるしく変わる症状は、さらに新しい展開を見せた。皮膚に新しくできた青黒い病変はカポジ肉腫ではなく、バルトネラによって炎症を起こした血管が腫瘍のように腫脹したものだと判明した。同じ患者の足首と腕にできた同様の病変がまったく異なる原因によるものである確率はどのくらいだろう？　医学のミステリーはときに、私たちの想像がおよばないほど深い。

私たちは彼に抗生物質のドキシサイクリンとリファンピシンを投与し、やがて症状は落ちついた。彼は二週間入院した。入院してから一週間後、私が診察しに行くと、彼はまた無口な男に戻っていた。バルトネラ菌感染の原因のほとんどは、ネコにひっかかれることだ。たいていの場合、ネコの爪に付着した菌がひっかき傷を介してヒトに感染する。

私たちはしばらくのあいだ、無言で座っていた。まるで秘密を隠すための戦略と、暴くための戦略とがせめぎ合っているかのようだった。

「ネコは？」と私は尋ねた。「ネコを飼っているとはおっしゃってなかったですよね？」

彼は当惑したような表情を浮かべて、私を見た。ネコは飼っていない。

ＨＩＶのリスクファクターはなし。ドラッグもなし。避妊なしのセックスもなし。ネコもなし。ひっかき傷もなし。私は肩をすくめ、諦めた。

ありがたいことに、男性は回復した。抗レトロウイルス薬が効き、CD4の数は正常に戻った。しかし、病因のブラックボックスは今も堅く閉じたままだ。ときに人間の謎は医学の謎より深い。

三剤から四剤の抗ウイルス薬の併用療法はHIV治療を一変させた。抗HIV薬の種類は毎年のように増えつづけている。ウイルスが効率的に複製するのを防ぐ薬もあれば、ウイルスRNAの複製を妨げる薬や、ウイルスが宿主のゲノムに自らを組み込むのを防ぐ薬もある。ウイルスが感染性の粒子へと成熟するのを防いだり、脆弱な細胞にウイルスが融合するのを妨げたりする薬もある。薬の系統は全部で五、六種類もある。こうした薬を併用する治療法はきわめて有効なため、HIV陽性患者はウイルスの徴候がない状態——医学用語で、ウイルスが検出限界以下の状態——を何十年も保つことができる。完治したわけではないが、体内のウイルスがごく少ない量に抑えられているため、感染者が他者にHIVを感染させる危険性はない。

さらに今、世界中の研究室が、感染を完全に予防できるHIVワクチンの開発を目指している。ワクチンが登場すれば、感染者は多剤併用療法を生涯にわたって続ける必要がなくなる。実際、大規模臨床試験によって、HIV感染予防への道が切り拓かれている。ある研究では、HIV陽性の妊婦に抗ウイルス薬のネビラピンを出産前に一回投与し、その後、生後三日以内の新生児にも同じ薬を一回投与する方法によって、母子感染率が二五パーセントから一二パーセントに低下することが示された。[33] この治療の費用は四ドルほどだ。ウイルスの伝搬を防ぐために、妊娠中の女性や、性的接触後の感染リスクの高い人に対して、より効果の高い併用投与をおこなうことが検討されており、それぞれの効果を検証する臨床試験も毎月のようにおこなわれている。

しかし、HIVワクチンの登場を待たずして、細胞治療によって、この病気を完治させられるかもしれない。二〇〇七年二月七日、ＨＩＶ陽性のティモシー・レイ・ブラウンが骨髄移植を受けた。[34] シアトル出身のブラウンは、ベルリンで大学生活を送っていた一九九五年にＨＩＶに感染していることを知った。彼は当時開発されたばかりのプロテアーゼ阻害薬を含む抗ウイルス薬の治療を受け、一〇年間、無症状の状態を保っていた。ＣＤ４Ｔ細胞の数は正常よりわずかに少ない程度で、ウイルス量は検出限界以下だった。

　ところが二〇〇五年、彼は突然倦怠感を覚え、体力の衰えを感じるようになった。サイクリングをいつものようにこなせなくなった。検査ではＨＩＶ量は低いままだったが、中程度の貧血状態にあることがわかった。骨髄生検がおこなわれ、その結果、急性骨髄性白血病（ＡＭＬ）と診断された。致死的な白血球のがんだ（彼はとても運が悪かった。このがんとＨＩＶ感染との関連性はごくわずかだが認められている。ＨＩＶ陽性の症例はある種のリンパ腫を発症するリスクが高く、ＡＭＬを発症するリスクは通常の二倍であることが示されている。ただ、この点に関してはさらに研究が必要だ）。

　彼はまず、標準的な化学療法を受けたが、二〇〇六年に白血病が再発した。主治医は治療の次の段階として、高用量の化学療法で悪性細胞を一掃し（それに伴って、病気に対する防御能も失われる）、そのあとで、適合ドナーからの骨髄移植をおこなうという方法を提案した。たいていは、適合ドナーをひとり見つけることですら至難の業だが、驚いたことに、国際登録機関には彼の適合ドナーが二六七人もいることがわかった。ベルリンの血液専門医で、研究者気質の持ち主である主治医ゲロ・ヒュッターは、豊富な選択肢を前にして、こう提案した。天然のＣＣＲ５変異を持つドナーを探してはどうだろう。ＣＣＲ５とは、ＨＩＶがＣＤ４Ｔ細胞に入る際に使う補助受容体だ。ＣＤ４Ｔ細胞を含むすべての細胞のＣＣＲ５遺伝子に天然の変異を持つ人が一定数存在することがわかっている。この変異はＣＣＲ５Δ（デルタ）32と呼ばれ、中国人遺伝学者の賀建奎（フー・ジェンクイ）が遺伝子編集を使ってルルとナナの遺伝子に人工的につくり出すことを目指した、まさにその変異だ。この変異遺伝子のコピーを二つ受け継いだ人は、HIVに対して抵抗力があることがわかっている。つまりブラウンの骨髄移植は、革新的な治療というだけでなく、またとない実験のチャンスでもあった。

ヒュッターは過去の症例についても知っていた。やはりベルリン出身のその患者の場合、HIVに対する抵抗力を授ける遺伝子を生まれつき持っていることが判明したあと、抗HIV薬の投与が中止されたが、中止後もHIV量は低いままだった。この例は、患者の遺伝子がHIVへの感受性を左右することを示唆していたが、確固たる証拠とまでは言えなかった。

ヒュッターは、ブラウンという症例が大きな前進をもたらすことを知っていた。ひとつには、宿主ではなく、幹細胞のドナーが抵抗力を授ける遺伝子を提供するからだ。ヒュッターは考えた。骨髄移植の主要な目的はもちろん、ティモシー・ブラウンの白血病を完治させることだった。しかしそれと同時に、細胞を入れ替えるこの治療によって、HIV感染も打ち負かせるのではないだろうか？

残念ながら、骨髄移植から一年と少し経ったころ、白血病は再発し、同じドナーの幹細胞を再度移植しなければならなくなった。その二度目の移植はあまりに辛い試練だった。「意識が混濁して、失明しかけ、全身がほぼ麻痺状態になった」[35]。HIV感染症と診断されてから二〇年が経過したことを記念して書かれた二〇一五年の記事の中で、ブラウンはそう述懐している。回復には何カ月も、いや、何年も要した。彼は徐々に歩けるようになり、視力も回復した。そして、一回目の移植のあとからずっと、抗HIV薬は飲んでいなかった。CCR5Δ32変異を持つ新しい幹細胞が彼の骨髄に生着して以来、HIVは陰性のままだった。白血病は寛解し、驚くべきことに、HIVも完治した可能性が高かった。

ブラウンという症例については今も医学界で広く議論されている。当初は匿名性を保つために「べルリンの患者」と呼ばれていたが、アメリカに戻ってきた二〇一〇年初め、ブラウンはメディアと科学雑誌に実名を明かすことを決心した。彼は一三年間、ＨＩＶ陰性を保ち、やがて「完治」という言葉を使いはじめた。二〇二〇年、ティモシー・レイ・ブラウンは白血病の再発のために五四歳で世を去った。血液中のＨＩＶは最期まで陰性のままだった。

ここでひとつはっきりさせておきたい事実がある。ＨＩＶの世界的な流行を、ＣＣＲ５Δ32変異を持つドナー細胞の移植によって解決することはできない。移植には多額の費用がかかるうえ、副作用がきわめて強く、患者への負担があまりに大きいため、この移植は大勢の人に対する現実的な治療にはなりえないからだ。

しかしブラウンの物語には、ワクチンや抗ウイルス薬の開発をめぐる深い教訓と、未解決の問題が含まれている。教訓のひとつは、血液中のＨＩＶの貯蔵庫となっている細胞を変化させれば、ＨＩＶ感染症を完治させたり、少なくとも、ウイルス量を低く保ちつづけたりすることが可能だということだ。ティモシー・レイ・ブラウンのＨＩＶ感染症が完治したあと、ロンドン在住の二人目の患者もやはり、骨髄移植によってＨＩＶ感染症を完治させることができた。この二例が特殊な例でないとすれば、血液以外の場所にＨＩＶの「秘密の」貯蔵庫がある可能性は低いということになる。ＨＩＶがそこに潜んで、抗ＨＩＶ薬が中止されたあとに再活性化する可能性はないということだ。ＨＩＶの秘密の隠れ家という問題は、何十年ものあいだ、研究者たちの頭を悩ませてきた（私がここで、「ＣＤ４Ｔ細胞」ではなく、「血液」と明記した点に注目していただきたい。たとえば血液中に存在するマクロファージも、ＨＩＶの貯蔵庫としての役割を果たしていることが判明しているからだ）。

完治と判断されたあとも、休止状態のＨＩＶの貯蔵庫がブラウンの体内に残っていたのかどうかは知る由もない。しかし、彼が一二年以上、HIV陰性を保ちつづけたのは事実だ。たとえ、実際にマクロファージの中にそのような貯蔵庫があったとしても、HIVはCD4T細胞に感染することができないまま、永久にその貯蔵庫内にとどまっていた可能性がある。鍵のかかった貯蔵室の中に閉じ込められた人間のように。

いったい何がブラウンの完治を可能にしたのだろう？　HIVのある特定の株が関係していたのだろうか？　移植前のウイルス量がそもそも少なかったからだろうか？　移植後にブラウンの免疫系が「再構築」されたためだろうか？　これらの疑問に対する答えが出たなら、その答えがきっと、次世代のHIV治療を先導するはずだ。HIVはどこに隠れているのか。その貯蔵庫をいかに攻撃すればいいのか。細胞が感染に抵抗するメカニズムはどのようなものか。それらについて、今後、新たな知見がもたらされるにちがいない。中でもいちばん重要なのは、この最も巧妙な病原体を認識できるように、免疫系をいかに教育すればよいのかという点である。

寛容な細胞——自己、恐ろしい自己中毒、そして免疫療法

ぼくが身につけるものは、君も身につけるがよい、
ぼくに属するいっさいの原子は同じく君にも属するのだから。
——ウォルト・ホイットマン「ぼくはぼく自身をたたえ」（一八九二）[1]

この質問に戻るときが来た。自己とはなんだろう？　生物とは、私が以前提唱したように、単位の協同体であり、細胞の議会だ。しかし、この協同体の範囲はどこからどこまでなのだろう？　外来の細胞が協同体に加わろうとしたらどうなるのだろう？　協同体に加わるためには、どのようなパスポートを持っていなければならないのだろう？　『不思議の国のアリス』の芋虫もアリスにこう訊いた。[2]

「おぬしは誰じゃ？」

海底の海綿動物は、枝状の突起をお互いに向かって伸ばすが、隣の海綿動物に届きそうになると、それ以上は伸ばさなくなる。ある海綿動物学者は書いている。「明確な非融合性の縁が、異なる種同士や、同じ種の異なる個体同士を隔てている」[3]。異なる海綿動物同士のあいだや、異なる人物同士のあいだを細胞が移行するのを防いでいるものはなんだろう？　海綿動物はいかにして自己を認識するのだろう？

前章にも、これに関連する疑問が隠れていた。その疑問は、以下のフレーズの中にある。「T細胞は変化した自己を認識する」[†]。このフレーズを注意深く分析すると、そこから次々と質問が生まれてくる。あらゆる種類の謎が飛び出してくるのだ。まずはこの文を二つに分けて考えてみよう。ひとつめは、T細胞は変化した自己をどのように認識するのだろう？　言い換えるなら、T細胞はなぜ、ウイルスや細菌のペプチドが提示されたときには標的を殺し、自己のペプチドが提示されたときには殺さないのだろう？　T細胞が自己のペプチドを残らず記録した台帳を持っているわけではない（一個の細胞のペプチドの総計は、何億個以上にものぼる）。だとすれば、どんなメカニズムによって、T細胞は自分の身体を攻撃しないようにしているのだろう？　二つめは、自己とはなんだろう？　T細胞はなぜ、ペプチドを提示している額縁（ＭＨＣ分子）が他者のものではなく、自己のものだとわかるのだろう？

まずは自己について考えてみよう。一見すると、これはかなり不自然な問題に思える。私たち人間は、他人の細胞が体内に侵入して増殖したり、自己細胞だと偽ったりすることを心配する必要はほとんどないからだ（そうした幻想はよくホラー映画や小説の題材にはなるが）。しかし毎日のように生存競争を繰り広げながら少ない餌を追い求めている原始的な多細胞生物（たとえば、海綿動物）にと

† 細胞生物学における「自己」と「非自己」の区別は、T細胞だけの問題ではない。妊娠中の女性もやはり、体内に「非自己」を宿している。母親の身体がこの異物を排除しないのはなぜだろう？　私たちの腸管では、免疫生物学的に寛容な傘の下で何億個もの細菌が生きている。侵入してくる病原体が攻撃される一方で、こうした細菌が攻撃されないのはなぜだろう？　細胞生物学者たちは今、これらの疑問の答えを探している。今後、寛容についての私たちの理解が広がれば、本書の改訂版で将来、これらの問題を取り上げるかもしれない。現時点では、T細胞寛容が最も深く解明されており、本書ではそこに焦点をあてる。

っては、非自己による侵入は取るに足りない問題ではない。恒常性がつねに脅かされ、縄張りとなる場所もかぎられているようなそうした生物はこう問いかけなければならないのだ。どこまでが私で、どこからがあなたなのか？　境界線が厳密に定められて初めて、自己が存在できるからだ。このような生物は細胞に遭遇するたびに尋ねなければならない。「おぬしは誰じゃ？」

細胞生物学という分野が生まれるはるか前、アリストテレスは、自己とは存在の芯、すなわち身体と魂が統合したものだと考え、自己の物理的な境界は身体の構造によって定義されると提唱した。[4]しかし全体としての自己は、身体という容器と、その内容物である抽象的存在とが統合したもの、つまり魂で満たされた身体だと考えた。そんなアリストテレスが身体という容器に外来の魂が侵入することを恐れていたとしても不思議はなかった。実際、心霊治療家はよく、精神的な衰弱や行動の異常について説明する際に、「取り憑かれる」という言葉を使った。しかし実際には、アリストテレスは「取り憑かれる」ことについてそれほど気に病んではいなかったようだ。身体という容器がひとつの魂に占領されたあとは、別の魂による侵入（つまり、別の魂との融合）の可能性を心配する必要はないと考えたからだ。

紀元前五世紀から紀元前二世紀にヴェーダ（バラモン教とヒンドゥー教の聖典）を記したインドの哲学者は、個々の自己の消去と、自己と宇宙との融合を喜ばしいものとして受け入れている。[5]彼らは古代ギリシャの心身（さらには、自己の身体と宇宙の魂との）二元論を退けた。彼らは自己をアートマンと呼んだ（自己を意味するサンスクリット語はほかにもいくつかあるが、最も多くの意味を含んでいるのがアートマンである）。一方、宇宙の原理はブラフマンと呼ばれた。哲学者たちにとって、自己とはアートマンとブラフマンが理想的な形で融合したものだった。より正確には、宇宙の原理が自己と一体となって流れていく状態であり、この融合と流れの達成はスピリチュアルな究極の悟りとされた。個人とスピリチュアルな総体とをつなげ、ひとつの「存在」にする宇宙生態学があると考えられた。「汝はそれである」（*Tat Twam Asi*）というフレーズは、ウパニシャッド（ヴェーダ聖典の最後部にあたる文献群。奥義書）哲学の中心的な考えであり、単一の身体だけでなく、宇宙全体に浸透する境界のない自己の存在を示している。「汝」つまり自己は、「それ」つまり宇宙によって貫かれているとウパニシャッド哲学は主張した。理想的な身体では、宇宙が自己をとおして流れていると考えられたのだ（ネガティブな意味を持つ「侵入」という言葉は、意図的に使われていない）。

科学の領域でも、最近になって、個々の身体と宇宙との連続性が生態学において発見された。生態系全体がいわば関係のネットワークを介して、そして、自他の境界が多少あいまいになった状態でつながっている。たとえば、人体と木、木に棲む鳥は、生態学者が最近になって解明したネットワークを介してつながっている。鳥は木になる果物を食べ、糞を介して種子をまく。木は鳥に羽を休める場所を提供する。生態学者によれば、これは侵入ではなく、相互依存である。

生態学的な相互依存は物理的なものでもなければ、競合的なものでもない。相互的で、共生的なものだ（このテーマについてはあとで触れる）。しかし細胞生物学者にとっての根本的な謎は、物理的な融合のほうだった。キメラ現象（物理的な自己同士の融合）という概念は、ニューエイジ的な幻想ではなく、大昔からの脅威だった。細胞という自己は、他の細胞と混じり合うのが好きではない。海綿動物があんなに苦労してまで、他の個体との融合を制限する理由がほかにあるだろうか？　境界なく無限に広がる幸せなブラフマン的海綿動物になろうとしない理由が？

同じ疑問をT細胞にぶつけてみよう。前述したように、細胞表面のMHCタンパク質によって外来ペプチドが提示されると、T細胞は活性化する。しかし、活性化するのは、MHCが自己のものである場合のみだ。言い換えれば背景が正しいものである場合にのみ、T細胞は活性化されるのだ。「正しい」とは、額縁が自己のものであり、それが提示するものが外来のものだという意味だ。そもそもT細胞はなぜ、自己を見分けることができるのだろう？

初期の生理学者ですら、非自己の拒絶――そして、境界の厳密な定義――がヒト組織の特徴であることに気づいていた。インドの外科医、とりわけ、紀元前八〇〇年から紀元前六〇〇年ごろに活躍したとされるスシュルタは、額の皮膚を鼻に移植する手術をおこなった[6]（これは古代インドではめずらしい手術ではなかった。犯罪者や反逆者たちはしばしば、刑罰として鼻を切断されたため、医師たちは鼻を再建する方法を考案するようになった）。しかし、あるヒト（ドナー）の皮膚を別のヒト（レシピエント）に移植する同種移植を試みた当時の外科医は、レシピエントの免疫系が活性化して、移植した皮膚を拒絶することを発見した。皮膚は青くなって化膿し、最終的には壊死して脱落した。

第二次世界大戦中に、移植の科学的なメカニズムに対する興味が再燃した。爆弾や火災によって兵士や民間人がけがや熱傷を負うなか、とりわけ皮膚移植の需要は大きかった。イギリス政府は医学研究審議会の中に戦傷委員会を設立し、外傷とその治療についての研究を推進した。

一九四二年、二二歳の女性が「胸部、側腹部、右腕に広がる広範囲の熱傷」のため、グラスゴー王立診療所に入院した[7]。外科医のトマス・ギブソンは、オックスフォード大学の動物学者ピーター・メダワーとともに、患者の兄の皮膚を熱傷部位に移植した。残念ながら、移植された組織はすぐに拒絶され、黒っぽい、まだらな組織の痕跡だけが残された。ギブソンらはふたたび皮膚移植をおこなったが、今度は前回よりもはるかに早く拒絶反応が起きた。移植片を何度か生検し、浸潤している細胞を調べた結果、メダワーとギブソンは、移植片を拒絶しているのは免疫系（より正確には、のちにT細胞と同定される免疫細胞）なのではないかと考えはじめた。[8] 自己の免疫が非自己を認識したのだとメダワーは論じた。

メダワーはピーター・ゴーラという名のイギリスの免疫学者の研究と、アメリカ人遺伝学者クラレンス・クック・リトルの研究について知っていた。二人はそれぞれ、マウスの皮膚を別のマウスに移植するという実験をおこなっていた。ドナーとレシピエントのマウスが同じ系統であれば、移植された組織（たいていは腫瘍が使われた）は「受け入れられて」、定着した。一方で、系統が異なるマウスに腫瘍が移植された場合には、腫瘍は免疫学的に拒絶された（「遺伝的な純潔さ」に対するリトルの興味はときに、極端かつ偏狭だった。移植実験のために、彼は近親交配のマウスの系統をつくり、それがT細胞寛容という分野にとって重要なものになった。彼はまた、実験のためにイヌを繁殖し、近親交配した複数のダックスフントをペットとして飼っていた。こうした純潔さに対するこだわりのために、リトルはアメリカ優生学の熱心な提唱者になったのかもしれない。そしてそのせいで、科学者としての彼の評判は傷つくことになった）[†]。

こうした適合性や寛容にはどんな因子が関与しているのだろう？　何が自己と非自己を見分けているのだろう？　一九二九年、静かに熟考できる場所を探していたクラレンス・リトルは、メイン州バーハーバーの大西洋に臨む四〇エーカーのキャンパスにジャクソン研究所を設立した。適合性や腫瘍移植をめぐる論争が毎週のように勃発する、争いの絶えない大学から遠く離れたその研究所で、彼は心安らかに、何千匹ものマウスを繁殖した。窓からの景色はすばらしかった。長い夏、キャンパスに

---

† 移植分野の巨匠だったリトルは一九五〇年代、タバコ製造業者と共謀したことにより、非難を浴びた。タバコの安全性を訴える〈中央タバコ研究所〉とかかわったためだった。

は超自然的なまでに透明な北大西洋の光があふれた。しかし、移植という分野は不透明なままであり、増大する何百もの実験結果が絡み合った、生物学的な謎だった。リトルにとって、移植のメカニズムは不可解なままだった。

　系統の異なるマウス間で腫瘍の移植を繰り返すうちに、リトルは、移植に対する拒絶反応に関与する遺伝子は一個ではなく複数だと気づいた。一九三〇年代初め、ジャクソン研究所は、非自己と自己を定義づける謎めいた適合遺伝子を探す移植研究者たちにとっての避難所になっていた。ジョージ・スネルという名の若き科学者も、リトルの移植研究をさらに深めるためにやってきた。ダートマス大学とハーバード大学を卒業したスネルは、マウスを何世代も交配し、互いの組織を受け入れるマウスや、拒絶するマウスをつくり出した。孤独を好む、無口なスネルは、海底のように静かで動じず、そしてどこまでも粘り強かった。研究所で火災が起き、少なくとも一四世代にわたって交配を繰り返したマウスの系統がすべて死んだときですら、スネルはオーバーオールのほこりを払い、ふたたび交配を始めただけだった。

　選択的な交配に加えて、自己と非自己の寛容について観察を続けたことが功を奏した。スネルはついに、免疫学的な双生児を複数つくることに成功した。組織が互いに完全に適合するマウスだ。そのようなマウスのうちの一匹から皮膚などの組織を摘出し、適合性のあるきょうだいのマウスに移植すると、移植を受けたマウスは、その組織をまるで自身の組織のように「受け入れた」。つまり寛容したのだ。最も重要だったのは、ほぼ完全に一致する遺伝子を持ちながら互いの組織を拒絶するマウスの系統が、この近親交配実験から二つ生み出されたことだった。

　スネルはそれらのマウスを使って、自己と非自己を見分ける遺伝的な仕組みの解明に取り組んだ。[9]
一九三〇年代末までには、ゴーラの研究結果に基づいて、免疫寛容を決める遺伝子を絞り込んでいった。彼はその遺伝子を組織適合性（histocompatibility）遺伝子という意味の、H遺伝子と名づけた。*histo* は組織を意味し、適合（*compatibility*）は、外来の組織を自己のように受け入れるようにするその遺伝子の能力を表している。免疫学的な自己の境界を定めているのはH遺伝子だということにスネルは気づいた。生物同士が同じタイプのH遺伝子を持っている場合には、それらのあいだで組織を移植することができる。同じタイプのH遺伝子を持たなければ、移植片は拒絶される。

その後の数十年間で、いくつものH遺伝子がマウスで見つかり、それらすべてが一七番染色体上に互いに近接して存在していることがわかった（ヒトでは、ほとんどが六番染色体上で見つかっている）。もしかしたら、この分野における最も重要な進展がもたらされたのは、H遺伝子の正体がついに解き明かされたときだったのかもしれない。それらの遺伝子のほとんどが、機能的なMHCタンパク質をコードしていることが判明したのだ。T細胞による標的の認識に関与している、まさにその分子だ。

ここで少し離れて眺めてみよう。どんな科学分野でもそうだが、免疫学にも、壮大な統合の瞬間がある。一見、まったく異なるさまざまな観察結果や、いくつもの不可解な現象が同じメカニズムで説明づけられる瞬間だ。自己はなぜ、自分自身を認識できるのだろう？　なぜなら、あなたの体内の全細胞は、ほかの人の細胞が発現しているものとは異なるMHCタンパク質を発現しているからだ。あなたの身体に他人の皮膚や骨髄が移植されると、あなたのT細胞は移植された細胞のMHCタンパク質を外来のもの（非自己）と認識して、侵入してきた外来細胞を拒絶する。

自己と非自己を区別するためのMHCタンパク質をコードする遺伝子とはどのようなものだろう？　それはスネルとゴーラが発見してH遺伝子と名づけた、まさにその遺伝子だ。ヒトはこうした「古典的な」主要組織適合性遺伝子を複数持っており、そのうちの少なくとも三つ（あるいは、それ以上）が移植片の適合と拒絶に強く関係している。三つのうちのひとつ、ＨＬＡ‐Ａという遺伝子には一〇〇〇以上の多型がある。多くの人が持つ多型もあれば、非常にまれな多型もある。あなたはそのような多型のひとつを母親から、もうひとつを父親から受け継いでいる。ＨＬＡ‐Ｂという二つめの遺伝子にも、何千種類もの多型がある。もうすでにおわかりかもしれないが、ある遺伝子にきわめて多くの多型がある場合、それら二つの組み合わせですら、途方もないパターンが生まれる。自分のバーコードがバーで出会った他人のものと一致する確率はゼロに近いのだ（だからなおさら、彼または彼女と融合するのはやめておいたほうがいい）。

では、他人の組織片や細胞を拒絶していないときには、このタンパク質は何をしているのだろう？少なくともヒトの場合は、組織片の移植といった状況は人工的にしか生じないからだ（海綿動物などの場合は、そうではないかもしれないが）。アラン・タウンセンドらが示したように、このタンパク質の主な仕事は、免疫系が細胞内部の構成要素を調べて、ウイルス感染を検知できるようにすることだ。

要するに、ＭＨＣタンパク質は二つの役割を果たしている。ひとつは、Ｔ細胞にペプチドを提示することによって、Ｔ細胞が感染や侵入者を検知し、免疫反応を起こせるようにすることだ。二つめは、ある人物の細胞が他の人物の細胞と異なることを示すことによって、生物の個体同士の境界線を定めることだ。侵入者の認識（複雑な多細胞生物にとって重要な機能）と組織片の拒絶（原始的な生物にとって重要な機能）はこのように、単一のシステムの中に組み込まれている。そして、この二つの機能は、ＭＨＣとペプチドの複合体を、つまり変化した自己を認識するＴ細胞の能力に依存しているのだ。

ではここで、残されたもう半分の謎について考えてみよう。「わずかに変化した」自己についての疑問だ。すでに触れたように、T細胞はMHC分子を利用して、自己を認識したり、非自己を拒絶したりする。しかし、MHCが提示するペプチドが正常細胞のものか（つまり、細胞の正常なペプチドの名簿に載っているかどうか）、それとも、細胞内に入り込んで「寄生した」ウイルスなどの侵入者のものかをT細胞はどのようにして見定めるのだろう。私はこれまで、病原体に対する毒を使う攻撃や、移植片の拒絶など、いわば戦争について多くのページを割いてきた。では、平和のほうは？　毒を搭載し、報復しようと待ち構えている免疫細胞はなぜ、自己を攻撃しないのだろうか？

自己寛容というこの現象もやはり、免疫学者たちの頭を悩ませてきた。一九四〇年代初め、ウィスコンシン州マディソンで、酪農家の父を持つレイ・オーウェンという名の遺伝学者が、ピーター・メダワーの実験とは概念的に正反対の実験をおこなった。メダワーがおこなったのは、拒絶反応という現象を解明するための実験だった。つまり、非自己に対する非寛容という現象だ。妹の免疫系はなぜ兄の皮膚を拒絶するのだろう？　オーウェンはその質問を反転させた[10]。なぜT細胞は自己の身体を攻撃しないのだろう？　自己に対する寛容をいかに獲得したのだろう？

農場で働いた経験から、オーウェンは、雌牛が二頭の異なる雄牛を父に持つ双子の子牛を産む場合があることを知っていた。たとえば、ガーンジー種の雌はガーンジー種の雄を父に持つ子とヘレフォード種の雄を父に持つ子の双子を産むことがある。なぜなら発情期に、雌がこれら二頭の雄と交配したからだ。ガーンジー種とヘレフォード種という異なる父を持つ双子は、同じ胎盤を共有する。しかし、それぞれの赤血球は異なる抗原を持っている。通常の場合、ガーンジー種のウシはヘレフォード種のウシの血液を拒絶するが、胎盤を共有するこのめずらしい双子の場合には、そのような拒絶反応が起きないことにオーウェンは気づいた。まるで、胎盤に含まれる何かが、もう一方のウシの細胞に対して「寛容になる」ようにと、ウシの免疫系を教育したかのようだった。

オーウェンのこの考えはほとんど無視された。しかし一九六〇年代になって、免疫寛容について真剣に考えはじめた免疫学者たちは、オーウェンの観察結果に注目した。胎児の段階で、ある抗原に暴露されると、免疫系はその抗原に対して寛容になり、それを自己と認識して、その抗原を提示する細胞を攻撃しなくなるのではないか。一九六九年に出版された『自己と非自己』と題する自著の中で、マクファーレン・バーネット（バーネットはそのころにはすでに、抗体のクローン説によってノーベル賞を受賞していた）は本質的な説を提唱し、オーウェンの結果をさらに進展させた。「抗原決定基が外来のものだと認識されるためには、その抗原が胎生期（傍点は著者によるもの）に体内に存在していないことが必要である」[11]。オーウェンの実験結果の正しさを認めて、バーネットはそう書いている。

この寛容の基本は、出生前や幼児期の成長段階で「自己」細胞に反応したT細胞が免疫系から排除される仕組みにある。自分自身（自己のMHC分子が提示する自己細胞のペプチド）に対して攻撃を仕掛けた免疫細胞は除去されるのだ。免疫学者たちは自己に反応する細胞を「禁断のクローン」と呼んだ。なぜ「禁断」かといえば、このクローンは恐れ多くも自己のペプチドに反応したために、成熟して自己に対する攻撃を仕掛けるようになる前に、抹消されたからだ。バーネットはそうした細胞を、免疫反応というシステムにぽっかりと空いた「穴」になぞらえた。自己というものが否定——外来物質を認識するシステムに空いた穴——として定義されるのは、免疫にまつわる哲学的な謎のひとつだ。自己とはある意味、攻撃することを禁じられたものとして定義される。生物学的には、自己とは目に見えるものではなく、目に見えないものなのだ。「汝はそれである（*Tat Twam Asi*）」

では、こうした禁断の穴はどこから生じたのだろう？　T細胞などの免疫細胞はどのようにして認識のレパートリーの中に穴をつくるのだろう。たとえば、どのようにして赤血球や肝臓の細胞の表面にある抗原などの自己タンパク質を異物として攻撃しないようにしているのだろう？

一連の実験から、その答えが出た。ジャック・ミラーが示したように、T細胞は免疫細胞として骨髄で生まれ、胸腺へ移動して成熟する。コロラド州に住む免疫学者のカップル、フィリッパ・マラックとジョン・カプラーは、胸腺細胞をはじめとするマウスの細胞に外来のタンパク質を強制的に発現させるという実験をおこなった[12]。通常なら、そうしたタンパク質はT細胞によって認識され、排除される。しかし、バーネットの予測どおり、二人は、そのタンパク質のかけらに反応した未熟T細胞（自己を攻撃した未熟T細胞）が胸腺で除去されることを発見した。これは負の選択と呼ばれ、除去されたT細胞は成熟できない。バーネットが提唱したように、細胞は除去されて、あとには「穴」が残るのだ。

しかし胸腺でのT細胞の除去（このメカニズムは中枢性免疫寛容と呼ばれる。なぜなら、胸腺という中枢リンパ組織で成熟するT細胞に影響をおよぼすメカニズムだからだ）だけでは、自己に対する免疫細胞の攻撃を完全には防げない。そこで、中枢性免疫寛容のほかに、末梢性免疫寛容というメカニズムもある。胸腺を離れたあとのT細胞に影響を与えるメカニズムだ[13]。

末梢性免疫寛容のメカニズムには、制御性T細胞（Ｔｒｅｇ細胞）という謎めいた風変わりな細胞が関与している。この細胞はT細胞とほぼ同じに見えるが、その働きは、免疫反応の活性化ではなく、抑制だ。Ｔｒｅｇ細胞は、炎症部位にねらいを定めて、可溶性の因子（抗炎症メッセンジャー）を分泌し、その因子がT細胞による免疫反応を鎮める。Ｔｒｅｇ細胞の機能がいかに重要かは、その欠損を原因とする疾患を見れば明らかだ。まれな変異によってＴｒｅｇ細胞の形成が障害されている人は、きわめて重篤な自己免疫疾患を発症する。Ｔ細胞が皮膚や膵臓（すいぞう）、甲状腺、消化管を攻撃するためだ。免疫調節異常（Immune dysregulation）、多腺性内分泌不全症（Polyendocrinopathy）、腸疾患（Enteropathy）、Ｘ連鎖（X-linked）を特徴とするＩＰＥＸ症候群と呼ばれる疾患をわずらう子供は、難治性の下痢や糖尿病、皮膚の乾癬様の落屑（らくせつ）といった症状を呈する。こうした子供は、他のＴ細胞を抑制するＴｒｅｇ細胞（警察を取り締まる警察官のようなもの）が欠損しているために、自己の細胞による攻撃を受けてしまう。

免疫反応を活性化して炎症を引き起こす細胞（Ｔ細胞）と、これらを抑制する細胞（Ｔｒｅｇ細胞）はなぜ同じ親細胞、つまり骨髄中の前駆細胞から分化するのか。その理由はいまだ解明されていない。これらの細胞は機能的に補い合っている。免疫反応とその制御とは対になっているのだ。炎症のカインは寛容のアベルと結びついている。進化がなぜ、これらの細胞を対にしたのか、その理由が解明される日がいずれ来るだろう。Ｔｒｅｇ細胞についても、いまだに多くの謎が残されている。一見、免疫を活性化するように見えながら、実際には抑制するこの細胞についても、まだわかっていないことが多い。

「しかし、山を越えてもまた山がある」とは、ハイチのことわざだ。制御不能なＴ細胞は身体にとってあまりに有害なため、バックアップシステムが山のようにいくつも連なっている。主要な制御力が免疫系による自己攻撃を抑制できなくなったらどうなるだろう？　二〇世紀が始まるころ、名高い生化学者パウル・エールリヒは、身体が自分自身を破壊する状態を「恐ろしい自己中毒」と呼んだ。[14]その状態はまさにその名のとおりだった。自己免疫疾患は軽度のものもあれば、きわめて重篤なものもある。自己免疫疾患である円形脱毛症は、Ｔ細胞による毛包の攻撃が原因と考えられている。一カ所のみが円形に脱毛する場合もあれば、T細胞がすべての毛包を攻撃するために全体が脱毛する場合もある。

二〇〇四年、内科のフェローだった私は、臨床免疫学の大学院コースのアシスタントのボランティアをつとめたことがあった。私の仕事は、病院を受診している自己免疫疾患の症例を探して、患者の同意のもと、身体的な症状や病因、治療について大学院生と話し合うというものだった。エールリヒの印象的なフレーズについて私がひとつだけクレームをつけるとすれば、それが指し示すのが単数だったということだ。恐ろしい自己中毒――自己免疫疾患――の症状はあまりに多種多様であり、恐怖の対象はひとつでなく、いくつもあったからだ。

私たちは強皮症をわずらう三十代の女性に会った。免疫系が皮膚や結合組織を攻撃する疾患だ。彼女の場合、最初の症状はレイノー現象と呼ばれるものだった。強皮症の初期症状としてよく見られる現象で、手指や足指が寒冷刺激で蒼白になる。「それから」と彼女は学生たちに言った。「寒くないときでも、ストレスを感じたり疲れたりしているときに、指が青くなるようになりました」。私はシェークスピアの喜劇『恋の骨折り損』の中にある、冬についての詩を思い出した[15]。風がうなりをあげて吹きすさぶなか「羊飼いのディックは爪に息を吹きかける」。しかしこの患者の寒気は体内から生まれたものだった。手足の血管のれん縮が生み出した寒気だ。まるで自己免疫が体内で冬を生み出したかのように。

女性の身体はさらに不可解な攻撃に襲われた。免疫系によって結合組織が攻撃されるにつれて、皮膚が硬くなっていった。硬化した皮膚はやがて、まるで目に見えない力に引っぱられてでもいるように、光沢を持つようになった。唇も硬くなって切れた。彼女は免疫抑制剤による治療を受けた。炎症を鎮めるために副腎皮質ステロイドも投与されたが、その副作用で躁状態になった。「自分の皮膚が私を縛り上げはじめたみたいな感じでした。全身にきつくラップが巻かれているようなんです」

　私たちが次に出会ったのは全身性エリテマトーデスをわずらう男性だった。この病気はループス（lupus）とも呼ばれ、その呼び名はオオカミを意味するラテン語に由来する。一説には、この恐ろしい自己中毒性疾患の皮膚病変を見たローマの医師が、オオカミに噛まれた痕のようだと思ったからだと言われている。より有力な説としては、鼻梁を越えて両頬に広がる紅斑が、オオカミの模様に似ていたからだとされている。日光を浴びると紅斑が悪化するため、この病気をわずらう人は暗い部屋の中で暮らし、月明かりしかない夜に外を出歩く。そのせいで、この不吉な響きを持つ名前が定着したとも考えられている。その日も、病室のブラインドは下ろされ、一筋の光だけが斜めに差し込んでいた。私たちはまるで、霊廟に集う者たちのように、男性を囲んで座っていた。

　男性の紅斑の程度は軽かったが（紅斑を隠すために、男性は日常的にサングラスをかけていた）、腎臓が攻撃を受けていた。肘や膝に激しい関節痛もあった。ループスはさまざまな症状が出たり消えたりする病気だ。皮膚や腎臓など、ひとつの器官だけに症状が出る場合もあれば、突然、複数の器官が障害されることもある。この男性は新しい免疫抑制剤の臨床試験に参加しており、その治療によって症状がいくらか改善していた。この病気で免疫系が何に対して攻撃しているのかはいまだ謎のままだが、細胞核内の抗原や細胞膜の抗原、ＤＮＡに結合するタンパク質の抗原が関与していると考えられている。そしてこの病気ではときに、攻撃を受ける器官の種類が増えつづけることがある。まるで火に油を注ぎ合うように、関節から腎臓、そして皮膚へと病変が移っていく。いったん自己に対する障壁が破壊されると、自己のすべてが攻撃の対象となるのだ。

「恐ろしい自己中毒」には重要な科学的な教訓が含まれていたが、免疫学者たちがその教訓を受け入れるまでには何十年もかかった。自己免疫、つまり自己細胞への攻撃という現象が理解されると、そこから当然のことながら、次のような疑問が生まれた。免疫の攻撃をがん細胞に向けたらどうだろう？　結局のところ、悪性細胞というのは、自己と非自己の不穏な境界線上に存在しているのだから。がん細胞は正常細胞に由来し、多くの正常な特性を持っているが、それと同時に、悪性の侵入者でもある。見方によってサイに見えたり一角獣に見えたりするのだ。一八九〇年代、ニューヨークの外科医ウィリアム・コーリーは、がん患者を治療するために、今では「コーリーの毒」と呼ばれている細菌の混合物を使った。[16] コーリーは、強力な免疫反応ががん細胞を消失させることを期待した。しかし期待したとおりの反応は得られなかった。その後、がん細胞を破壊する化学療法が一九五〇年代に開発されると、がん細胞を免疫で攻撃するという考えは廃れていった。

しかし、標準的な化学療法のあとにがんが高頻度で再発することが明らかになるにつれ、免疫療法という概念がふたたび注目されるようになった。ここで少し、身体が自己のT細胞によって生きたまま食べられないようにしているメカニズムについてもう一度考えてみよう。前述したように、私たちの体内には、もしそのまま成長したら正常組織に対して免疫反応を起こすことになる「禁断の」クローンが存在していたが、T細胞が成熟する時期にそのクローンは強制的に排除された。加えて、私たちの体内には免疫反応を鎮めるTreg細胞も存在する。

一九七〇年代、科学者たちはさらに別のメカニズムを発見した。T細胞が自己を攻撃しないように寛容化されるメカニズムだ。ウイルスに感染した細胞や、がん細胞などの標的を破壊するためには、T細胞受容体によるMHCペプチド複合体の認識では不十分である。免疫による攻撃を誘発するためには、T細胞表面にある別のタンパク質も活性化されなければならない。攻撃のためのスイッチはひとつではなく、複数あるのだ。山の向こうにさらに山があるように、バックアップの向こうにさらなるバックアップがあるというこの仕組みは、いわば銃のトリガーロックや安全スイッチのようなものであり、T細胞が正常細胞をうっかり攻撃するのを確実に防ぐために進化したものだ。トリガーロックは、自己細胞の無差別な破壊を防ぐためのチェックポイントの役割を果たしている。

このようなトリガーロックについて理解し、それを解除できるようになるには、特異性という不確かな概念を解明しなければならない。ヒトT細胞の反応をがんに向けることは可能だろうか？　メリーランド州ベセスダのアメリカ国立がん研究所で、腫瘍外科医のスティーヴン・ローゼンバーグは、悪性黒色腫などの組織からT細胞を採取した。腫瘍内に浸潤したT細胞には、腫瘍を認識して攻撃する能力がそなわっているにちがいないと考えたからだ。ローゼンバーグの研究チームは、この腫瘍浸潤リンパ球を培養し、その数を数百万個まで増やしてから、患者に注入した。[17]

効果があった。ローゼンバーグのT細胞による治療を受けた悪性黒色腫の患者の腫瘍が小さくなった。中には、腫瘍が完全に退縮し、その状態が何年も続いた患者もいた。しかし一方で、効果にはかなりむらがあった。患者の腫瘍から採取したT細胞の中には、腫瘍と闘うように自らを鍛えていたものもあれば、犯行現場を目撃しながらなんの行動も起こさないただの傍観者もあったのだ。そうした傍観者のような細胞は疲弊していただけなのかもしれないし、腫瘍の存在に慣れてしまったのかもしれない。いずれにしろ、それらの細胞は腫瘍に対して寛容になった可能性があった。

がんにはそれぞれ個性があるものの、いくつかの共通点もある。そのうちのひとつが、免疫系には見えないという性質だ。T細胞は原則的に、腫瘍に対する強力な免疫の武器になる。一九三〇年代にクラレンス・リトルとピーター・ゴーラが示したように、遺伝的に非適合なマウスに腫瘍を移植すると、レシピエント・マウスのT細胞が腫瘍を「異物」として排除する。しかしリトルとゴーラが選んだ腫瘍とレシピエントの組み合わせは完全に非適合だった。腫瘍はその表面に「異物」とすぐに認識されるMHC分子を掲げており、そのために、腫瘍はただちに排除されたのだ。エミリー・ホワイトヘッド（上巻28ページ）の治療で使われたCAR-T細胞は、彼女自身の白血病細胞の表面タンパク質を見分けられるように改変したものだった。

しかしヒトのがんの大半は免疫系に対してもっとあいまいな挑戦を仕掛けてくる。ノーベル賞を受賞した腫瘍生物学者のハロルド・ヴァーマスはがんを「正常細胞のゆがんだバージョン」と呼んだ。まさにそのとおりだ。がん細胞がつくるタンパク質は、いくつかの例外を除いて、正常細胞がつくるタンパク質と同じである。ただ、がん細胞はそれらのタンパク質の機能をゆがめ、細胞をハイジャックして悪性増殖させる。つまりがんとは、道を踏み外した自己なのだ。しかし自己であることにちがいはない。

二つめの共通点は、最終的にヒトの臨床的な病気を生じさせるがん細胞は進化のプロセスを経て生まれたという点だ。いくつかの選択サイクルのあとで生き残ったがん細胞はすでに免疫を逃れる術を身につけている可能性がある。サム・P（上巻24ページ）の場合のように、免疫細胞は何年ものあいだ、そのように進化したがん細胞の脇をかすめて通り過ぎるだけで、がん細胞の存在に気づかずに、ただ先へ進んでいく。

がんが自己に類似しているということと、免疫にとって不可視な存在であるという双頭の問題は、腫瘍学者にとっての難題である。がんを免疫によって攻撃するためにはまず、がんを再可視化する必要がある。加えて、免疫細胞は、正常細胞を破壊することなく、がんだけを攻撃するために、なんらかの明確な決定因子をがんに見いださなければならない。[†]

ローゼンバーグの実験は、これらの難題を乗り越えるのが可能であることを示す最初のかすかな光となった。腫瘍が免疫系に検知され、T細胞によって破壊される場合もあることがわかったのだ。しかし、不可視になるために、がん細胞はいったい何をしているのだろう？　つまり、正常細胞が自己への攻撃を防ぐために使うのと同じメカニズムを利用しているのだろうか？　つまり、自己免疫反応を防ぐためのトリガーロック・システムを作動しているのだろうか？

一九九四年冬、カリフォルニア大学バークレー校のジェームズ・アリソンがある実験をおこなった。免疫療法という分野を甦らせることになるその実験は、T細胞を抑制するメカニズムを阻害する実験だった。免疫学のトレーニングを受けたアリソンは、T細胞表面にあるCTLA4というタンパク質について研究していた。このタンパク質の存在は一九八〇年代から知られていたが、その機能は不明のままだった。

アリソンは免疫反応に抵抗することで有名な腫瘍をマウスに移植した。予想どおり、腫瘍は免疫による拒絶反応をあっさりかわして頑固に増殖した。一九九〇年代、免疫学者のタック・マックとアーリーン・シャープは、CTLA4はT細胞の活性を抑えるためのトリガー・ロックのひとつではないかと考えた。CTLA4遺伝子を欠損させたマウスでは、T細胞が荒れ狂い、マウスは致死的な自己免疫疾患を発症したからだ。アリソンはその実験を再現することにしたが、そこにひねりを加えた。彼の考えはこうだった。CTLA4遺伝子を完全に欠損させるのではなく、薬によってCTLA4を阻害すれば、T細胞ががんを攻撃するようになるのではないだろうか？

アリソンは何匹かのマウスにCTLA4を阻害する抗体を投与した。[18]つまり、CTLA4の機能を実質上、失わせたのだ。その後の数日間で、CTLA4阻害剤を投与されたマウスで、免疫抵抗性の腫瘍が消失した。クリスマスにも、彼は同じ実験をおこなった。今度もまた、CTLA4阻害剤を投与されたマウスで、悪性腫瘍が消えた。活性化し、怒り狂ったT細胞によって、腫瘍が生きたまま食べられたことを彼はのちに発見した。

アリソンをはじめとする研究者たちは、腫瘍に対するT細胞のこうした活性化に魅了され、さらに一〇年以上を費やして、CTLA4タンパク質の機能を探究した。そして、初期の実験が示したように、CTLA4は「恐ろしい自己中毒」を防ぐためのシステムであることを発見した。T細胞のトリガー・ロックなのだ。正常の状況では、活性化T細胞上のCTLA4はB7タンパク質‡に結合する。

† 三つめの研究テーマがある。しだいに重要性を増しつつあるそのテーマとは、薬剤や体内の自然なメカニズムによる破壊に対抗するがんの能力だ。がん細胞は自身のまわりに独特の細胞環境を形成するように進化してきた。その環境とは、自分の周囲に正常細胞を配置するというもので、その結果、薬剤はがん細胞に到達することができず、薬剤耐性が生じる。同様に、こうした細胞環境のせいで、T細胞やNK細胞をはじめとする免疫細胞もがん細胞の近くに入り込むことができなくなり、がん細胞は免疫を逃れることができる。加えて、がん細胞は自分に栄養を供給するための血管を近くまで引き込むこともできる。種々の薬を使ってがん細胞への血流を途絶えさせる臨床試験がおこなわれたが、それらはわずかに成功しただけだった。がんの「微小環境」内で免疫細胞を無理やり活性化させるという臨床試験も同程度の結果しか得られなかった。近年私が目にした最も恐ろしい科学の画像のひとつは、腫瘍が正常細胞の殻に包まれており、それらの正常細胞が活性化T細胞を排除している様子をとらえたものだった。T細胞はがん細胞がつくった正常細胞の殻の外側をリング状に取り囲んでいたが、その殻を突き通せずにいた。免疫学者のルスラン・メジトフはこれを「クライアント細胞」仮説と名づけた。がん細胞が器官の「クライアント」細胞のふりをして（より正確には、クライアント細胞に似た細胞に進化して）、器官の中で増殖するのではないかという仮説だ。ちょうど窃盗犯が店のクライアント（客）のふりをして、警察——この場合の免疫系——が目をそらした隙に盗みを働くように。

‡ ここではできるだけ免疫学の専門用語を使わないようにした。B7は実際には、CD80とCD86という二つの分子の複合体だ。さらに、T細胞の不適切な活性化を防ぐためのバックアップシステムはほかにも存在する。そのようなシステムのひとつ、CD28タンパク質は免疫学者のクレイグ・トンプソンによって発見され、今では私の研究室などさまざまな研究室における重要な研究テーマとなっている。

Ｂ７タンパク質とはリンパ節（Ｔ細胞が成熟する場）の細胞表面に存在するタンパク質で、この結合の結果、セーフティースイッチが入り、成熟中のＴ細胞は自己を攻撃できなくなると同時に、腫瘍を排除することもできなくなる。しかし、もしＴ細胞の攻撃能力をなくすこの経路を阻害したら、セーフティーロックが外れ、免疫寛容を無効にすることができる。ＣＴＬＡ４はこのように、Ｔ細胞の不活性化と活性化のあいだの障壁の役割を果たしているのだ。Ｔ細胞の活性を抑制することから、ＣＴＬＡ４タンパク質は「チェックポイント」と呼ばれる。†

私はまるで、こうした決定的な認識が数分のうちにもたらされたかのように書いているが、実際にこの認識に至るまでには、何十年にもわたる努力と愛が必要だった。数年前、私はニューヨークでアリソンに会い、ＣＴＬＡ４の機能を解明するまでの苦難に満ちた科学の道のりについて聞いた。アリソンは、このプロジェクトに費やした一〇年もの辛い年月など遠い記憶にすぎないとでも言うように、声をあげて陽気に笑いながら言った。「誰も信じてくれませんでした。がん細胞へのＴ細胞の攻撃を抑制するメカニズムがほかにも存在するなんて、誰も考えませんでした。しかし私たちは根気よくその問題に取り組み、そしてついに、謎を解明したのです」

アリソンがＣＴＬＡ４の機能を解明しようと奮闘していたとき、日本の京都大学では、科学者の本庶佑（ほんじょたすく）がＰＤ‐１という別の謎めいたタンパク質の機能の解明に取り組んでいた。アリソンの場合と同じように、不可解で、ときに矛盾する結果しか得られないまま、一〇年が過ぎた。しかし本庶の研究チームは徐々に、ＰＤ‐１の機能を解き明かしていった[19]。このタンパク質はＣＴＬＡ４に似ていた。これもまた、Ｔ細胞を寛容化していたのだ。ＣＴＬＡ４と同様に、ＰＤ‐１もＴ細胞表面に発現しており、ＰＤ‐Ｌ１（事実上のＰＤ‐１の「オフ」スイッチ）と結合する。ＰＤ‐Ｌ１は全身に分布するいくつかの正常細胞の表面にわずかに存在する。Ｔ細胞のＣＴＬＡ４が銃の安全スイッチだとしたら、正常細胞のPD‐L1は無害な傍観者が着用するオレンジ色の安全ジャケットのようなものだ。傍観者はこう言うのだ。「撃たないで。私は無害です！」[‡]

ほんの数十年のあいだに、末梢性免疫寛容の新たなシステムが二つ発見され、それらを不活性化できる可能性があることがわかった。CTLA4とT細胞との結合によって、T細胞は不能になる。正常細胞のPD‐L1は、正常細胞を不可視にする。不能と不可視との組み合わせが一対のメカニズムとなって、身体が自分自身を飲み込んでしまうのを防いでいるのだ。

がんはこれら二つのメカニズムを利用して、免疫の攻撃を逃れていることが判明した。がんの中には、PD‐L1を発現し、独自の安全ジャケットを身にまとって不可視になっているものもある。「撃たないで。私は無害です！」と主張しているのだ。本庶がPD‐L1阻害剤をマウスに投与したところ、T細胞は安全ジャケットを着た免疫抵抗性の腫瘍に対しても攻撃を仕掛けるようになった。がんはしっぺ返しを食らったのだ。本庶とアリソンはそれぞれ同じ理論に行き着いた。T細胞の安全装置を解除したり、がんの安全ジャケットを脱がしたりすれば、免疫は実際にがんを攻撃するという理論だ。彼らはチェックポイントをチェックメイトしたのだ。

彼らの研究結果に基づいて、新しいタイプの薬が開発された。それらはCTLA4とPD‐L1を阻害する抗体であり、この新薬の最初の臨床試験から、効果が立証された。[20] 化学療法の効かない悪性

† 長年のあいだに、T細胞には複数のチェックポイントがあることがわかってきた。それぞれのチェックポイントが、活性化したがりなT細胞による自己攻撃を防ぐ安全スイッチの役割を果たしている。

‡ 実際には、PD‐L1は単なるオレンジ色の安全ジャケットではない。T細胞に死をもたらすことによって、T細胞による攻撃を完全に防ぐこともできるのだ。

黒色腫が小さくなって消え、転移性膀胱がんが免疫による攻撃を受けて排除された[†]。こうして、「チェックポイント阻害」という名の新しいがん免疫療法——T細胞を免疫寛容にするためのチェックを外す治療——が誕生した。

しかし、こうした治療には限界がある。トリガー・ロックを外せば、攻撃したくてうずうずしている活性化T細胞が正常な自己細胞を攻撃する可能性があるからだ。友人のサム・Pの治療が最終的にうまくいかなくなったのも、肝臓の細胞に対する自己免疫攻撃のためだった。チェックポイント阻害薬がT細胞による悪性黒色腫への攻撃を解き放ち、腫瘍の増殖を抑えたのはたしかだった。だがそれと同時に、肝臓への攻撃も解き放ち、その攻撃は結局、手に負えないものになった。それは治療がもたらした「恐ろしい自己中毒」だった。サムはがんと自己との境界線上にとらえられたまま苦しむことになった。最終的に、腫瘍細胞が境界線を迂回して生き延び、サムは取り残された。

私が本書の第三部を書き終えたのは偶然にも、月曜の朝だった。私が血液を観察すると決めている日だ。いつものように執筆を終えてからオフィスを出て廊下を歩き、顕微鏡室へ行った。ありがたいことに、部屋には誰もおらず、あたりは静まりかえっていた。私は部屋の電気を消し、顕微鏡のスイッチを入れた。テーブルの上にはスライドグラスが入った箱があった。私はスライドを一枚、顕微鏡に設置して、焦点調節つまみをまわした。

血液。細胞の宇宙。休むことを知らないものたち。免疫反応の第一段階を担う、分葉した核を持つ好中球は、監視者だ。かつてはなんの役にも立たない断片とみなされていた血小板は治療者（止血機構の主役）であり、身体にできた傷に対する私たちの身体の反応を再定義した。抗体のミサイルをつくるB細胞。家を一軒一軒まわって侵入者（そこにはがんも含まれるかもしれない）の気配すら見逃さないＴ細胞は防御者であり、識別者だ。

細胞から細胞へと視線をすばやく移しながら、私は本書の軌跡について考えた。私たちの物語は移動し、語彙は変化した。本書の前のほうでは、私たちは細胞を孤独な宇宙船のようなものととらえていた。その後、「分裂する細胞」の章で、細胞はもはや単一ではなく、二個の、そして四個の細胞の前駆細胞となった。細胞は組織や器官、そして身体の創始者であり、オーガナイザーとなった。二個や四個になりたいという細胞の夢がかなったのだ。さらに、細胞はコロニーを形成した。発生中の胚では、生物という風景の内部で、細胞が自身の位置を定めていった。

それでは、血液とはなんだろう？　それは器官の複合体であり、いくつものシステムからなるシステムだ。血液は軍隊のための訓練キャンプ（リンパ節）をつくり、細胞を移動させるための高速道路や小道（血管）をつくった。その砦や壁は住民（好中球と血小板）によって絶え間なく調査され、修

† がん細胞はなぜ、どのようにして――いったい、なぜ、どのように――がん細胞を認識して破壊するＴ細胞から逃れることができるのだろう？　この疑問は今も免疫療法という分野を悩ませている。固形腫瘍のなんらかの因子によって（それは固形腫瘍が自らのまわりにつくる環境かもしれない）、腫瘍は最も強力に活性化したＴ細胞ですら逃れ、阻害できると考えられている。では「なんらかの因子」とはいったいなんなのだろう？　最も固い（だじゃれではなく）証拠は、次のようなものだ。がんに対する免疫の攻撃は、固形腫瘍の内部に機能的なリンパ器官が形成された場合にのみ起きるというものだ。そのようなリンパ器官には、好中球やマクロファージ、ヘルパーＴ細胞、キラーＴ細胞が存在し、組織化された細胞構造が形成されていなければならない。これは二次リンパ器官（ＳＬＯ）と呼ばれ、Ｔ細胞がウイルスなどの病原体を攻撃するときに形成されるリンパ節に似ているが、この場合のターゲットは病原体ではなく、腫瘍だ。ＳＬＯを形成できない腫瘍には、免疫療法は効かない。反対に、ＳＬＯを形成する腫瘍にはたいてい、免疫療法が効く。しかし、それは相関関係でしかない。その因果や、ＳＬＯが形成されたり、されなかったりするメカニズムはまだ解明されていない。もし解明されたら、がんに対する新世代の免疫療法や新しい併用療法が誕生するはずだ。

復されている。市民を認識し、侵入者を排除するためのＩＤカード・システム（Ｔ細胞）を開発し、侵入者から自己を守るための軍隊（Ｂ細胞）をつくった。言語や組織、記憶、建築、サブカルチャー、自己認識の仕組みを生み出した。私の頭に新しい比喩が思い浮かんだ。ひょっとしたら、血液とは細胞文明のようなものなのかもしれない。

第四部　知識

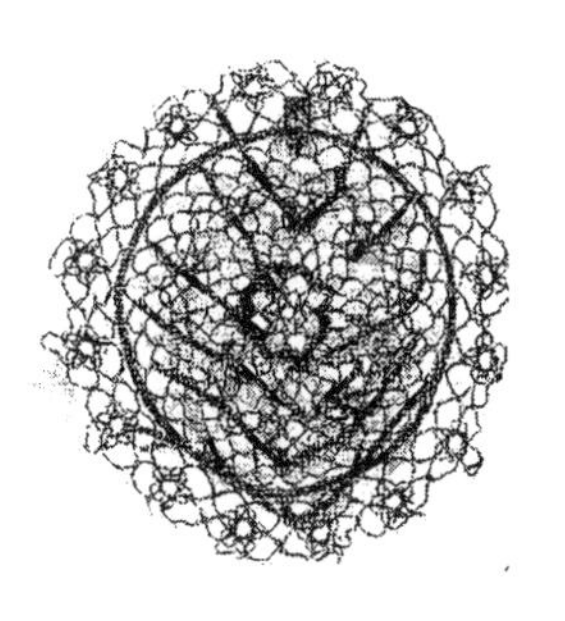

パンデミック

イタリアのいかなる都市に比べてもこよなく高貴な都市国家フィレンツェにあのペストという黒死病が発生いたしました……数年前、はるか遠く地中海の彼方のオリエントで発生し……西の方へ向けて蔓延してまいりました。惨めなことでした……この病気の治療に役立つ医者の処置はなにもなく、効く薬もありません……病人の衣服とか病人が触ったとか使ったものに触れただけでも病気は伝染したからです……病人やその持物は避けて遠ざける。そうすれば自分だけは安泰だと思い込んだのです……病人は一人もいない、快適な生活のできる家に集まり、そこに閉じ籠もった。

——ジョヴァンニ・ボッカッチョ『デカメロン』[1]

私たちの自信が根底から覆される前の二〇二〇年の初冬には、身体にそなわった複雑な細胞システムの中でも、免疫系は最も深く解明されたもののひとつであるかのように思えていた。二〇一八年、腫瘍がT細胞を逃れる仕組みの解明によって、アリソンと本庶がノーベル賞を受賞したとき、その受賞はまるで、免疫についての理解が、そしておそらくは細胞生物学についての理解がその頂点に達したことを象徴しているかのようだった。免疫のマントを被って不可視となった腫瘍からマントを剝ぎ取る強力な薬が開発された。もちろん、根本的な謎は残されたままだった。免疫系が病原体に対する強力な免疫反応を起こしつつ、その同じ反応を自己に向けないようにするにはどうすればいいのか。侵入者である微生物に対する闘いが、恐ろしい自己中毒という内戦に発展しないためにはどうすればいいのか。これらは今も、深遠な謎のままだ（サム・Pの場合、私たちは、がんを排除するための免疫療法が引き起こした自己免疫肝炎を抑えることができなかった）。しかしパズルの中心的なピースはしかるべき位置にはまったように見えた。数年前、私はある博士研究員と話したことがあった。彼は大学を離れて、がんの新しい免疫療法を開発する予定のバイオテク企業で働くことが決まっていた。彼は私に言った。研究者たちは今では、免疫系を完全に理解可能な機械だとみなしはじめている、と。動かしたり、操作したり、解明したり、変化させたりすることができる、歯車とギアとパーツからなる機械だと。私はそんな彼の楽観主義を傲慢とは感じなかった。二〇二〇年、アメリカ食品医薬品局（FDA）が承認した約五〇種類の薬のうちの八つが免疫反応にかかわるものだった。二〇一八年には、その数は五九種類中、一二だった。開発中のヒトを対象としたすべての薬剤のじつに五分の一近くが免疫系と関係していたのだ。基礎免疫学から応用免疫学へと、私たちは自信に満ちた足取りで進んでいるように見えた。

そんな折、まるで聖書の一場面のように、私たちはつまずいた。

二〇二〇年一月一九日、中国の武漢から搭乗した三十代の男性が飛行機から降りてまもなく、咳の症状を訴えてワシントン州スノホミッシュ郡のクリニックを受診した。その年の二月に《ニューイングランド・ジャーナル・オブ・メディシン》誌に掲載された最初の症例報告を読むと、背筋が寒くなる。[2]

「クリニックに入ると、男性は待合室でマスクをつけた」

待合室で、彼の隣には誰がいたのだろう？　そこに至るまでの数日間で、彼は何人に感染させたのだろう？　武漢からシアトルまでのフライトで、通路を隔てた隣の席に座っていたのは誰だろう？

「およそ二〇分後に、彼は診察室に呼ばれ、診察を受けた」

彼を診察した医師はマスクをつけていただろうか？　検温した看護師は？　彼らは今どこにいるのだろう？

「男性本人の話によれば、彼は中国の武漢にいる家族のもとを訪ねたあと、一月一五日にワシントン州に戻ってきたという」

一月二〇日、鼻腔と咽喉のぬぐい液（その後には便の検体）がCDCに送られた。いずれの検体からも、新型コロナウイルス、SARS‐COV2が検出された。

発症から九日目（入院五日目）に、男性の病状が悪化し、血中酸素濃度が九〇パーセントまで下がった。呼吸器疾患の既往歴のない若い男性としては明らかに異常だった。胸部X線写真では、不明瞭な筋状の影が肺を覆い、肺炎が進行していることがわかった。肝機能検査でも異常が見つかった。高熱が出たり、下がったりした。男性は生死の境をさまよった末、回復した。

男性が咳の症状を訴えてシアトルのクリニックを受診してから二年以上が経過した。私がこれを書いている二〇二二年三月現在、感染者数は累計約四億五〇〇〇万人、死者数は約六〇〇万人を数える（検査陽性者数や死者数に関する信頼できる報告がないため、実際の数はこれよりもはるかに多いと考えられる）。感染は全世界の隅々にまで、ほぼ例外なく広がった。新しい変異を身につけたウイルス株が次々と現れ、中には他の株よりも毒性が強いものもあった。アルファ、デルタ、そしてオミクロン。現在、このウイルスに対する六〇以上のワクチンの臨床試験がおこなわれている。アメリカではすでに三種類のワクチンが承認され、九種類が世界保健機関（WHO）によって承認され、さらに数種類が開発中だ。

ヘルスケアシステムと配送システムが整った豊かな国々も屈服した。イギリスでの死者数は一六万人以上にのぼった。アメリカの公式な死者数は九六万五〇〇〇人。亡くなり、苦しみ、生活が困窮し、破産し、遺族となった人々の数は今も増えつづけている。

私はパンデミックの風景と音を頭から消し去ることができない。誰にできるだろう？　仮設の遺体安置所のベッド上のオレンジ色の遺体袋の列。エクアドルの共同墓地。私の病院の外で絶え間なく鳴りつづける救急車のサイレンは混じり合い、やがて、私にはそれが叫び声にしか聞こえなくなった。二〇二一年春の救急救命室には、端までびっしりとストレッチャーが並び、やがてストレッチャーは廊下にはみ出すようになった。自分自身が分泌する液体で溺れ、喘ぐ患者たち。毎日のように、ベッドの確保に奮闘するICUのスタッフたち。疲弊した医師や看護師たちは毎晩、ゾンビのように私のオフィスの外の廊下を歩いていた。目は落ちくぼみ、いかにもシフト後という表情を浮かべ、頬にはN95マスクが残した特徴的な跡がついていた。茶色の紙袋が通りを舞う、人気（ひとけ）のない孤立した市（まち）。誰かが地下鉄で咳やくしゃみをするたびに人々が浮かべる懐疑的な表情。あるいはまた、露骨な恐怖。

二年前の夏、リオデジャネイロのビーチで撮られた友人のいとこの写真には、健康でたくましい四十代のブラジル人男性が海の中から嬉しそうに両腕を挙げている姿があった。二〇二一年七月末、彼はコロナに倒れた。肺炎が悪化し、呼吸数は一分あたり三〇回以上にまで増えた。私には、その男性の次なるイメージを想像することしかできない。同じ男性がICUのベッドに横たわり、必死に呼吸をしている。首の筋肉はぴんと張り詰めて浮き上がり、唇は紫色だ。彼は両腕を挙げるが、その腕は震えている。腕を挙げたのは喜びのためではなく、生きたいという欲求を示すためだ。毎晩のように、私は男性について友人と緊迫感のあるメッセージをやり取りした。男性は人工呼吸器を装着していたが、ゆっくりではあるものの容態は改善していると聞いて、私は安心した。しかし、四月九日の夜遅く、友人からメッセージが届いた。「つらい知らせです。彼は亡くなりました」

二〇二一年四月にインドを襲った感染の第二波は、最初の波よりはるかに多くの命を奪った[3]。ウイルスはデルタ株へ変異しており、武漢で発生した最初の株に比べて感染力が高まり、より致死的となった可能性があった。デルタ株はインドで猛威をふるい、すでに荒廃していた公的医療制度にさらなる大打撃を与えた。組織的かつ協調的な対応の圧倒的な欠如が露呈した。デリーはロックダウンされ、何百万人もの出稼ぎ労働者が身動きできなくなった。私の母は市のアパートにひとり閉じ込められた。外出禁止が何週間にもわたって続くなか、私を安心させようと母が送ってくるメッセージはモールス信号並みに短くなった。「今日、ＯＫ」

一枚の写真がとらえたニューデリーの出稼ぎ労働者の姿が、私の頭にこびりついて離れない。その男性は病院の外でひざまずき、家族のために酸素ボンベを貸してほしいと訴えていた。ラクナウの六十代のジャーナリストはこうツイートした[4]。自分は感染して熱があり、息切れもあるが、病院や医者に電話をかけても無視される。サイバースペースに広がった彼のツイートは、しだいに増えていく絶望のカタログを世界に発信しつづけた。全世界が苦しみと恐怖心を抱きながら見守るなか、彼は急降下していく自分の血中酸素濃度の写真を投稿した。五二パーセント、三一パーセント。もはや生命を維持できる濃度ではなかった。最後のツイートには、彼の写真が掲載された。紫色の指がパルスオキシメーターを持っていた。酸素濃度、三〇パーセント。そして、ツイートは途絶えた。

新聞を開く勇気が出ない日々が続いた。まるで人類が悲しみのいくつもの段階を再発明したかのようだった。非難へと、やがて無力感へと変わっていく怒り。インドはあまりに多くの遺体を埋葬したため、すべてのシステムが、すべての火葬用の金属の格子が腐食し、崩れ、溶けた。

ときどき、ある伝説を思い出す。それはこんな話だ。悪魔の王バリは大地と地底世界と天という三つの世界を征服した。ある日、そんなバリの前に、くすんだ色の目をした小男、ヴァーマナ――ヴィシュヌ（ヒンドゥー教の救済の神）のアヴァターラ（ヴィシュヌの化身）――が傘を差して現れ、たったひとつだけ望みをかなえてほしいと頼む。傲慢さゆえに寛大となった悪魔の王バリは承諾する。ヴァーマナは途方もなく小さなものを要求する。一辺がヴァーマナの三歩分の歩幅に相当する正方形の土地がほしい。この小男は腕二本分の背丈しかないというのに？　バリはその要求を笑い飛ばした。もちろん、おまえにその小さな土地をくれてやる。

するとたちまち、バリが恐怖とともに見守るなか、ヴァーマナは巨大化した。急激に大きくなったその身体が空を覆った。ヴァーマナは一歩目で大地全体をまたいだ。二歩目で天をまたぎ、そして三歩目で、地底世界を踏んだ。もはや王国は残されていなかった。ヴァーマナはバリの頭を踏みつけて地底世界の奥へ、地獄へと押しつけた。

このたとえには明らかに難点がある。ヴァーマナが救済の神の化身であるのに対し、ウイルスは神の介入とはかけ離れた存在だからだ。そして私たちの弱点は残念ながら、あまりに人間臭い。ほころびだらけで融通のきかないグローバルな公的医療制度、即応態勢の欠如、世界中にウイルスのように広がる誤情報、マスクや医療用ガウンの入手を困難にするサプライチェーン問題、新型コロナウイルス感染症への対応の甘さが露呈した独裁的な各国のリーダーたち。

だが、私たちの頭が踏みつけられたことは事実だ。免疫系の細胞生物学についてはすべて知ってい、ると私たちが感じはじめ、自信が最高潮になっていたまさにそのときに、科学者たちの頭は地獄へと押しつけられたのだ。

ごく小さな微生物が大陸から大陸へと伝わり、世界中に広がりはじめたときには、腑に落ちないことだらけだった。イェール大学のウイルス学者である岩崎明子は私に言った。[5] ＳＡＲＳ‐ＣＯＶ２（新型コロナウイルス）に似たコロナウイルスは数千年のあいだ人類に感染しつづけてきたが、これほどの犠牲を出したウイルスはなかった。ＳＡＲＳやＭＥＲＳといった同様のウイルスは、感染者の致死率がＣＯＶ２よりも高いが、すぐに制圧された。では、新型コロナウイルスとヒト細胞との相互作用のどのような性質が、このウイルスの世界的なパンデミックを引き起こしたのだろう？

ドイツのクリニックによる報告から、二つのヒントがもたらされた。それは一見、不吉には思えないヒントだった。二〇二〇年一月（今考えれば、その短い凪の時期に、私たちはいかに無垢で自信に満ちていたことだろう。まるで、三歩の歩幅で手に入れられる王国などたかが知れていると思っていたかのようだ）、ミュンヘンの三十代の男性が、上海からやってきた女性と仕事の打ち合わせをした。[6] 数日後、男性は体調を崩した。発熱や頭痛など、インフルエンザ様の症状に見舞われた。自宅療養のあとで回復した男性は仕事に戻り、数人の同僚と会議をした。発熱、頭痛、すばやい回復。それはよくある感染症のパターンであり、男性の症状は普通の風邪と変わらなかった。

数日後、ミュンヘンの病院から男性のもとに電話がかかってきた。上海からやってきた女性が中国に戻る機内で体調を崩し、検査によって新型コロナウイルス陽性と判明したのだ。しかし不可解な点があった。男性と会ったとき、女性は無症状で健康そのものに見え、その二日後に初めて症状が出た。つまり女性は症状が出る前の段階で、男性にウイルスを感染させたのだ。女性がキャリアであることを彼女やその男性に伝えられる人はいなかった。症状に基づいた感染者の隔離では、ウイルスの伝播を食い止めることはできなかった。

男性が検査を受けたとき、謎はさらに深まった。その時点ではすでに男性に症状はなかった。彼は仕事に復帰し、体調も万全だった。しかし唾液中のウイルス量を測定したところ、彼が歩く感染源であることがわかった。唾液一ミリリットルあたり、じつに一億個ものウイルス粒子が存在していたのだ。ほんの少し咳をしただけで、強い感染力を持つウイルスの目に見えない濃い霧が部屋に充満することになる。彼もまた、無症状のままウイルスをまき散らしていた。

接触者を追跡していく過程で、このウイルスの持つ二つめの不吉な特徴が明らかになった。男性は三人にうつしていた。感染拡大の指標となるウイルスの「実効再生産数」は少なくとも三だった。一人の感染者が三人にうつすなら、感染者数は必然的に、指数関数的に増えることになる。三人、九人、二七人、八一人というように。これが二〇回繰り返されたら、その数は三四億八六七八万四四〇一人になる。世界人口のおよそ半数だ。

無症状あるいは症状出現前の段階で人にうつしてしまうこと。指数関数的な増加。パンデミックのレシピでは、この二つの材料が必須であるということが、一見なんの問題もなさそうな症例報告で明確に示された。ほどなくして、三つ目の特徴も明らかになった。予測できない、謎めいた致死性だ。そのころには、誰もが武漢の眼科医の自撮り写真を見ていたはずだ。このウイルスによる感染症の最初の症例を報告した医師だ。彼は汗まみれで息苦しさに喘ぎながら肺炎と闘い、そして、亡くなった。感染が広がるにつれ、世界はその致死率の高さに気づいた。シアトルやニューヨーク、ローマ、ロンドン、マドリッドで、ＩＣＵは満床になり、死者数は増えつづけた。そして疑問も次々と生まれた。感染しても症状が出ていない段階では、人体で何が起きているのだろう？　感染しても症状が軽い人がいる一方で、命を落とす人がいるのはなぜなのだろう？

あなたは疑問に思うかもしれない。細胞生物学についての本の真ん中になぜ新型コロナウイルス感染症（ＣＯＶＩＤ‐19）のパンデミックをめぐる医学の謎が出てくるのだろう、と。その理由は、医学の謎の中心には細胞生物学があるからだ。細胞や、細胞同士の相互作用についての知識のすべてを再考し、分析しなければならない。病原体に対する自然免疫系の反応の仕組みや、免疫細胞が互いに連絡を取り合う仕組みについて。肺細胞の中で粘り強く増殖するウイルスはなぜ、周囲の細胞に気づかれることなく、無症状のまま感染を成立させることができるのだろう？　消化管の細胞はいかにして、病原体に緊急対応しているのだろう？　パンデミックの犠牲者の解剖は幾度もおこなわれたが、細胞生物学についての私たちの知識の解剖もやはり必要とされている。新型コロナウイルス感染症を取り上げることなしに、本書を終えることはできない。[†]

二〇二〇年、新型コロナウイルス感染症が重症化する要因となる遺伝子を探していたオランダの研究チームが、答えの一部を探りあてた。[7] 研究チームは二組の兄弟を見つけた。その四人の若い男性はいずれも、きわめて重篤な経過をたどっていた。遺伝子解析によって、一組目の兄弟はどちらもＴＬＲ７遺伝子が不活性化する変異を持っていた（兄弟同士の遺伝子は平均で半分同じである）。驚いたことに、二組目の兄弟も同じ遺伝子にそれぞれ変異を持っており、それらの変異によって遺伝子が不活性化している可能性が高かった（変異自体の種類は同じではなかったが、同一の遺伝子に変異があることはたしかだった）。

ＴＬＲ７遺伝子は新型コロナウイルス感染症の重症化にどう関係しているのだろう？　自然免疫系

について思い出してみよう。自然免疫系は、感染の最初の段階で細胞から送られてくる、危険を示すパターンやシグナルに反応する。自然免疫系が活性化される前、まずは細胞が侵入を検知しなければならず、TLR7(トル様受容体7)はウイルスの侵入の主要な検知係であることが判明している。細胞に埋め込まれた分子のセンサーであるTLR7は細胞がウイルスに感染すると「オン」になる。そのようにしてTLR7が活性化すると、細胞の危険シグナル(とりわけ、I型インターフェロンと呼ばれる分子)が分泌され、それが他の細胞に抗ウイルス防御態勢を整えるよう警告し、免疫反応を活性化させる。

この二組の兄弟の場合、TLR7遺伝子の変異によってTLR7タンパク質が不活性化したり、機能が低下したりしているため、危険シグナルであるI型インターフェロンが充分に分泌されないと考えられた。ウイルスの侵入は検知されず、警報は発せられず、自然免疫系は十分に反応できなかった。初期の自然免疫系細胞の反応の不全によって、この二組の兄弟では新型コロナウイルス感染症が重症化した可能性がある。

大勢の科学者たちが新型コロナウイルスや、このウイルスと免疫との相互作用について研究するなか、さらに示唆的なヒントがもたらされた。ニューヨーク大学のベンジャミン・テンオーバーの研究

† 私はグローバルなパンデミックに対する純粋に技術的な、あるいは「テクノクラート的な」解決策を提唱するつもりはない。新型コロナウイルス感染症などのパンデミックと闘う(そしてあらゆる病気の重荷を軽減する)責任の多くは、公衆衛生イニシアチブ、アクセスと衛生状態の改善、ライフスタイルや行動の変容にある。しかし本書のテーマは細胞生物学であるため、ここでは、細胞生物学やウイルス感染の免疫学に焦点を絞った。パンデミックを予防するうえで、パンデミックの免疫学的な謎の解明もある程度の役割を担っていると考えるからだ。

室の研究者たちが、ウイルスが感染直後に感染細胞を「再プログラム」することを発見したのだ。[8]二〇二〇年一月、私はテンオーバーと話した。マウントサイナイ病院で働く四十代の免疫学者である彼は「まるでウイルスが細胞をハイジャックするかのようだ」と言った。[9]

　細胞の「ハイジャック」は薄気味悪いほどずる賢いトリックを使っておこなわれる。新型コロナウイルスは細胞をウイルス粒子の製造工場に変える一方で、I型インターフェロンの分泌を停止させるのだ。ニューヨークのロックフェラー大学のジャン＝ローラン・カサノバもやはり同じ結論に行き着いた。[10]新型コロナウイルス感染症の最重症例は、機能的なI型インターフェロンを分泌することができない患者（たいていは男性だった）であることがわかった。細胞生物学はときに、きわめて特異かつ予期せぬ結果を生み出すことがある。新型コロナウイルス感染症が重症化したこれらの男性患者は、I型インターフェロンに対する自己抗体をあらかじめ持っていた。感染する前に、男性たちの身体が自己のI型インターフェロンを攻撃して、機能不全に陥らせていたのだ。男性たちのI型インターフェロンの反応はすでに損なわれていたが、ウイルスの攻撃を受けるまで、その機能不全が問題になることはなかった。彼らにとって、新型コロナウイルス感染症は、長いあいだ存在していたものの以前は気づかれなかった自己免疫疾患の存在を明かすものだった。ひっそりと身を潜めるように存在していた「恐ろしい自己中毒」（ウイルスの警報装置であるI型インターフェロンに対する自己免疫疾患）が、コロナウイルス感染によって初めて明るみに出たのだ。

　ジグソーパズルのピースのように、さまざまな研究結果がつながりはじめた。ウイルスが最も致死的となるのは、初期の抗ウイルス応答が正しくおこなわれない宿主に感染した場合である。ある人物が書いているように、この場合のウイルスは「鍵のかかっていない家に押し入る侵入者」のようなものだ。[11]つまり、新型コロナウイルスの病原性は、自分は病原体ではないと細胞に信じ込ませる能力にあると考えられる。

さらなるデータがもたらされた。最初の危険シグナルを発することのできない宿主細胞は単なる「鍵のかかっていない家」ではなかった。ひとつではなく二つの警報システムが壊れていたのだ。ウイルスに感染しても、そうした細胞は初期の警報（とりわけ、I型インターフェロン）を発することができない。しかし家が火事になると、強力な二番目の警報器のトリガーを引き、ちぐはぐな危険シグナル（サイトカイン）を送って免疫細胞を呼び寄せる。当惑し、混乱した兵士たちからなる協調性のない細胞軍隊が感染部位に押し寄せ、無差別爆撃を開始する。その攻撃はあまりに過剰かつ、あまりに遅すぎる。攻撃的すぎる免疫細胞はウイルスを制圧するために毒の霧をまき散らし、ウイルスとの闘いだったはずのものはエスカレートし、危機を生じさせる。

肺には液体が貯留し、死んだ細胞の残骸が肺胞を塞ぐ。「新型コロナウイルス感染症に対する免疫を獲得するまでの道は二叉に分かれているようです。どちらに進むかで症状の程度が決まるのです」と岩崎は私に言った。[12]「感染初期に強力な自然免疫反応を起こすことができれば（おそらくは、I型インターフェロンの応答を介して）、ウイルスの増殖が抑えられ、症状は軽くなります。それができなければ、肺でのウイルスの増殖を抑制することができず……炎症の火がますます燃え盛り、症状は重くなります」。機能不全に陥り過剰に活性化したこのような炎症を説明するのに、岩崎は鮮明なイメージを喚起する言葉を使った。「免疫の誤射」と。

このウイルスはなぜ、いかにして「免疫の誤射」を引き起こすのだろう？　わからない。ウイルスはどのようにして、細胞のインターフェロン応答をハイジャックするのだろう？　いくつかのヒントはあるが、決定的な答えはない。一番の問題は、免疫反応のタイミングなのだろうか？　つまり初期段階の免疫反応の不具合と、そのあとの過剰な活性化が原因なのだろうか？　それもわからない。感染細胞の提示するウイルスタンパク質の一部を検知するT細胞の役割はどうなっているのだろう？　T細胞はウイルス感染が重症化しないようになんらかの措置を講じているのだろうか？　T細胞免疫が感染症の重症化を防いでいることを示す研究結果もあるが、T細胞はたいした役割を果たしていないとする研究結果もある。ほんとうのところはわからない。女性よりも男性のほうが重症化しやすいのはなぜだろう？　それについては、いくつかの仮説はあるものの、決定的な答えはまだない。感染後に強力な中和抗体をつくることができる人がいる一方で、そのような抗体をつくれない人がいるのはなぜだろう？　慢性的な倦怠感やめまい、「脳の霧（ブレインフォグ）」、脱毛、息切れなどの後遺症に苦しむ人がいるのはなぜだろう？　それもわからない。

この一本調子の答え方には謙虚さと、苛立ちが込められている。わからない。わからない。わからない。

パンデミックに直面し、私たちは疫学について学んだ。しかしまた、認識論についても学ぶことになった。知っているとはどういうことか。新型コロナウイルス感染症は私たちに、最も強力な科学の懐中電灯を免疫系にあてさせ、その結果、免疫細胞や免疫細胞間のシグナルといったものはほぼまちがいなく、これまでにないほど集中的な調査の対象となった。しかしひょっとしたら、新型コロナウイルスについて私たちが理解したと思っていることは、私たちがすでに持っている免疫系についての知識のみに限定されているのかもしれない。つまり、自分たちが理解していると意識していることだけに限定されているのかもしれない。もしかしたら、私たちが理解してもいなければ、理解していないことに気づいてもいないことがあるのかもしれないが、それがなんなのか知るのは不可能だ。

パンデミックはまた、私たちの知識にある別の空隙にも焦点をあてたといえる。ひょっとしたら、ほかのウイルスも新型コロナウイルスのように、免疫細胞の機能をゆがめることによって、自分たちの病原性を高めるような未知の方法を持っているのかもしれない。しかし、私たちはそのようなメカニズムについて研究することを怠ってきた（実際、サイトメガロウイルスやEBウイルスはそうしたメカニズムを持つことがわかっている）。新型コロナウイルスが私たちの免疫系をこれほどまでに巧妙にハイジャックする仕組みについて、私たちが自分自身に語る物語はもしかしたら、まったく不完全なものなのかもしれない。免疫系の真の複雑さについて、私たちはまだ一部しか理解しておらず、残りはブラックボックスの中に押し込められたままなのだ。

科学は真実を追い求める。ゼイディー・スミスのエッセイには忘れられない挿絵がある。[13] その風刺画の中で、チャールズ・ディケンズは、彼自身が生み出した全キャラクターに取り囲まれている。サイズの合わないチョッキを着たピクウィック氏、シルクハットを被った危険を顧みないデイヴィッド・コパフィールド、みすぼらしい身なりをした無垢なリトル・ネル。

スミスはエッセイの中で、作家について書いている。とりわけ、自分が生み出した登場人物の心と身体、そしてその世界に住むようになったときにフィクション作家が体験する、自分の身体を離れ、他人の心に入り込む感覚について論じている。作家が抱く親しみや親密さは「真実」のように感じられる、と。「ディケンズは心配も恥も感じていないように見えた」と彼女はその風刺画について書いている。「自分は統合失調症なのではないか、病的なのではないかと疑っているようには見えなかった。彼は自分の状態を表す名前を知っていた。小説家という名前を」

ではここで、私たちが別の登場人物に取り囲まれていると想像してみよう。ただ、それらは半分幽霊だ。こうした「登場人物」の中には、Ｉ型インターフェロンやトル様受容体など、ほぼ全体が見えているものもある。ただ、薄暗い部屋の中にいるかのように、その姿はぼんやりとしている。私たちはそれらを知り、理解していると思っているが、実際にはそうではない。また中には、影しか見えないものもあれば、まったく見えないものもある。自分たちの正体について私たちを欺くものもある。私たちの周囲に存在しながら、その存在を私たちが感じることすらできないものもある。私たちはまだ、それらに出会っていないし、それらに名前をつけてもいない。

私もまた、この状態を表す名前を知っている。科学者という名だ。私たちは見て、生み出し、想像する。しかし、さまざまな現象について、不完全な説明しかできない。自分自身の研究によって（部分的に）発見した現象についてすら、不完全な説明しかできない。それらの心の中に住むことはできないのだ。

新型コロナウイルス感染症が浮き彫りにしたのは、人類は周囲に存在する登場人物たちと共生しなければならないという事実だ。私たちはディケンズのようなものだ。ただ、私たちを取り囲んでいるのは影であり、幽霊であり、嘘つきだ。ある医師は私に言った。「自分たちが何を知らないのかすら、私たちにはわかっていない」

パンデミックについて語られている物語には、異なるバージョンもある。それは、勝利主義者のこんな筋書きだ。免疫学者やウイルス学者は、細胞生物学と免疫学についての長年にわたる研究に基づいて、記録的な速さで新型コロナウイルスのワクチンの開発に成功した。中には、武漢からやってきた男性がシアトルのクリニックを受診してから一年も経たないうちに開発されたワクチンもあった。これらのワクチンの多くは、まったく新しい方法（たとえば、ウイルスタンパク質の一部をつくるもとになるｍＲＮＡを利用するという方法）で免疫反応を引き起こす。ここでもやはり、免疫細胞が外来タンパク質を検知する仕組みや、感染を防ぐ仕組みについての長年の知識が役立った。

しかし、六〇〇万人以上という死者を前に、勝利主義のシナリオは破綻する。パンデミックは免疫学という分野を活性化したが、それと同時に、私たちの知識に深い溝がいくつもあることを露わにした。パンデミックは、人類が必要とするだけの謙遜さを私たちに与えたのだ。すでに熟知していると思い込んでいた生物のシステムについての私たちの知識には、実際には、とても深く、根本的な欠落があった。そのことを暴いた科学的な瞬間を、私はほかに思い浮かべることができない。私たちは多くを学んできた。しかし、学ぶべきことはまだあまりに多く残されている。

第五部　器官

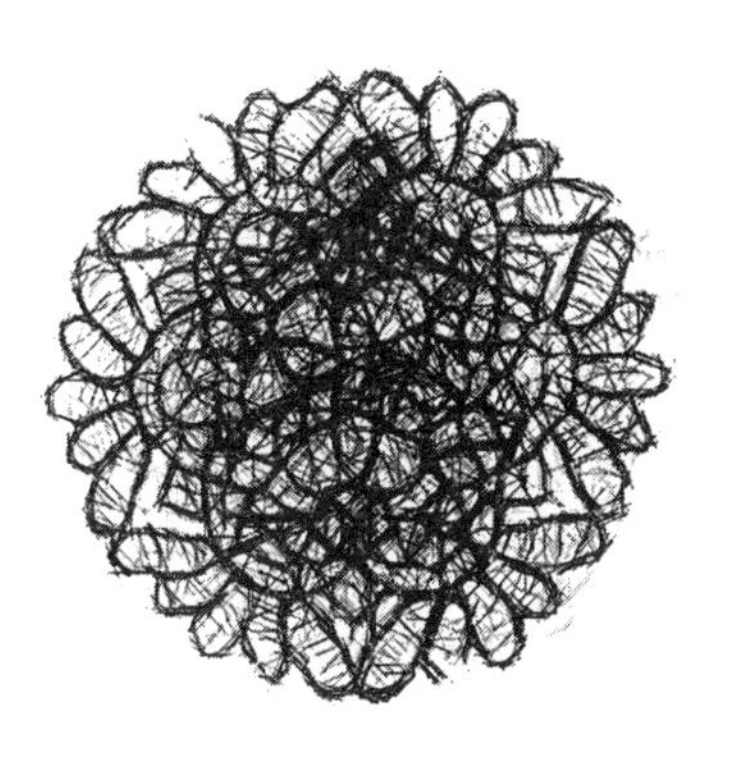

本書にはこれまでさまざまな器官が登場したが、私たちはまだ厳密な意味での器官に会ってはいない。細胞の協力とコミュニケーションのモデルとして取り上げた血液は、単なる「器官」ではなく、器官系だ。ある細胞（赤血球）は酸素を運び、またある細胞（血小板）は損傷を修復し、さらに別の細胞は感染や炎症に反応するといったように。これらのシステム（系）の中には、さらに別のシステムを内包するものもある。たとえば自然免疫系（病原体を検知して破壊する能力をそなえた好中球とマクロファージ）は獲得免疫系（特定の病原体に対する特異的な免疫反応を起こすことを学んだB細胞とT細胞）と協力し合っている。

生物学では、「器官」とは構造的・解剖学的な単位であり、共通の目的を果たすために集まった細胞で構成されると定義されている。多くの生物学者の研究対象である線虫の一種、C・エレガンスの神経系は三〇二個の神経細胞からなる。その数は、ヒトの脳のおよそ三億分の一だ。

生物の個体がより大きく、複雑になるにつれ、その器官も必然的により大きく、複雑になっていく。しかし、器官を定義づける根本的な特徴――共通の目的を持つことや、ウィルヒョウが想像したように、それらを構成する細胞が「市民」として機能する点――はそのままであり、変わることはない。動物では、器官は構造によって定義される。器官を構成する細胞が市民細胞として協調し合い、器官の生理機能を生み出せるような構造だ。

後述するように、器官を構成する細胞もやはり、細胞生物学の基本原理（タンパク質合成や代謝、老廃物の排出、自律性）を利用している。その一方で、各器官の各細胞はスペシャリストでもある。それらは器官の機能に役立つ特殊機能を獲得し、最終的に、ヒトの生理機能を連携させる。つまり、ヒトの器官や、器官を構成する細胞は、より特殊な機能を獲得しなければならないのだ。線虫は皮膚呼吸をするが、ヒトには肺が必要だ。ヒトをはじめとする多細胞生物の場合には、カバーすべき距離は長大だ。たとえば膵臓は、心臓が拍動するごとに、足指の細胞までインスリンを送り届けなければならない。その距離は、線虫が一生のあいだに移動する距離よりも長い。

器官を構成する細胞の生物学的な特性とは、特殊な機能を持ち、市民としての役割を果たすことである。そうした細胞の特性によって、ヒトの生理機能の重要な性質が「出現」した。それらの性質は、複数の細胞が機能を連携させながら、ともに働くことによって初めて現れる。心拍や思考、さらには、恒常性の維持——ホメオスタシスの調整——といった性質だ。

ヒトを生物学的に理解するためには、まずは器官を理解しなければならない。そして、器官や、病気の際の器官の不具合や、器官を再構築する方法を理解するためには、器官を機能させている細胞を理解しなければならない。

市民細胞――所属することの利点

以前は何もなかった場所に群衆が突如現れる光景は、謎に満ちた普遍的な現象だ。最初は数人が立っていただけなのかもしれない。せいぜい五人か、一〇人や一二人くらいのものだ。なんの告知もなければ、なんの予定もない。すると突然、そこらじゅうが人々で埋めつくされ、さらに大勢の人々があらゆる方向から流れ込んでくる。まるですべての道が一方通行であるかのように。

――エリアス・カネッティ『群衆と権力』[1]

血液循環という概念は伝統医学を打ち砕くのではなく、前進させる。

――ウィリアム・ハーヴェイ、一六四九年[2]

パンデミック初期の麻痺したような日々のなか、私は何カ月ものあいだ、何も書くことができなかった。医師である私は「エッセンシャルワーカー」のひとりであり、「不可欠な仕事(エッセンシャルワーク)」を続けていた。二〇二〇年の二月から八月にかけて、感染症が敵意に満ちた竜巻のように市中で吹き荒れるなか、私はコロンビア大学のオフィスへ行き、N95マスクをつけ、ケアを必要とする患者の治療にあたった（スタッフの数は最小限に絞られていたものの、がんセンターは稼働中だった。私たちは患者にとって不可欠な化学療法や輸血、処置をどうにかスケジュールどおりにおこなっていた）。患者のうち何人かが感染した。骨髄異形成症候群の六十代の女性。多発性骨髄腫の患者は幹細胞移植を延期せざるを得なくなった。しかし、ありがたいことに、ＩＣＵに入ったのは二人だけで、死者はゼロだった。残りの患者も回復した。

私はロボットのように働きつづけ、心は虚ろだった。しばしば午前一時から二時ごろまで、パソコンの画面をじっと見つめ、段落をひとつか二つ書き、そして毎朝、書いたばかりの文章をゴミ箱に捨てた。私が感じていたのは、作家としての行き詰まりではなく、沈滞だった。たしかに私は書いていたが、何を書いても、そこには生命とエネルギーが欠如しているように感じられた。アメリカに、その後は全世界にもたらされた最悪の危機の中で、私たちが目撃したインフラの崩壊とホメオスタシスの破綻のことで、頭がいっぱいだった。

これ以上ないというほどの苛立ちを覚えていたときに、私はもうほとんど吐き戻すようにして、一本のエッセイを書き、それがのちに《ニューヨーカー》に掲載された。そのエッセイは懇願であり、変化を求める嘆願であり、パンデミックの最中に私が目撃したことの分析でもあった。医療とは黒い鞄を持った医師ではない、と私は書いた。[3] さまざまなシステムとプロセスが絡みあった複雑なシステム網なのだ。健康な人体のように自己管理と自己修復が行き届いていると思われていたシステムが、実際には、重病をわずらった人体のように、混乱が起きればいとも簡単に揺らぐことが判明した。

一年近くのあいだ、私は病気に屈する身体や、侵入者との闘いにそなえる細胞システムについて考えてきた。しかし、二〇二一年の春が近づくにつれ、闘いという比喩ばかりが頭の中にあるせいで神経が麻痺してきたように感じられた。闘いではなく、正常や回復について考えたかった。ヒトの生理機能のインフラを形成する細胞システムについて（そして反対に、機能不全に陥った生理機能の修復や回復について）考えたかった。ホメオスタシスと自己修正について書きたいと思った。私は、身体が非自己――ウイルス――を認識する仕組みについて考えるのに疲れていたのだ。市民としての細胞の存在や、所属することの利点へと考えを向けたかった。

体内のすべての器官の中でも、とりわけ心臓は、所属すること（belonging）の利点を示す典型例だ。「belong」という言葉は、愛着や愛情をも表している。長年、心臓（heart）はそうした感情を司る中心的な部位だと信じられてきた（もちろん、今では、感情が発生する部位が脳だということは周知の事実だが）。あなたが「私の心はあなたのものです（my heart belongs to you）」と言うとき、あなたは心臓という器官と愛着とがつながっていることを表している。

子供のころ、私の心は母のものだった。父は信頼できる、おだやかな人だったけれど、無口で、つかみどころがなく、そんな父との関係はよそよそしかった。父の母、つまり私の祖母は同居していたが、インド・パキスタン分離独立による強制的な移住で心に傷を負い、自室に閉じこもったまま、ひとり分の料理と洗濯をした。まるでこの家は仮設の避難所にすぎず、いつなんどき追い出されるかわからないと思っているかのようだった。祖母の所持品はほとんど手つかずのまま、新聞でくるまれた状態でスチールのトランクの中に入っていた。そのトランクを、祖母は当時の東パキスタンからインドへ国境を越えて運んだのだ。祖母の部屋にはベッドと擦り切れたマットレス以外、何もなかった。祖母は分離の可能性から自らを切り離していたのかもしれない。私には祖母に触れられた記憶がない。祖母の心は深く傷ついたままだった。

私が大人になると、父との関係は変化した。携帯電話もEメールもない時代にスタンフォード大学の学生だった私は、父に手紙を書くようになった。最初は、どちらの手紙も短く、ぎこちなかったが、時間が経つにつれて、長く、親しみのこもったものになった。私は父の新たな面を知り、家を失ったときに父がどんな気持ちだったか理解した。一九四六年、十代になったばかりの父はいきなり村から引き離され、夜行フェリーに押し込まれて、神経衰弱に陥る寸前の市、コルカタへ向かった。一九五〇年代後半に、父はまた引っ越しをした。今度は若手の行政官としてデリーへ赴任したのだ。飛び交うフリスビーやフローズンヨーグルトやビール、カリフォルニアの寮生活が私にとってそうだったように、東ベンガル出身の男にとっては文化的にも社会的にもまったく馴染みのない市だった。一九八九年、新学期が始まって五週間が経ったころ、ロマ・プリータ地震がサンフランシスコを襲った。すさまじい揺れだった。そのとき寮の部屋の戸口に立っていた私は、廊下が曲がり、正弦波がセメントを伝って移動する様子を目の当たりにした。いきなり目を覚ましたヘビの背に立っているようだった。そのニュースを聞いた父から、すぐに手紙が来た。一九六〇年、デリーでの最初の家の建設中に、地震が襲い、父が貯金をはたいて建てた平屋の家が崩壊した。手紙の中で、父は私に誰にも打ち明けたことのない話をした。その晩、父は折れた垂木に囲まれて家の土台に座ったまま、泣き明かしたのだと。

ほんの短いあいだでもいいから実家に帰りたくてたまらなかった。ある午後、ずっしりとした郵便物が届いた。中には、大学入学後の最初の冬にデリーに帰省するためのチケットが入っていた。父からのサプライズだった（予定では、翌年の夏まではカリフォルニアにいることになっていた）。一六時間のフライトのあいだ、私はずっと寝ていた。やがて霧に煙る市の明かりが目に入り、車輪格納庫のハッチが開く甲高い音が聞こえたかと思うと、飛行機は着陸した。その帰省のあと、私は五〇回近くインドに帰省しているはずだが、その音が聞こえると決まって、なんとも言えない喜びで心が弾む。

税関の男性が私にちょっとした賄賂を要求してくると、私は思わず彼を抱きしめたくなった。帰ってきたのだ。空港を出るときの心臓の高鳴りを今もありありと覚えている。そのとき経験した神経系の反応の連鎖（カスケード）がどんなものだったのか語ることができる。記憶がいっきによみがえり、血液中にエピネフィリンが分泌された。刺激は脳で誘発されたが、それを感じたのは心だった。父が待っていた。その後も毎年必ず、そこで私を待っていてくれたように。白いショールを首に巻き、息子用のショールを手に持って。私は帰ってきたのだ。私が所属する場所へ。

比喩を超えて、心臓は実際に、細胞の所属性や市民性がきわめて重要な意味を持つ器官だ。心臓の細胞の何が特別なのだろう？　心筋細胞が来る日も来る日も、一秒も休まずに、私たちが心拍として認識する、きっちりと協調した活動をおこなえるのはなぜだろう？　心拍についてじっくり考えてみよう。多くの人が平凡さの縮図とみなすこの現象（平均的なヒトの場合、心臓は一生のあいだに二〇億回以上拍動する）はじつのところ、細胞生物学的な機能が成し遂げた奇跡的なまでに複雑な偉業なのだ。心臓は細胞の協力と市民性、所属性の理想的なモデルである。

アリストテレスは心臓を特別な器官、すなわち身体の最も重要な市民であり、身体の生気の中心だと考えた[4]。心臓のまわりに集まる他の器官は単に、加熱室や冷却室のようなものだと彼は提唱した。肺はふいごのように、拡大と収縮を繰り返してエンジンを冷却する。肝臓は見かけは立派だが、実際には放熱板のようなものにすぎず、重要な器官が過熱するのを防いでいる。ペルガモンのガレノスはこの考えをさらに進展させた。「心臓はいわば暖炉のごときものであり、動物を支配する生来の熱の発生源である[5]」

しかし、心臓こそがヒトの生命の中心であり、他の器官はすべて、心臓というエンジンを加熱したり冷却したりするパイプにすぎないという考えからは、新たな疑問が生まれた。この器官は何をしているのだろう？　紀元一〇〇〇年ごろに活躍した中世の生理学者イブン・シーナー（アヴィセンナとも呼ばれる）は『医学典範（*al-Qanun fi'at-Tibb*）』（*Qanun* という単語には「法則」という意味もある。イブン・シーナーは生理機能を支配する普遍的な法則を探していた）と題する壮大な医学書を執筆し、その中でこの問題に取り組んだ。彼は脈拍の解明に専心し、脈拍が波のような性質を持ち、心臓の拍動と連動していることに注目した。[6]脈拍が不整なときには、心拍もまた不整だった。心拍が弱くなると、脈拍も弱くなり、それは死の前兆だった。不安を覚えると、それに付随して脈が速くなり、心拍数も増えた。さらに、シーナーは「恋煩い」（切望や親密さを求める思い）でも同じ状態がもたらされることに注目した。私は友人から、脈拍を専門とするチベットの医師のもとを訪れたときの話を聞いた。医師は彼に、形だけの質問をいくつかし、それから、彼の脈をチェックした。「ひどい失恋をしましたね」と医師は言った。「あなたの人生が元通りになることはありません」。医師は正しかった。脈のなんらかの状態（速さや鈍さ）が、彼の内にある切望や親密さを求める思いを表していたのだ。友人は失恋を経験しており、人生が永久に変わってしまったように感じていたという。

心臓は脈拍の発生源であり、本質的にはポンプであるというイブン・シーナーの説明は、心臓の機能を説明しようとする最初期の試みのひとつだった。しかし、ポンプとして働く心臓が生み出す血液循環を完全に解明したのは、一六〇〇年代のイギリスの生理学者ウィリアム・ハーヴェイだった。[7]ハーヴェイはイタリアのパドヴァ大学で医学を学んだあと、ケンブリッジ大学へ戻って医学研究を続け、一六〇九年に聖バーソロミュー病院の内科医に選出された。年収は三三ポンドだった。小柄で丸顔のハーヴェイ（「目は小さくて丸く、漆黒で、情熱にあふれており、髪はカラスのように黒く、カールしていた」[8]）は簡素な暮らしを好んだ。病院の内科医としての地位のおかげで、病院近くの大きな家を二軒あてがわれたにもかかわらず、荒廃したラドゲートにある小さな家に住んだ。そうした質素な生活を好んだ彼だったからこそ、その実験法も質素だったのではないかと私はつい思いたくなる。紐と止血帯だけを使い、動脈や静脈をところどころ結紮（けっさつ）するという方法によって、ハーヴェイは、何世紀ものあいだ生理学者たちを混乱させてきた問題の解決に乗り出したのだ。

胎生学と生理学という分野において、ハーヴェイがいかに強い探究心を持ち、当時の正統派的な信念を打ち砕こうとしたかについてはすでに触れた。彼は、胚が子宮内で「前成されている」とする説や、血液は身体を温める油だとする説を最も強く批判した者のひとりだった。しかしハーヴェイがもたらした最大の科学的貢献は、心臓と血液循環に関する独創的な研究だった。強力な顕微鏡を持っていなかった彼は、心臓の機能を解明するための最もシンプルな生理学実験をおこなった。動物の動脈に穴を開け、動脈から血液が完全に失われると、静脈からも血液がなくなることを発見し、動脈と静脈はつながっていると結論づけた。大動脈を結紮すると、心臓に血液が溜まり、心臓は膨張した。太い静脈を結紮すると、今度は心臓の血液がなくなった。したがって、大動脈は心臓から血液を送り出し、静脈は心臓に血液を送り込んでいるにちがいなかった。それは血液循環を解明するうえであまりに重要かつ明白な結論であり、何世代もの生理学者たちがなぜその点を見逃していたのか理解しがたいほどだ。

最も重要だったのは、彼が心臓の左側と右側を分ける中隔——壁——を調べ、その結果、中隔がとても分厚く、そこにはひとつの穴も空いていないことに気づいた点だ。すなわち、心臓の右側の血液はまず肺へ送り出され、その後、心臓の左側に戻ってくるにちがいなかった（その考えは、ガレノスをはじめとする初期の解剖学者の説に真っ向から挑むものだった）。ハーヴェイは心臓が拍動する様子を観察し、心臓が収縮と拡張を繰り返していることに気づいた。つまり心臓は、血液を体内循環へ

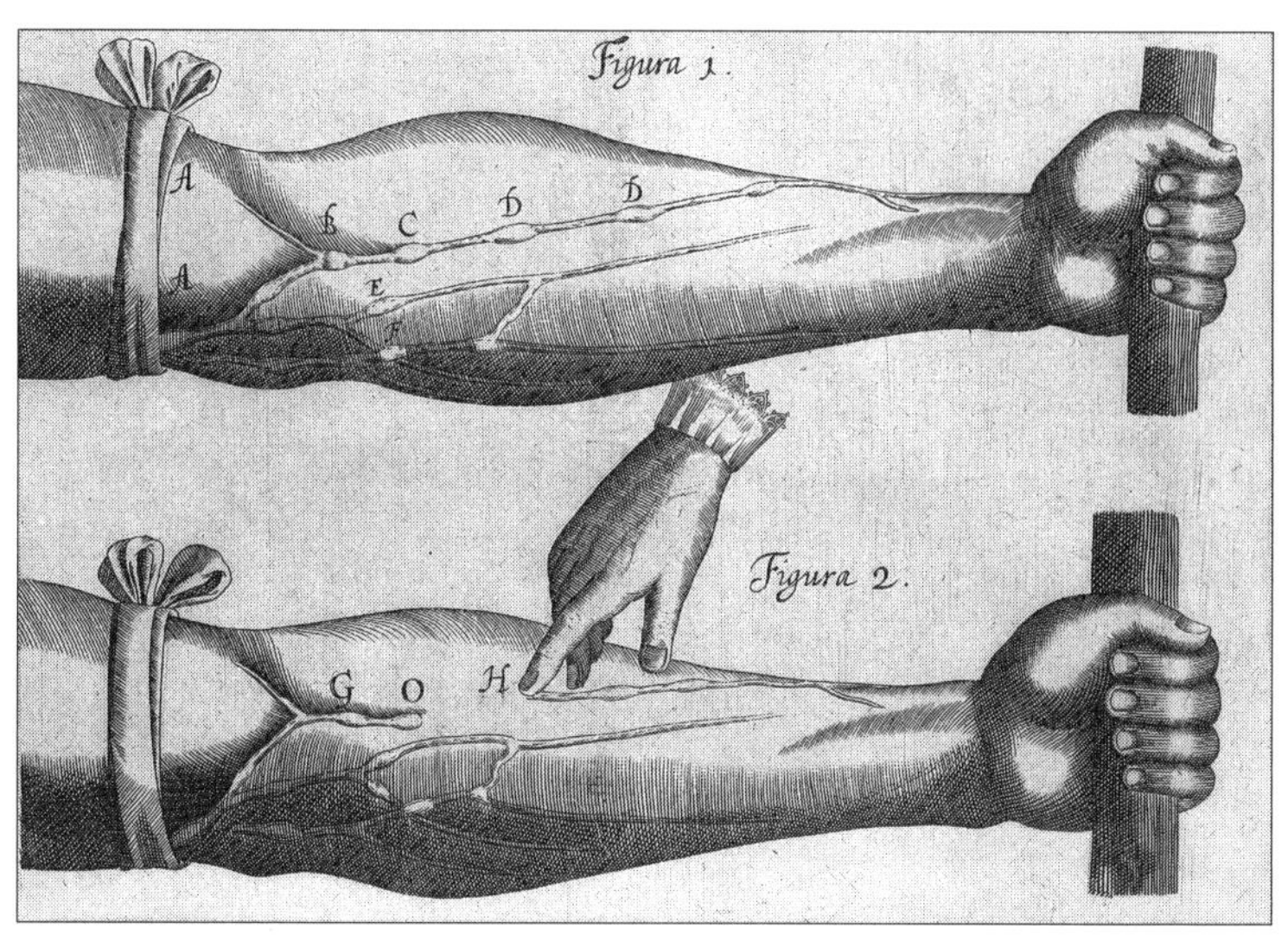

ウィリアム・ハーヴェイが描いた図。静脈と動脈の結紮という簡単な手法によって、血液が静脈から心臓へ、心臓から動脈へと流れることが示された（『心臓の動きと血液の流れ』より）。

送り出すポンプにちがいなかった。血液は動脈から静脈へと流れ、ふたたび心臓に戻ってくるのだ。

一六二八年、ハーヴェイは七巻からなる『心臓の動きと血液の流れ』を著し、その中で自身の研究結果を発表した。それは心臓の構造と機能についてのそれまでの説を根底から揺るがす結果だった。心臓は血液を全身に循環させるポンプである。ハーヴェイはそう主張した。血液は動脈から静脈へ流れたあと、心臓に戻ってくるのだと。彼は書いている。

「（この考えを）歓迎する者もいれば、しない者もいた。中には……私を中傷し、あらゆる解剖学者の教えや意見から逸脱したことで、私に罪をなすりつける者もいた。また中には、さらなる説明を求める者もいた。そうした人々は、この斬新な説には考慮する価値があり、ことによると、大いなる利用法があるかもしれないと考えたのだ」[9]

ハーヴェイの解剖学的研究のおかげもあっ

て、私たちは今では、心臓が実際には二つのポンプだということを知っている。左のポンプと右のポンプが子宮の中の双子のように並んでいるのだ。

循環系の右側から見てみよう。右側のポンプは全身の静脈から戻ってくる血液を集める。酸素と栄養素を全身の器官に供給したあとの「静脈血」（暗赤色になっている）が右心房と呼ばれる心臓の右側の上の部屋に戻ってくる。血液は次に弁を通過して、ポンプ機能を果たす部屋である右心室に流れ込む。右心室のポンプは強い力で血液を肺に送り出す。これが、静脈から心臓、そして肺へとつながる右側の循環だ。

心臓の右側からの血液を受け取った肺は、血液に酸素を供給し、血液から二酸化炭素を取り除く。二酸化炭素を除去され、酸素を豊富に含んだ血液は今では明るい鮮紅色となり、心臓の左側に流れ込む。まずは左心房に溜まり、その後、左心室に押し出される。大きな弧を描く大動脈に血液を思い切り送り込むのは、この左心室だ（左心室をつくる心筋は、もしかしたら、最も疲れを知らない筋肉かもしれない）。そしてこの太い大動脈を介して、酸素に富んだ血液が全身に送られる。

血液はこのようにぐるぐる循環している。「血液循環という概念は、医学に害を与えるのではなく……医学を前進させる」とハーヴェイは書いている。

しかし心臓をポンプとみなすということは、中心的な謎を忘れるのに等しい。細胞からどのようにしてポンプができるのだろう？　ポンプというのは結局のところ、正確に協調して動く機械だ。拡張するためのシグナルと、収縮するためのシグナルを必要とする。血液の逆流を防ぐための弁も必要だ。収縮している最中の心臓が、なんの目的や方向性もなく、袋のようにしぼんでしまわないようにするメカニズムも必要だ。協調しないポンプは、震えながらしぼんでいく風船にすぎない。

一九一二年一月一七日、ニューヨークのロックフェラー医学研究所のフランス人科学者、アレクシス・カレルは産卵後一八日目のニワトリの胚の心臓の一部を切り取り、液体培地で培養した[10]。「心臓の断片は数日間、規則正しく拍動し、大きくなった」と彼は書いている[11]。「最初の洗浄のあと、培養組織はさらに大きく成長した」。彼が断片を取り出し、一部を切り取ってふたたび培養したところ、なおも拍動することがわかった。ニワトリの胚の心臓から断片を切り取ってから二カ月近くが経った三月、「断片は（今なお）、一分間に六〇回から八四回というペースで拍動を続けており……」その後、「三月一二日に、拍動は不規則となり、断片は三回から四回続けて拍動したあと、二〇秒間止まる、ということを繰り返すようになった」。およそ二カ月のあいだ、ニワトリの心臓の断片は培養皿の中で約九〇〇万回の心拍を生み出した。

カレルの実験は、器官は体外でも生き、機能できることを示す証拠として広く受け入れられたが、彼の実験はまた、それと同じくらい重要な概念を示唆していた。体外で培養された心臓の細胞は、リズミカルに拍動する自律能を持っている。細胞に内在する何かが、「ポンプのような」動き、つまり周囲の細胞と協調した拍動を生み出している。同じ年、ハーバード大学の生理学者W・T・ポーターが、イヌの心臓の神経を切断したあともなお、心室が自律的に拍動できることを示した[12]。カレルが培養皿で示した実験結果が「生きた」動物で再現されたのだ。

生理学者たちは心筋細胞の協調性のある拍動に心を奪われた。一八八〇年代、ドイツ人生物学者フリードリヒ・ビダーは、心筋細胞が「グループに分かれ、互いに連携し、連続体を形成する」ことに気づいた[13]。心筋細胞はある種の共同体を形成する。細胞という市民からなる共同体だ。心筋細胞の収縮力の発生源はどうやら、細胞同士の連帯と密接な関係にあるようだった。

　では、収縮力はいかにして生み出されるのだろう？　一九四〇年代、ハンガリー生まれの生理学者、アルベルト・セント゠ジェルジは、細胞が収縮し弛緩する能力を獲得する仕組みについて研究しはじめた[14]。当時すでに、彼は同世代の中で最も卓越した生理学者としての地位を確立していた。ビタミンCの発見によりノーベル賞を受賞し、細胞がエネルギーを生み出すメカニズムについて研究した。エネルギー分子を産生するミトコンドリアの反応について私たちが今知っていることの多くは、彼のこの研究によるものだ。彼は強い信念の持ち主であり、さまざまな分野に興味を抱いていた。第一次世界大戦では医療部隊に召集されたが、大虐殺に対する嫌悪感と戦争への幻滅のあまり、自らの腕を撃ち、敵の銃撃で負傷したと主張した。その結果、科学と医学の研究を再開できた。さまざまな市（プラハ、ベルリン、イギリスのケンブリッジ、マサチューセッツ州ウッズホール）の大学や研究室を転々としながら、細胞呼吸の生化学的メカニズムや体内での酸と塩基の生理学的な働き、生命維持に必須のビタミンや生化学反応について研究した。

　一九四〇年代までには、彼の無限の好奇心は、心筋の研究へ向かっていた。彼の頭から離れなかった疑問は、心臓の機能を解明するうえで避けては通れないものだった。ポンプの力はどのように生み出されるのだろう？　セント゠ジェルジはまず、ウィルヒョウの考えから出発した。ある器官が収縮したり拡張したりすることができるなら、その細胞も収縮と拡張をおこなえるにちがいない。筋細胞の内部には、なんらかの特別な分子か、あるいは分子のセットが存在し、それらが一方向への力を生み出して細胞を短縮させる、つまり収縮させるにちがいないと彼は考えた。「短縮することができるシステムをつくるためには」と彼は書いている。「自然は細く長いタンパク質分子を使わなければならない[15]」。そのころまでには「細く長いタンパク質」のひとつがすでに同定されていた。彼はこう記している。「自然が収縮性の物質をつくるのに使う、この紐のような、とても細くて長いタンパク質は〝ミオシン〟である」

だが細くて長いタンパク質はただのロープである。細胞の両端をこのロープでつないだものが、収縮性の装置の基本的な要素だ。しかし、ロープはどのようにして、縮んだり、ゆるんだりするのだろう？　セント＝ジェルジと彼の共同研究者は、ミオシンタンパク質からなる繊維は、アクチンというタンパク質からなる別の細長い繊維の組織だった緻密なネットワークと密につながっていることを発見した。つまり、筋細胞の中には、互いに連携し合う二種類の繊維が存在しているのだ。ひとつはアクチン分子からなるアクチンフィラメントで、もうひとつはミオシン分子からなるミオシンフィラメントだ。

筋細胞の収縮は、これら二つの繊維（アクチンフィラメントとミオシンフィラメント）が互いに対してずれることで生じる。細胞が収縮シグナルを受け取ると、ミオシンフィラメントの一部がアクチンフィラメントに結合する。ロープにぶら下がった人が手を伸ばして、別のロープをつかむような感じだ。次に、今までつかんでいた部分を放し、それより前の部分をつかむ。ロープにぶら下がった人が別のロープをつかんで、たぐり寄せるように。つかむ、たぐり寄せる、放す、つかむ、たぐり寄せる、放す。

筋細胞一個につき、このようなロープが何千本も存在する。二種類のロープ、すなわちアクチンフィラメントとミオシンフィラメントが平行に並んでいるのだ。[†] 二種類のロープが互いに対してずれる

† 人体を構成する筋肉は三種類ある。本章の主なテーマである心筋、骨格筋（意思にしたがって腕などを動かす筋肉）、そして平滑筋（自分の意思で動かすことはできないが、血管や腸管の壁に存在し、それらの働きを維持する）。これら三種類の筋肉はいずれもアクチンとミオシンによるシステムと、それ以外の少量のタンパク質を利用して収縮している。

（つかむ、たぐり寄せる、放す）と、細胞の端も引っぱられて細胞は収縮する。このプロセスは当然のことながら、エネルギーを必要とするため、心筋細胞や骨格筋細胞にはミトコンドリアが豊富に存在し、二種類のロープがスライドするのに必要なエネルギーを供給している（短い余談を。このシステムの奇妙な点は、エネルギーを必要とするのは、ミオシンフィラメントがアクチンフィラメントを放すときだという点だ。つかむときではなく。生物の個体が死に、もはやエネルギーが供給されなくなると、手はアクチンフィラメントを放すことができなくなり、じっと握ったままになる。すべての筋細胞のロープは縮んだままになる。身体は硬直し、死に握りしめられたまま、永久に収縮した状態になる。この現象を私たちは死後硬直と呼ぶ）。

しかしこれまでに取り上げたのは、一個の細胞の収縮についてだ。心臓が器官として機能するためには、心臓のすべての細胞が協調して収縮しなければならない。心筋細胞が「連続体」を形成しているように見えるという、フリードリヒ・ビダーの観察結果が重要な意味を持つのはこの点だ。一九五〇年代、顕微鏡学者たちは、心筋細胞がギャップ結合と呼ばれる微小な分子のチャネルを介して互いに結合していることを発見した。つまり、すべての細胞が隣の細胞と連携するようにデザインされているのだ。多くの細胞が集まっているにもかかわらず、それらはひとつとしてふるまう。一個の細胞から収縮刺激が出ると、その刺激は隣の細胞に次々と自動的に伝わって収縮をうながし、最終的に、すべての細胞が同調して収縮する。

ではその「刺激」とはなんだろう？　それは、心筋細胞の細胞膜に存在する特別なチャネルを介してイオンが出たり入ったりする動きだ。休止状態にあるとき、心筋細胞内のカルシウム値は低い。収縮信号を受け取ると、カルシウムが心筋細胞内に流入し、収縮を引き起こす。このカルシウムの流入は自給式のループだ。細胞外からのカルシウムの流入がきっかけとなって、細胞内に存在する筋小胞体からも細胞質へとカルシウムが放出され、その結果、心筋細胞内のカルシウム値がいっきに上昇する。細胞同士の結合（一九五〇年代に発見されたギャップ結合）を介して、このイオンのメッセージが隣の細胞へ伝わる。一個が多数になる。群衆が力を生む。器官——細胞の連続体——はかくして、一体化してふるまうのだ。

心臓が機能するのに不可欠な要素があと二つある。ひとつは、血液の逆流を防ぐための弁だ。まずは心房（血液を集める部屋）の細胞が互いに同調しながら収縮し、心室へ血液を送り込むと、心房と心室のあいだの弁が閉じ、ドッという閉鎖音が発生する。これが心音の第Ⅰ音だ。その後、心室の細胞が同じく互いに同調して収縮し、動脈に血液を送り出すと、心室と動脈のあいだの弁が閉鎖する。クン。これが第Ⅱ音だ。ドッ、クン、ドッ、クン。それは市民が完全に同調して働く音である。

ポンプの最後の要素はリズムの発生器、いわばメトロノームだ。生理学者たちは、心臓に存在する神経細胞に似た特殊な細胞が、収縮を引き起こすリズミカルなインパルスを発生させることを発見した。そして、別の神経（いわば高速電線）が、このインパルスを心房から心室へと伝える。一個の細胞にインパルスが届くと、細胞間の結合を介して刺激が伝わり、すべての細胞がいっせいに収縮する。

これらの結果、奇跡的な同調が生み出される。心房の収縮。心室の収縮。心筋細胞は協調し合って働く市民となる。個々の心筋細胞は個性を保持している。しかし隣接する細胞同士は緊密につながっているため、収縮をうながすインパルスが届くと、目的ある同調した収縮が起きる。心臓は風船のように震えながらしぼんだりはしない。強いひと押しで、心室はすみやかに収縮する。心臓はまるで、ひとつのことだけに打ち込む一個の細胞のようにふるまうのだ。

熟考する細胞――一度に多くのことをなす神経細胞

脳は空より広い
だって　二つを並べたなら
脳に空が入るから
いともたやすく、あなたまでも

脳は海より深い
だって、二つを重ねたなら
脳が海を吸い込むから
スポンジがバケツの水を吸い込むみたいに

――エミリー・ディキンソン、一八六二年ごろ[1]

心臓がひとつのことだけに打ち込む器官だとすれば、脳は一度に多くのことをなす器官だ。あらかじめお断りしておきたいのは、これほど複雑な器官の機能について語るには、一冊の本をまるごと費やしても足りないということだ。ましてや、一章ではまったく足りない。

しかし機能の話はしばし置いておいて、まずは構造を見てみよう。メディカルスクールでの解剖実習の期間、私たち学生はいくつかのグループに分かれた。四人の学生からなる私のグループには、ホルムアルデヒド漬けの濡れたヒトの脳が渡された。それは、交通事故で亡くなった四十代の男性からの医学研究への贈り物だった。男性は生前、臓器提供することを選んでいた。大きめのボクシンググローブほどの大きさと形をしたその器官を手に持ちながら、私は、記憶や意識、言語、気性、感覚、感情がすべてそこに蓄えられているのだと想像して不思議な気持ちになった。愛も、羨望も、憎しみも、思いやりもそこにあった。それらすべてが神経細胞のどこかの絡まりの中で眠っていた。今私の手の中にあるのは彼なのだと思った。身元も、名前も決して知ることのないその男性そのものなのだ。この器官の内部のどこかに、母親の顔を記憶していた神経細胞がかつて生きていた。どこかに、車が道路から猛スピードで外れる直前の彼の最後の記憶があった。そしてどこかに、彼の好きな歌のメロディーがあった。

　外側から見ると、あらゆる器官の中でも最も驚くべき器官である脳は、驚くほど冴えなかった。曲線形のふくらみを持つ灰白質（かいはくしつ）に覆われた、どっしりとした組織。その下には、子供の拳ほどの大きさの二つの塊からなる小脳があった。横から見ると、大脳半球から突起――ボクシンググローブの「親指」のようなもの――が出ているのが見えた。ふくらんだ茎のような部分は、切断される前は脊髄につながっていた。

　しかし、端から内側へと脳をスライスしていくにつれ、驚きの詰まった箱を開けているような気がした。内部の構造はどこまでも複雑だった。環状道路のように走る神経、液体で満たされた脳室、嚢、腺、神経細胞が密に集まってできた神経核と呼ばれる部分。脳の中心から、小さなベリーのような形の下垂体がぶら下がっていた。体内に存在する腺はたいてい対をなしているが、中には単体で存在する腺もわずかにあり、下垂体はそのひとつだ。デカルトが魂の座と考えた松果体（しょうかたい）も中心付近にあった。

こうした腺や神経核には、ある特定の、そしてしばしば際立った機能を担う独自の細胞が存在している。このような果てしない構造の連なりがいかにして、脳の深遠な機能を生み出しているのか。それについて語りはじめたら、細胞生物学の本一冊ではおさまりきらない。そこにはまた、同じく果てしない細胞の連なり（神経細胞、ホルモン産生細胞、神経細胞を支持・保護するグリア細胞）がある。しかし脳について理解するためにはまず、脳の最も基礎的な単位である神経細胞の機能を理解しなければならない。

一九世紀末の数十年間、体内で最も万能かつ神秘的な細胞は、細胞とすらみなされていなかった。実際、その細胞はたいていの顕微鏡学者たちの目には見えなかった。神経細胞の構造は不明のままだったのだ。一八七三年、イタリアのパヴィアで研究していたイタリア人生物学者カミッロ・ゴルジが、透明な神経組織の薄片に硝酸銀の溶液を加えると、化学反応が起こり、神経細胞の内部構造の一部が黒く染まることを発見した。[2] 顕微鏡で観察したところ、レース状の構造が見えた。ゴルジは、この網目のような構造は連続するつながりを表していると考え、この構造を「網状構造」と名づけた。細胞説そのものが揺籃期（ようらんき）にあったそのころ（シュワンとシュライデンがすべての生物は細胞の集まりだと提唱したのはそれぞれ一八三八年と一八三九年のことだった）、ゴルジもまた、ある文筆家の言を借りれば、神経系全体が「細胞の付属物」からなるクモの巣のようなものなのではないかと考えた。[3] 細胞から延びる部位が、互いに連結し合い、密接してできる「不可分の絡まり」なのではないか、と。それは一見、ばかげた説だった。神経系全体が、脳から延びる突起でできた魚網のようなものだとゴルジは考えたのだ。

スペイン出身の挑戦的な若い病理学者がゴルジの説に異を唱えた。体操を得意とするスポーツマンで、熱狂的な画家でもあった（ある伝記作家の言葉を借りれば「内気で非社交的、秘密主義かつ無愛想」だった）[4]サンティアゴ・ラモン・イ・カハールは、解剖学の教師の息子だった。[5]ヴェサリウスの伝統にしたがって、父親はよく幼い息子を伴って町の墓地を訪れ、死体解剖をおこなった。子供のころ、カハールは凝ったいたずらをすることで有名だった。彼が最初に書いた「本」は、ゴムパチンコの構造に関するもので、それはいわば、正確さへのこだわりと、権威に対する軽蔑とが融合したような本だった。彼はまた、強い衝動に駆られるままに、さまざまな絵を描いた。鳥の卵、巣、葉、骨、生物の標本、それらの解剖学的な構造。あらゆる自然物に魅了されて、そうしたものをノートに描いていった。彼はのちにこのスケッチの習慣を「抑えきれない熱」と呼んでいる。[6]カハールはサラゴサ大学医学部に通い、その後、バレンシア大学へ移って、解剖病理学教授に就任した。マドリッドで、彼は偶然、パリから戻ってきたばかりの友人に会った。友人はパリでゴルジの染色法を学んでいた。

多くの科学者がゴルジ染色を試してみたが、なかなかうまくいかず、たいていは組織がぼんやりと黒く染まるだけだった。しかしうまく染まった場合には、濃い網目状のネットワークが浮かび上がった。ゴルジはその構造を見て、神経系とはワイヤが密に絡まり合ったものだと考えるに至ったのだ。しかしカハールの非凡さは、手法を根気よく改良する才能にも現れていた。その才能はやはり、正確さへのこだわりに既存の権威に対する嫌悪感が加わって生まれたものだった。彼は硝酸塩を正確に滴定して薄め、組織をスライスしてカミソリの刃並みの薄さの切片にした。そして「黒い反応」によって染まった神経細胞を、最も精巧な顕微鏡で観察した。しかしそこでカハールが見たものは、ゴルジが見たものとはまったく異なる細胞の構成だった。神経系には絡まり合った「網状構造」などなかった。ワイヤのような突起の不規則な寄せ集めもなかった。そこにあったのは、個々の神経細胞だった。繊細な構造を持つ神経細胞が個々の神経細胞と互いに連絡していた。

カハールは観察したままを黒いインクで描き、科学史における最も美しいスケッチのひとつを完成させた。神経細胞の中には千の枝を持つ木のようなものもあり、そうした神経細胞の上方には密な突起の絡まりがあった。中心にはピラミッド型の細胞体があり、そして下方に向かって、茎のような突起が延びていた。神経細胞は星形のものもあれば、多くの頭を持つヒドラのようなものもあった。多数の指を持ち、かぎりなく細い突起を出している神経細胞もあった。短い突起もあれば、脳の表面から奥のほうへ延びている突起もあった。

だが、このような計り知れない多様性にもかかわらず、カハールは、神経細胞には共通の特徴があることを発見した。神経細胞は細胞体を持ち、そこから「樹状突起」という枝のような突起が数十本、数百本、ときに数千本も出ている。さらに、細胞体からは他の細胞に向かって、「軸索」と呼ばれる一本の索が延びている。注目すべき点は、一個の神経細胞から出る軸索の先端と、他の神経細胞とが間隙によって隔てられている点だ。その間隙は最終的に「シナプス」と名づけられた。神経系はつながっていたが、その「導線」は、互いのあいだに間隙のある細胞同士のつながりでできていたのだ。

カハールはこれらのスケッチを使って、神経系の構造に関する説を提唱した。それは、繊細で美しいと同時に、科学捜査で使えそうなほど正確なスケッチだった。彼は、神経ではインパルス（情報）が一方向に伝わると論じた。樹状突起がその情報を受け取る。樹状突起とは、細胞体から出ている突起だ。情報は次に、細胞体へ伝わったあと、軸索を流れてシナプスへ伝わり、シナプスを介して次の神経細胞へ伝わる。このプロセスが次の神経細胞でも繰り返される。次の細胞の樹状突起が受け取った情報が細胞体へ伝えられ、軸索を流れてその次の細胞へ伝わる。これが延々と続くのだ。

このように、神経伝導のプロセスとは細胞から細胞へのインパルスの動きである。ゴルジが提唱したような「細胞の付属物」からなるひとつの網目状のクモの巣は存在しなかった。あるいは、心臓のような市民細胞の同調もなかった。神経細胞は互いに「おしゃべり」し、その結果、感覚や知覚、意識、記憶、思考、感情といった神経系の深遠な機能が生み出されているのだ。そのおしゃべりとは、インプットを集め（樹状突起を介して）、アウトプットを生み出す（軸索を介して）というプロセスにほかならない。

一九〇六年、神経系の構造の解明により、カハールとゴルジはノーベル賞を共同で受賞した。[7] ノーベル賞の歴史上、これほど奇妙な受賞はなかった。なぜなら、それは賞というよりも、休戦だったからだ。神経系の構造に関するカハールとゴルジの考えは、完全に相反するものだったのだ。やがて、より強力な顕微鏡が開発されると、カハールの説のほうが正しいことが証明された。個々の神経細胞が互いにコミュニケーションを取り合い、細胞から細胞へとインパルスが一方向に伝わるという説だ。神経系はたしかに導線や回路でできていたが、その「導線」は網目状のつながりではなく、情報を集めて他の神経細胞へ伝える能力を持つ個々の細胞でできていたのだ。

カハールにまつわる伝説のひとつは、彼が一度も細胞生物学の実験をおこなわなかったことだ。少なくとも、伝統的な意味での実験はひとつとしておこなわなかった。彼の神経細胞のスケッチを見れば、見ることによってどれほど多くを知ることができるかがわかる。[8] 描くことは思考することに等しいと考えたダ・ヴィンチやヴェサリウスといった人々を思い出さずにはいられない。洞察力のある観察者や画家は、実験を好む介入主義者に負けず劣らず、科学理論を生み出すことができる。カハールは自分が見たものをスケッチし、細胞を描いて、そこから結論を導き出した。その結果、神経系が「働く」仕組みを解明したのだ。「結論を導き出す（drawing a conclusion）」という言葉すら、描くこと（drawing）と考察とのつながりを表している。「描く」ことは単に、説明することではない。

本質を取り出し、真実を引き出すことなのだ。神経科学の基礎をつくったのは、真実を描き、真実を導き出したいというカハールの「抑えきれない熱」だった。

　ここで少し、神経細胞についてのカハールの考えに戻ってみよう。神経細胞とは、他の細胞へインパルス――メッセージ――を伝えることのできる個々の細胞であるという考えだ。では、そのメッセージとはなんだろう？　メッセージを運ぶのは誰なのだろう？

　何世紀ものあいだ、科学者たちは、神経とは中身が空洞の、パイプのような導管だと考えていた。そしてその中を流れるなんらかの液体、あるいは気体――精神――が神経から神経へ、神経から筋肉へ情報の波を運び、最終的に筋肉が収縮すると考えた。当時「風船理論支持者」と呼ばれていた人々の説によれば、筋肉は風船のようなものであり、そこが精神で満たされると、まるで空気の入った風船のように膨れるとされた。

　一七九一年、イタリア人生物物理学者のルイージ・ガルヴァーニが神経科学の方向性を変えることになる実験をおこない、その結果、「風船理論」をしぼませた。言い伝えによると、彼の助手が死んだカエルの解剖をおこなっていた際にうっかり、メスで神経に触れてしまった。[9]そのとき近くで生じた電気の火花がメスを伝って筋肉に届くと、死んだカエルがまるで生き返ったかのように痙攣したという。

　驚いたガルヴァーニは実験を繰り返した。彼はまず簡単な導線を使ってカエルの脚を脊髄につなげる実験をおこなった。脊髄につなげた鉄の導線と脚につなげた銅の導線を接触させると電流が発生し、やはりまた、カエルの脚が痙攣した（ガルヴァーニは、脊髄から筋肉へ流れる電気は、動物に本来そなわったものであると考え、それを「動物電気」と名づけた。その後、ガルヴァーニの実験に興味を覚えた同僚のアレッサンドロ・ヴォルタが、電気は動物由来のものではなく、動物の体液に一部浸かっていた二つの金属が接触して発生したことを発見した。ヴォルタはのちに、この考えに基づいた最初の原始的な電池を発明した）。

ガルヴァーニは生涯をかけて「動物電気」を研究した。彼が最も驚異的な発見とみなしていた生物学的なエネルギーだ。しかしガルヴァーニにとっての中心的な発見はやがて、末梢的なものであることが判明する。デンキウナギやシビレエイなどを除く大半の動物は生物電気を放出しないことが判明したのだ。革命的だったのは、ガルヴァーニにとってはより些細なほうの発見だった。神経から神経へ、神経から筋肉へと伝わるシグナルは空気ではなく、電気、つまり電荷を持つイオンの流入と流出だという発見だ。

一九三九年、イギリスのケンブリッジ大学を卒業したばかりのアラン・ホジキンは、プリマスの海洋生物研究所に招かれ、物理学者アンドリュー・ハクスリーとともに神経の刺激伝導について研究することになった[10]。研究所はシタデルヒルにある大きな煉瓦造りの建物で、さわやかな海風が廊下を吹き抜けた。この研究所の立地こそが重要だった。プリマス湾を望む窓から、研究者たちは毎日、漁船が運んでくる収穫を目にすることができた。海から網で引きあげられた魚の中には、研究者たちにとってきわめて貴重なものがあった。イカだ。イカは偶然にも、動物界で最も大きな神経細胞を持っていた。中には、カハールがノートに描いた細くて小さな神経細胞の一〇〇倍も大きなものを持つイカもいた。

ウッズホールの海洋生物学研究所で、ホジキンはすでにイカの神経細胞の解剖法を習得していた。彼はハクスリーとともに、先端を鋭く尖らせた極小の銀製の電極を神経細胞に挿入した。二人は次に、細胞に電気刺激を与え、電位を記録した。それはあたかも、個々の神経細胞の「おしゃべり」を盗聴するような作業だった。

一九三九年九月、ホジキンとハクスリーが軸索の電位を記録していたちょうどそのとき、ナチスがポーランドに侵攻し、ヨーロッパ大陸を戦争へと突入させた。軸索電位の最初の記録を終えると、二人は急いで《ネイチャー》に論文を投稿した。[11] そこには、驚くべき研究結果が示されていた。図は二つしかなかった。そのうちのひとつは実験の手順を解説する図であり、イカの軸索に極細の銀製のワイヤが一本挿入されている様子が図解されていた。

しかし、人々をあっと言わせたのは、もうひとつの図のほうだった。小さな電気刺激――小さな波――が到達したのに続いて、陽イオンが神経細胞内に次々と流入し、それによって大きな活動電位が生じることを示した図だ。やがて、活動電位の波はおさまっていき、電位は静止状態に戻った。彼らは何度も軸索を刺激し、その度に、同じ活動電位が生じてはもとに戻った。さらに、こうした活動電位は別の神経細胞に伝わることもわかった。

第二次世界大戦によって、ホジキンとハクスリーの共同研究は七年近くの中断を余儀なくされた。エンジニアの素質があったホジキンはパイロット用の酸素マスクとレーダーの開発に従事し、数学が得意だったハクスリーは機関銃の性能を上げるための数学的な研究に携わった。一九四五年、戦争終結からほどなくして、二人はプリマスで研究を再開し、水揚げされたイカを手に入れては、神経系の研究を深めていった。そして神経細胞への陽イオンの流入をより正確に測定する方法を開発し、細胞内へのイオンの動きを表す数学的なモデルを生み出した。

それからほぼ七〇年が経った今も、神経科学者たちはホジキンとハクスリーの数式や実験モデルを使って神経系の研究をおこなっている。神経細胞同士の「おしゃべり」の仕組みについての概要はすでに解明されている。シグナルが神経を伝わる様子を理解するために、ここでは、カハールのスケッチのひとつに目を向けよう。まず最初に、「静止」状態の神経を思い浮かべてみよう。静止した細胞の内部は、カリウムイオンの濃度が高く、ナトリウムイオンの濃度が低い。細胞内部のナトリウムイオン濃度が低いというこの点が重要だ。ナトリウムイオンは城の外の群衆のようなものだ。城壁の外へ締め出され、中に入ろうと門を叩いている。細胞内外の濃度勾配によって、ナトリウムイオンを細胞内に流入させようとする力が発生しているが、静止状態の細胞はエネルギーを消費しながらナトリウムイオンを外へ輸送している。その結果、ホジキンとハクスリーが一九三九年の最初の実験で発見したように、静止状態の細胞の膜電位（細胞の外側を基準とした内側の電位）は負に維持されている。

次に、樹状突起に目を向けてみよう。樹状突起とは、カハールが描いたように、神経細胞の細胞体から出ている多数の突起であり、他から受け取った「インプット」を細胞体へ伝える。刺激（たいていは「神経伝達物質」と呼ばれる化学物質）が樹状突起のひとつに到達すると、この化学物質が樹状突起の細胞膜上の受容体に結合する。神経の刺激伝導はここからスタートする。

神経伝達物質が受容体に結合すると、細胞膜のイオンチャネルが開く。城の門が開いて、ナトリウムイオンが流入するのだ。イオンが流入するたびに、細胞内の電位が高くなっていく。さらに多くの神経伝達物質が受容体に結合し、イオンチャネルが次々と開くにつれ、電位はどんどん高くなっていく。こうして生じた活動電位が細胞体に伝わる。

城内に侵入してくるイオン軍隊の突進（チャージ）が細胞体を通り抜けて、神経細胞の重要な部位である「軸索小丘」に到達する。「軸索小丘」とは、神経の刺激伝導を生む重要な生物学的サイクルが動きだす部位だ。軸索小丘に閾値（いきち）を超えた刺激が到達すると、イオンが自律的なサイクルを開始する。流入したイオンが軸索上のチャネルを次々と開いていくのだ。生物の体内では、化学物質による刺激がそれと同じ化学物質の放出をうながすことで正のフィードバックのループが生じる。要するに、刺激がどんどん大きくなっていくのだ。イオン感受性のイオンチャネルこそが、軸索を介した刺激伝導の要だ。城の中に入った群衆が門を開いて外の群衆を中に入れるように、チャネルを介してナトリウムがさらに流入し、反対に、カリウムが流出する。

このプロセスが増幅していく。流入するイオンの群衆が門を次々と開き、その結果、さらに多くのナトリウムイオンが流入する。開く門の数が増えるにつれ、ナトリウムイオンの流入とカリウムイオンの流出によって、ホジキンとハクスリーが一九三九年に初めて観察した、大きな活動電位が発生する。マイナスに保たれていた軸索の電位がプラスになるのだ。そしてこの活動電位が軸索を伝わりはじめると、伝導は止まらなくなり、活動電位は神経終末へ向かって進んでいく。† このプロセスは次のようなものだ。最初の一組のチャネルが開いてから閉じ、活動電位が生じると、この最初の活動電位によって数マイクロメートル離れた部位のチャネルが開き、この部位に二番目の活動電位が発生する。そしてまた数マイクロメートル離れた部位に三番目の活動電位が発生する。こうして、興奮が軸索の先端まで伝わっていくのだ。‡

しかし、活動電位が神経細胞の端まで伝わったあとは、ふたたび平衡が取り戻されなければならない。細胞が活動電位を発生させたあと、チャネルは閉じはじめる。神経細胞はリセットされ、ナトリウムイオンが流出し、カリウムイオンが流入して、平衡が取り戻される。細胞内部の電位は負となり、神経細胞は静止状態となるのだ。

カハールのスケッチを注意深く見たなら、曲線で描かれたその絵の奥に、驚きの特徴が隠れていることに気づくはずだ。彼が切断したその断面のきわめて繊細なスケッチでは、神経細胞同士は互いに重なり合っておらず、神経細胞の端と端のあいだ、つまり軸索の終末部分と次の神経細胞の先端のあ

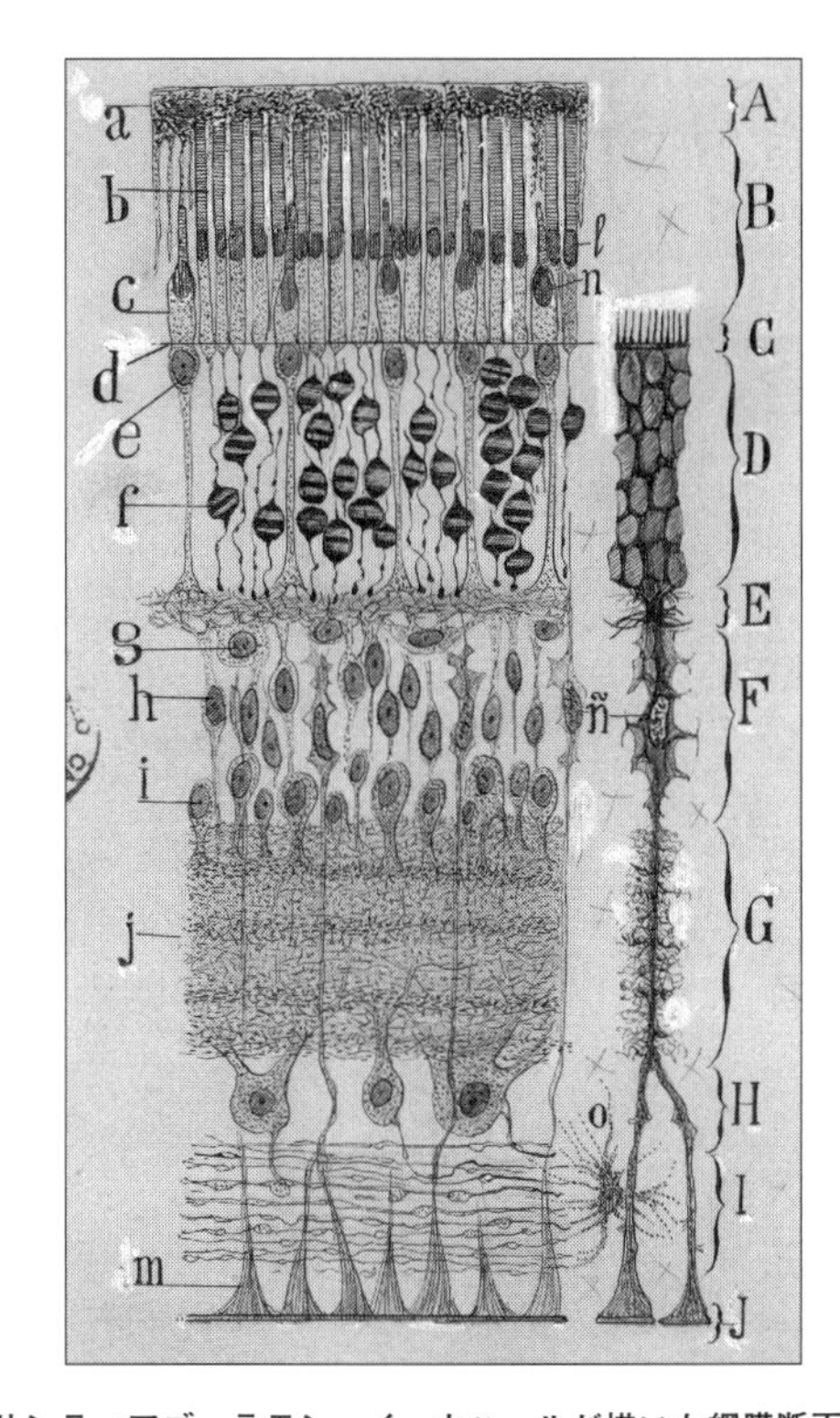

サンティアゴ・ラモン・イ・カハールが描いた網膜断面のスケッチ。さまざまな神経細胞の層からなる断面が示されている。神経終末が描かれている部分もあり（たとえば、F で示された層の神経細胞）、そこでシナプスが形成されている様子が見て取れる。さらに、軸索の末端が次の神経細胞の樹状突起と物理的に接していない点にも注目しよう（次の神経細胞で繊細なプロセスが起きることを示唆している）。軸索の末端と樹状突起とのあいだのこの間隙がシナプスである。化学的なシグナル（神経伝達物質）がシナプスに放出されて、それが次の神経細胞を活性化したり、抑制したりすることがのちに発見された。間隙が次の神経細胞の樹状突起のすぐそばに存在する様子は、F 層の神経細胞ではっきりと描かれている。

† 神経細胞内の興奮伝導のメカニズム（ナトリウムチャネルの開口と、ナトリウムイオンの流入）は、すべての神経細胞にあてはまるわけではない。神経細胞の中には別のイオン（カルシウムなど）を使ってシグナルを伝えるものもある。

‡ ほとんどの神経細胞の軸索は、プラスチックの絶縁体のような鞘に覆われている。この鞘は軸索全体を覆っているのではなく、数マイクロメートルの隙間が飛び飛びに空いており、その隙間では軸索が「露出」している。イオンチャネルが存在するのは、この露出部分だ。活動電位はこの露出部で発生して次の露出部へ伝わりそこでふたたび活動電位を発生させる。

いだに、ごく狭い間隙がある。軸索の終末まで伝わった活動電位はその間隙を挟んで、次の神経細胞（樹状突起の枝のひとつ）に活動電位を発生させると考えられる。

たとえば、カハールの絵の「g」の部分を見てみよう。神経の末端である神経終末は次の神経の樹状突起に今にも触れそうに見える。しかし、完全には触れていない。「空白を残すのは、勇気の要ることだ」と詩人のケイ・ライアンは書いている。[12] 画家であり科学者だったカハールは、臆病者からはほど遠かった。二〇～四〇ナノメートルのその空白は手つかずのまま残された。それはあまりに小さな空白であり、たいていの人は気にもとめないだろう。あるいは、顕微鏡や染色のノイズのようなものだと考えたかもしれない。しかし、中国絵画における空白のように、その空白は全体の中で最も重要な要素である可能性があった。神経系の生理機能においては、まちがいなく、最も重要な要素だった。この空白からすぐに、次のような疑問が生まれる。この空白はなぜ存在するのだろう？　神経系が導線の詰まった箱だとしたら、導線と導線のあいだに隙間を残すような愚かな電気技師がいるだろうか？　しかしカハールは見たとおりに脳を描いた。観察の馬が論理の荷車を引いていた。そして、この場合も、信じがたいような理論を導き出したのはやはり、観察力だった。

ホジキンとハクスリーは活動電位が軸索を伝わることを発見したが、この電気的な情報はどのようにして次の神経細胞へ伝達されるのだろう。一九四〇年代から一九五〇年代にかけて、神経伝達の分野を支配していた著名な神経生理学者ジョン・エックルスは、シグナルを伝える方法は電気しかないと猛烈に主張した。神経細胞は電気の伝導体、つまり「導線」であり、神経細胞から神経細胞へとシグナルを伝えるのに、電気以外のものを使う必要があるだろうか？　導線と導線のあいだで、伝達のモードが換わるなどという話は聞いたことがない。一九四九年に出版された教科書で、生理学者のジョン・フルトンは次のように書いている。「神経終末から化学物質が放出され、次の（神経細胞）や筋に作用するという考えには多くの難点がある」[13]

科学の問題は大きく二つに分けられる。ひとつは、いわば「砂嵐の中の目」問題だ。ある科学分野における混乱があまりに計り知れないため、パターンも、ロードマップもまったく見えない状態だ。どこを見ても、そこらじゅうに砂が舞っており、完全に新しい考え方の道筋が必要とされる。その好例として、量子論が挙げられる。一九〇〇年代初め、原子と素粒子の世界が発見されると、ニュートン力学の経験的な原則だけでは不十分になり、砂嵐の外に出るには、原子と素粒子の世界についてのパラダイムシフトが必要になった。

もうひとつはこの反対だ。それを「目の中の砂」問題と呼ぼう。ある理論によってすべてが説明づけられるものの、たったひとつだけ、この美しい理論にあてはまらない問題が残っているような場合だ。その問題はまるで目の中に入った砂粒のように科学者を苛立たせる。なぜ、どうして、と科学者は自問する。この矛盾する苛立たしい事実はなぜなくならないのだろう?

一九二〇年代から一九三〇年代にかけて、イギリスの神経生理学者ヘンリー・デールと彼の生涯の友であるオットー・レーヴィにとって、神経細胞と神経細胞のあいだの隙間が「目の中の砂」問題となった[14]。神経細胞間の情報伝達が電気的なものであることには二人は同意していた。神経細胞のインパルスを盗聴することによってホジキンとハクスリーが発見した、電気的なシグナルそのものに異を唱えるつもりはなかった。しかしすべてが導線の詰まった箱だとしたら、神経細胞と神経細胞のあいだの隙間をどう解釈すればいいのだろう?

デールはケンブリッジ大学でトレーニングを受け、フランクフルトのエールリヒの研究室で短期間研究に携わったあと、当時としては異例なことに、アカデミックな職を離れて(あまりに不安定な仕事だと考えたためだった）、イギリスのウェルカム研究所で薬理学者として働きはじめた。[15] 彼はそこで、ジョン・ラングレーとウォルター・ディクソンの研究結果に基づいて、神経系に大きな作用をおよぼす化学物質を分離しはじめた。そうした化学物質の中には、アセチルコリンなど、ネコに注射すると心拍数が下がるものもあれば、反対に、心拍数を上げるものもあった。また中には、筋肉に対する神経細胞の作用を高める化学物質もあった。一九一四年、デールはロンドン郊外のミルヒルにある国立医学研究所の所長に就任した。デールは、こうした化学物質は神経細胞同士のあいだや、神経細胞と筋細胞とのあいだの「伝達物質」なのではないかと推測した。ネコの体内にこれらの物質を注入すると、神経が刺激されて心拍数が下がったり上がったりした。それだけではなかった。これらの化学物質が神経細胞で活動電位を生じさせたのだ。デールは何度も同じ考えに戻った。電気だけではなく、化学物質もまた、神経から筋へ、ひょっとしたら神経から神経へも、情報を伝達することができるのではないだろうか。

オーストリアのグラーツでも、神経生理学者のオットー・レーヴィが神経伝達物質という考えに行き着いた。[16] 一九二〇年の復活祭の日曜の夜（戦争と戦争のあいだの束の間の静かな日々の中にあった）、彼はある実験をする夢を見た。その夢の内容についてはほとんど覚えていなかったが、なんとなく、それはカエルの筋肉と神経を使った実験だったような気がした。「私は目を覚ました」と彼は書いている。「電気をつけて、薄紙の切れ端に走り書きをした。それからまた眠った。朝の六時に、昨夜何か大事なことを書いたのを思い出したが、自分が書いたメモを判読できなかった。翌日の深夜、午前三時に、私は思い出した。それは、一七年前に私が話していた化学的な伝達という仮説が正しいか否かを判定する実験のデザインだった。私はすぐに起きて研究室へ行き、寝ているあいだに思いついた実験デザインにしたがって、カエルの心臓を使った簡単な実験をおこなった」[17]

復活祭の日曜日の午前三時をまわったころ、レーヴィは研究室に走って行った。彼はまず、一匹のカエルの迷走神経を切断した。その結果、心拍数を調節する主要な神経のひとつが失われた。迷走神経は心拍数を下げる信号を心臓に送るため、それを失ったカエルの心臓の拍動は予想通り、増加した。彼は次に、二番目のカエルに移った。今度は迷走神経を切断せず、心臓につながったままの状態で刺激した。すると心拍数はやはり下がった。これもまた予想通りの結果だった。抑制性の神経を刺激すれば、心拍数は下がる。

では、心臓につながったままの迷走神経から放出されるどんな因子が心拍数を下げたのだろう？エックルスが断固として主張したように、仮にそれが電気的な信号だとしたら、神経から心筋細胞へ移動するはずはなかった（電荷を帯びたイオンは移動の途中で拡散したり、薄まったりするからだ）。この実験の妙味は、移行にあった。レーヴィが刺激した迷走神経から放出された化学物質（心臓を浸していた「灌流液（かんりゅうえき）」）を集めて、一番目のカエル（心拍数が上昇したカエル）の心臓に移したところ、心拍数はやはり低下したのだ。このカエルの迷走神経はすでに切断されていたため、心拍数を下げる因子はカエル自身の迷走神経ではなく、灌流液の中に溶けている物質だった。

要するに、迷走神経から放出されるなんらかの化学物質——活動電位ではなく——が動物から動物へ移行して、心拍数を下げるということだった。その化学物質——神経伝達物質——はのちに、ヘンリー・デールが発見したまさにその物質であることが判明した。アセチルコリンだ。

一九四〇年代末までに、デールとレーヴィの仮説を支持する証拠が積み重なっていき、エックルスですら、ついに彼らの仮説の正しさを確信するに至った。一九三六年にノーベル賞を受賞したデールとレーヴィは次のように書いている。エックルスの改心は「ダマスカスに行く途中で、〝突然光が輝き、目からうろこが落ちたときの〟サウロの改心に匹敵する」[18]

放出された化学物質（神経伝達物質）は、軸索の末端にある小胞（膜を持つ袋）に蓄えられていることが今ではわかっている。軸索の末端に活動電位が到達すると、小胞はそれに反応して、神経伝達物質を放出する。神経伝達物質は間隙（シナプス）内に拡散し、次の神経細胞の樹状突起にある受容体に結合してイオンチャネルを開き、この二番目の（伝達物質を受け取った）神経細胞内に活動電位を発生させる。†やがてシグナルは三番目の細胞に伝わる。このようにして、思慮深い神経細胞は次の神経細胞に「話しかける」のだ。神経細胞の主旋律と対旋律はつなぎ合わされている。まるで花占いのように。電気的、化学的、電気的、化学的、電気的。

　このタイプのコミュニケーションの重要な点のひとつは、シナプスは先述の例のように神経細胞を興奮させるだけでなく、抑制性の働きをする場合もあるということだ。抑制性のシナプスは次の神経細胞を興奮しにくくさせる。一個の神経細胞は他の神経細胞から正のインプットと負のインプットを受け取り、それらのインプットを「統合」する。神経細胞の興奮の程度は、興奮性と抑制性のインプットとが統合された結果なのだ。

　ここまで、神経細胞が機能する仕組みや、その機能が脳の構造とどう関係しているかについて簡単に説明してきた。しかし、これはあまりに大雑把なスケッチである。体内のすべての細胞の中で、神経細胞はひょっとしたら最も繊細で高尚な細胞かもしれないが、その機能の原理を簡略化すると次のようになる。神経細胞は単なる受動的な「導線」ではなく、能動的な統合器である。‡個々の神経細胞を能動的な統合器だとみなせば、そうした能動的な導線からきわめて複雑な回路が無数につくられていることが想像できるはずだ。そして、この複雑な回路が、それよりはるかに複雑なコンピュータのモジュール（記憶、感覚、感情、思考、知覚を生み出すモジュール）の土台となっていると推測される。[20]このようなコンピュータのモジュールが合体して、人体で最も複雑なマシーンが形成されるのだ。

† 動物の神経細胞の中には、他の神経細胞に電気的なシグナル伝達をおこなうものがわずかに存在する。[10] これらの神経細胞は神経伝達物質を放出するのではなく、ギャップ結合と呼ばれる、隙間のある接触部位（心筋細胞間の結合部位に似ている）を介して、他の神経細胞と直接、電気的につながっている。この場合の神経細胞同士の距離は化学的シナプスの一〇分の一と、きわめて狭い。こうした「電気的シナプス」を持つ動物は非常にまれだ。このシナプスの主な利点はスピードであり、電気信号が細胞から細胞へすばやく伝わるため、このタイプのシナプスはスピードの速さが求められるような神経細胞回路に存在する。たとえばアメフラシは、逃避反応の際にこの電気的回路を使って墨を出し、捕食者から身を隠す。

‡ 哲学的かつ生物学的な疑問がひとつ生まれる。なぜ神経回路は電気的なつながりだけでできていないのだろうか？ エックルスが考えたとおり、電気信号が伝わるように導線をつなげるだけでいいのではないだろうか？ 電気的な信号を化学的な信号へと変換し、化学的な信号をふたたび電気的な信号に変換する過程を繰り返すような回路ではなく。その答えはひょっとしたら（いつものように）、進化と神経回路の発達にあるのかもしれない。神経回路は、脳から身体の他の部位へシグナルを伝える単なる導線ではない。前述したように、生理機能の「統合器」なのだ。心臓の拍動を速めたり、遅くしたりする必要もある。あるいはもっと複雑な調節、たとえば気分や意欲などを上げたり、下げたりする調節も必要だ。もし神経回路が導線からなる「閉ざされた箱」のようなものだとしたら、神経回路を身体の他の部位の生理機能と統合することはむずかしい。実質上、不可能だ。加えて、化学的シナプスは統合だけでなく、シグナルを「高めたり」、つまり増幅したり、反対に抑制したりすることができる。このような能力がそなわっているほうが、複雑な神経系に必要とされる回路を形成しやすい。あなたのノートパソコンを思い浮かべてみてほしい。内部に配線システムがおさめられた閉じた箱だ。あなたはときにストレスを感じたり、苛立ったりする。仕事のスピードを上げなければならない場合もあれば、反対に、ペースダウンしたほうがいい場合もある。しかし、ノートパソコンはそんなあなたの状態を「知る」ことができない。ノートパソコンは電気的な配線と回路でできた閉じた箱であり、あなたの感情や精神状態とシナプスでつながってはいないからだ。しかし、体内の器官は閉じた箱ではない。神経細胞間を行き来するシグナルや、血液や他の神経細胞によって運ばれるホルモンや伝達物質は他のシグナルと交わって、それらの機能を修正したり調節したりしなければならない。その結果、神経の生理機能を体内の他の生理機能と統合するのだ。それを可能にするのが、可溶性の化学的な仲介者だ。化学物質は回路の活動を速めたり、遅くしたりすることができる。こうして生まれるのが、反応性が高く繊細な「知的」ノートパソコンだ。あなたが自分は今不機嫌だと伝えれば、ノートパソコンはあなたが怒りにまかせて書いたEメールが送信されないようにする。あるいはまた、締切を伝えておけば、ノートパソコンは作業をスピードアップしてくれる。送信したことをあなた自身があとできっと後悔するからだ。

そのマシーンこそがヒトの脳である。

「もしある研究テーマが……魅力的なオーラを放っており、そのテーマに携わる研究者たちが賞を受賞していて、巨額の助成金を受け取っているなら、そのテーマには手を出さないほうがいい」と生物学者のE・O・ウィルソンはかつて助言した。[21] 脳を研究する細胞生物学者にとって、神経細胞は厚かましいほどに、あまりに魅力的だったため（あまりに謎めいていて、底知れぬほど複雑で、あまりに多様な機能と、途方もなくすばらしい形態を持っていたため）、その周囲に常に存在している細胞の影はすっかり薄くなっていた。神経膠細胞（グリア細胞）は、映画スターのアシスタントのようなものであり、永久にセレブの影の存在のままだった。「糊」を意味するギリシャ語に由来するその名前さえもが、一世紀ものあいだ無視されつづけた事実を物語っている。グリア細胞は神経細胞同士をくっつける「糊」のようなものにすぎないとみなされてきたのだ。カハールが脳の切片のスケッチの中でグリア細胞を描いた一九〇〇年代初めから、執着心の強い少数の神経科学者たちがこの細胞について研究してきた。だがそれ以外の研究者たちは、この細胞を取るに足りない存在とみなしていた。脳の重要なスタッフではなく、単なる詰め物にすぎないと。

グリア細胞は神経系全体に存在し、その数は神経細胞と同程度だ。[22] かつて、グリア細胞は神経細胞の一〇倍も多く存在すると考えられていたことがあり、その結果、「脳の詰め物」説が真実味を帯びた。神経細胞とはちがい、グリア細胞は活動電位を発生させない。[23] しかし神経細胞と同じく、その構造と機能はきわめて多様だ。中には、脂肪を豊富に含む枝状の突起を持ち、それを神経細胞に巻きつけて鞘を形成しているものもある。そうした鞘は髄鞘と呼ばれ、神経細胞にとっての絶縁体として働く。導線を覆うプラスチックの絶縁体のようなものだ。また中には、掃除人として脳内をさまよいながら、老廃物や死細胞を脳から取り除いているものもある。さらには、脳に栄養素を供給するものや、シナプスに残った神経伝達物質を回収して神経細胞のシグナルをリセットするものもある。

神経科学の影に隠れていたグリア細胞はやがて、研究の表舞台に出ることになる。その変化は、神経系の細胞生物学的な研究テーマの魅惑的な転換を物語っていた。数年前、私はハーバード大学のベス・スティーヴンスの研究室を訪問した。彼女は一〇年以上ものあいだグリア細胞を研究していた。歴史上の多くの神経生物学者と同じく、彼女もやはり、神経細胞の研究を通じてグリア細胞に行き着いた。二〇〇四年、スティーヴンスは博士研究員として、スタンフォード大学で目の神経回路の形成について研究しはじめた。

目の神経回路は赤ちゃんが生まれるずっと前に完成している。[24] 赤ちゃんが子宮の外に出てすぐに世界を見ることができるように、導線や回路がすでに形成されているのだ。瞼（まぶた）が開くはるか前、視覚システムの発生の初期段階で、自然発生した電位の波が網膜から脳へ伝わる。まるでパフォーマンス前のダンサーが動きを練習するかのように。そしてこの波が脳の配線をつなげていく。神経細胞同士の結合を強めたり、緩めたりしながら回路をつくっていくのだ（この自然発生する電位の波を発見した神経生物学者のカーラ・シャッツは「一緒に発火する細胞同士がつながる」と書いている）。[25] 目が実際に機能する前に神経細胞をつなげる、胎児のこのウォーミングアップ活動は、視覚システムが正しく機能するために欠かせない。人は世界を見る前にまず夢を見なければならないのだ。

このリハーサル期間中に、神経細胞間のシナプス（化学的な接触点）は過剰につくられ、生後の発達過程でしだいに刈り込まれていく。神経細胞はシナプスを形成するための特殊な構造を持っている。軸索の末端が小さく膨らんでおり、そこに化学物質が蓄えられているのだ。蓄えられた化学物質が放出されて、次の神経細胞にシグナルが伝達される。シナプスの「刈り込み」とは、まるで二本の導線のはんだづけ部位を切断するようにして、こうした特殊な構造を削ぎ落とし、余分なシナプス結合を削除していく過程だ。これは不思議な現象である。私たちの脳は結合を過剰につくっておいてから、削ぎ落としていくのだ。

シナプスの刈り込みがおこなわれる理由は不明のままだが、刈り込みによって「正しい」シナプスが研ぎ澄まされ、強められる一方で、弱くて不必要なシナプスが除去されると考えられている。「それは昔ながらの直感の正しさを示している」とボストンのある精神科医が私に言った。「学習の秘訣は、過剰を体系的に除去していくことにある。われわれはたいてい、死ぬことによって成長するのだ[26]」。私たちの神経回路は生来、固定されないようにつくられており、この構造の柔軟性こそが、私たちの心の柔軟性の鍵なのかもしれない。

では、誰がシナプスの刈り込みをおこなっているのだろう？　二〇〇四年冬、ベス・スティーヴンスは、スタンフォード大学の神経学者ベン・バレスの研究室に入った。「私がベンの研究室で研究を始めたとき、シナプスが除去される仕組みはほとんどわかっていませんでした」と彼女は私に言った。スティーヴンスとバレスは研究対象として視神経に焦点をあてた。視神経、つまり目という窓を通して、脳を見ることができると考えたからだ。

二〇〇七年、二人は驚くべき結果を発表した。グリア細胞が視覚システムのシナプス刈り込みを担っていることを発見したのだ[27]。《セル》誌に発表されたこの研究結果は大きな注目を浴びたが、それと同時に、多くの新たな疑問を生んだ。それでは、どのタイプのグリア細胞が刈り込みを担っているのだろう？　刈り込みのメカニズムは？　翌年、スティーヴンスはボストン小児病院に移り、自身の研究室を立ち上げた。二〇一五年の凍てつく三月の朝、私が彼女のもとを訪ねると、研究室は静かな熱気に包まれていた。大学院生たちが前屈みになって顕微鏡をのぞいていた。ひとりの女性が実験台の前に座って、生検採取したばかりのヒトの脳の断片を一心にすりつぶし、細胞をフラスコで培養するためにばらばらに引き離していた。

スティーヴンスはさりげない身振りを絶やさずに話した。その手と指はアイデアの輪郭をたどり、中空でシナプスを形成したり、削除したりしていた。「新しい研究室で私たちが取り組んだ問題は、スタンフォードで取り組んでいたテーマと直接つながっていました」と彼女は言った。[28]

二〇一二年までに、スティーヴンスと彼女の学生たちは、シナプス刈り込みの実験モデルをつくっており、この現象を担う細胞を同定していた。すでに何十年も前に、ミクログリアと呼ばれる特殊なグリア細胞（多くの指を持つ雲のような形の細胞）が脳を這いまわりながら老廃物を取り込むところが観察されており、この細胞が病原体や細胞の死骸を除去する役目を持つことが知られていた。ステイーヴンスは、このミクログリアがシナプスに巻きつき、シナプスを齧って削除することを発見した。ある論文に書かれているように、ミクログリアは脳で「絶え間なく働きつづける庭師」だったのだ。[29]

もしかしたら、シナプス刈り込みの最も驚くべき点は、神経細胞同士の結合を削除するために免疫のメカニズムが利用されていることかもしれない。免疫系のマクロファージは、病原体や死細胞を貪食する。脳のミクログリアもやはり同様のタンパク質とプロセスを使って、齧り取るべきシナプスに印をつける。ただこの場合は、病原体を食べるのではなく、シナプス結合をつくる神経細胞の一部を食べるのだ。これもまた、あるシステムを別の目的のために利用することの、心を奪われる例のひとつだ。体内の病原体を排除するためのまさにそのタンパク質やプロセスが、神経細胞同士の結合を微調整するために使われるのだ。ミクログリアは自己の脳のかけらを「食べる」ように進化した。

「ミクログリアが関与していることが判明してからというもの、あらゆる疑問が飛び出してきました」とスティーヴンスは言った。「どのシナプスを除去すべきか、ミクログリアはどうしてわかるのか？……シナプスは互いに競い合っていて、最も強いシナプスが勝つことはわかっています。でも、最も弱いシナプスはどのようにして、刈り込みのターゲットの印をつけられるのでしょう？　私の研究室は今、この問題に取り組んでいます」

グリア細胞によるシナプスの刈り込みは、集中的な研究の対象になった。それはスティーヴンスの研究室だけの話ではない。最近の実験によって、グリア細胞による刈り込みの障害が統合失調症に関与している可能性が示されており、刈り込みが適切におこなわれていないことが統合失調症の病態だと考えられている。[30]さまざまな種類のグリア細胞の機能がアルツハイマー病や多発性硬化症、自閉症に関与していることもわかっている。「深く見れば見るほど、より多くのことがわかってきます」とスティーヴンスは私に言った。神経生物学の中で、グリア細胞が関与していない側面を見つけるのはむずかしいのだ。

私はスティーヴンスの研究室を出て、氷で滑りやすいボストンの通りを歩いた。歩きながら、ケネス・コッホの詩「ひとつの列車には別の列車が隠れているかもしれない」を頭の中で朗唱した。[31]

家族に娘がひとりいたなら、もうひとり隠れているかもしれない。
だから、求愛するときは、全員を見たほうがいい。
……
研究室でも
ひとつの発明にはもうひとつの発明が隠れているかもしれない、
ひとつの夜にはもうひとつの夜が隠れているかもしれない、
ひとつの影には、影の巣が隠れているかもしれない。

何十年ものあいだ、神経細胞は細胞生物学のランウェイをあまりに華麗に歩いていたため、グリア細胞はその影に隠れてしまっていた。しかし科学的な洞察を得たり、発明したりするときには、目立つ細胞だけでなく、すべての細胞を見たほうがいい。グリア細胞は「影の巣」から現れ出た。自らのサブタイプのひとつと同じく、グリア細胞は神経生物学の分野全体に鞘のように巻きついた。セレブのアシスタントどころか、この分野の新しいスターになったのだ。

二〇一七年の春、私はそれまでに経験したことがないほど大きな、抑うつの波に襲われた。波という言葉を私は意図的に使っている。何カ月ものあいだ、少しずつ忍び寄ってきたその波がついに襲いかかったとき、私は泳いでよけることも、渡ることもできない悲しみの潮流に溺れているような気がした。表面的には、私の生活は完全に統制がとれていたが、心の中は悲しみに浸っていた。ベッドから出たり、ドアの外の新聞を取りに行ったりすることすら、途方もなくむずかしく思える日もあった。子供の描いた面白いサメの絵や、完璧なマッシュルームスープといった、ちょっとした喜びの瞬間すら、まるで鍵のかかった箱に閉じ込められてしまったように思えた。鍵は海の底に投げ捨てられたままだった。

なぜだ？　わからなかった。理由のひとつは、一年前に父を失ったという事実を受け入れはじめたからかもしれない。父が他界したあと、私は取り憑かれたように仕事をし、悲しむ時間や隙を自分に与えなかった。それとも、避けがたい老いに直面していたからなのか。私は四十代の最後の数年の端に立って、奈落の底のように見えるものを凝視していた。走ると膝が痛んで、きしむようになった。腹部ヘルニアがいきなり出現した。暗唱できるはずの詩が出てこなくなった。忘れた言葉を見つけようと、頭の中を探しまわらなければならなくなった（「ハエがブンブン飛びまわっているのが聞こえた――私が死んだとき――／部屋の中の静けさ／それはまるで」……えーと……まるで……まるで、なんだっけ？）。私はばらばらになり、本格的な中年期に差しかかっていた。垂れ下がりはじめたのは皮膚ではなく、脳だった。頭の中でハエがブンブン飛びまわっていた。

事態はさらに悪化した。自分の状態を無視することでどうにかやり過ごしているうちに、ついに完全なうつ状態に陥った。ことわざに出てくる鍋の中のカエルのように、水が沸騰してようやく、温度が上がっていたことに気づいたのだ。私は抗うつ薬を飲みはじめ（薬は効いたことには効いたが、効果はわずかだった）、精神科医の診察を受けるようになった（こちらのほうがはるかに助けになった）。しかし突然襲ってきた病気の波と、そのあまりの難治性に当惑したままだった。私に感じることができたのは、小説家のウィリアム・スタイロンが『見える暗闇』の中で、「じめじめした、喜びのなさ」と表現したものだけだった[32]。

私はロックフェラー大学の教授ポール・グリーンガードに電話した。数年前、メーン州での交流会で、私は彼に初めて会った。すでに互いを知っていた私たちは、白い小石に覆われた吹きさらしの浜を一緒に歩きながら、細胞や生化学について話し、親しくなった。私よりずいぶん歳上だった（出会ったときは、八九歳だった）が、その心は永遠に若者のままだった。彼は私たちはよくニューヨークでランチを一緒に食べたり、ヨーク・アベニューや大学のキャンパスをゆっくり散歩したりした。私たちの会話は多方面にわたっていた。神経科学、細胞生物学、大学のゴシップ、政治、友情、ニューヨーク近代美術館の最新の展示、がん研究の最近の発見。グリーンガードはあらゆることに興味を持っていた。

一九六〇年代から一九七〇年代にかけて自身がおこなった実験によって、グリーンガードは神経細胞同士のコミュニケーションについての新しい考えを持つようになった。シナプスを研究している神経生物学者はたいてい、神経細胞同士のコミュニケーションは迅速なプロセスだと説明する。神経細胞の末端（つまり軸索終末）に活動電位が到達すると、神経伝達物質が特殊な間隙（シナプス）に放出される。そして、この物質が次の神経細胞のチャネルを開き、神経細胞内にイオンが流入して活動電位が発生する。これは「電気的な」脳のモデルであり、脳を導線と回路の詰まった箱としてとらえるものだ（そして、導線と導線の隙間に、化学的なシグナルである神経伝達物質が放出される）。

しかしグリーンガードは、これとは異なるタイプの神経伝達方式があると主張した。神経細胞から放出される化学的なシグナルが、次の神経細胞の内部に「遅い」シグナルの連鎖（カスケード）を生み出す場合もあると考えたのだ。ひとつの細胞から次の細胞へ送られる神経細胞間のシグナルによって、シグナルを受け取った神経細胞内で、根本的な生化学的かつ代謝的な変化が起き、化学的変化の巧妙なカスケードが解き放たれる。代謝や遺伝子発現が変化し、シナプスに放出される神経伝達物質の性質や濃度も変化する。そして、こうした「遅い」変化によって、神経から神経への活動電位の伝導具合が変化するのだ。何十年ものあいだ、この遅いカスケードは重要ではないと考えられてきた（「まあそのうち、彼は考えを変えるだろう」グリーンガードの研究について、ある研究者はそう言った）[33]。しかし、神経細胞内で起きる生化学的な変化——「グリーンガードのカスケード」——は今では脳全体に浸透していることがわかっている。カスケードが神経細胞の機能を変化させ、その結果、脳のさまざまな性質に影響を与えているのだ。

つまり、脳の病理は三つに分けられるのかもしれない。「速い」シグナル（神経細胞での電気的情報の速い伝導）の不具合によるものと、「遅い」シグナル（神経細胞内で変化する生化学的なカスケード）の不具合によるもの、そして、その中間のどこかでの不具合だ。

うつだって？　自分を覆うどんよりとした悲しみの霧についてグリーンガードに話すと、彼は私をランチに誘ってくれた。二〇一七年の晩秋のことだ。私たちは大学のカフェテリアで食事をした。彼はゆっくりと時間をかけて慎重に食事をした。ひと口分をフォークに刺すと、まるでそれが生物の標本であるかのように、とくと調べてから、ようやく口に運んだ。食事のあと、私たちはロックフェラー大学のキャンパスを散歩した。彼の愛犬であるバーニーズマウンテンドッグのアルファが、よだれを垂らしながら元気に隣を歩いていた。

「うつは遅い脳の問題だ」と彼は言った[34]。

私はカール・サンドバーグの詩を思い出した。「霧が降りる／小さな猫の足に／猫は座ったまま／港と町を見ている／静かに丸くなったまま／そして、歩きはじめる[35]」。永久に晴れることのない霧が脳に立ち込めているように感じられた。まるでなんらかの生き物がゆっくりと身体を丸めて静かに座り、そのまま決して歩き去ろうとしないかのようだった。

作家のアンドリュー・ソロモンはかつて、うつとは「愛の不具合」だと言った[36]。しかし医学では、うつは神経伝達物質とそのシグナル調節の問題だとされている。化学物質の不具合だと。

「どの化学物質の不具合なんですか？　どのシグナルの？」と私はグリーンガードに訊いた。

神経伝達物質のセロトニンが関係しているのは私も知っていた。

ポールは私に、うつの「脳内化学物質」説の起源について話してくれた。一九五一年の秋、ニューヨーク・スタテン島のシービュー病院で、結核患者の治療に新薬のイプロニアジドを使った医師たちが、患者の気分と行動が突如変化したことに気づいた[37]。具合が悪く、無気力な患者ばかりの陰気で静かな病棟がいきなり「先週から、嬉しそうな顔をした患者たちであふれる明るい場所になった」とある記者は書いている。患者に活力と食欲が戻ってきた。何カ月ものあいだ体調が悪く、身体を動かすことすらなかった患者が、朝食に卵を五つほしいと言い出した。《ライフ》誌が取材のためにカメラマンを病院に送ると、患者たちは今ではもうベッドにじっと横たわってはおらず、トランプをしたり、廊下をきびきび歩いたりしていた。[38]

研究者たちはのちに、イプロニアジドの副作用として、脳内のセロトニン値が上昇することを発見した。ということはつまり、うつは神経伝達物質であるセロトニンの欠乏によって引き起こされるのではないか。その考えが精神医学をわしづかみにした。シナプスでセロトニンが不足しているために、セロトニンに依存する電気的な回路が十分に刺激されないのではないか。気分を調節する神経細胞に対する刺激が不足するせいで、うつが引き起こされるにちがいない。

それがうつの原因のすべてなら、脳内のセロトニンを増やせば、うつは治るはずだった。一九七〇年代、スウェーデンのヨーテボリ大学のアルビド・カールソンは、スウェーデンの製薬会社〈アストラＡＢ〉と共同で、脳の神経伝達物質を増やすジメリジンという薬を開発した。[39] こうした初期の薬がやがて、プロザックやパキシルなど、脳のセロトニン量をより選択的に増やす化学物質ＳＳＲＩ（選択的セロトニン再取り込み阻害薬）の開発につながった。[†] たしかに、ＳＳＲＩを投与されたうつ病の患者では、症状の大きな改善が見られた。エリザベス・ワーツェルは、一九九四年にベストセラーとなった回想録『私は「うつ依存症」の女――プロザック・コンプレックス』の中で、生まれ変わった

† 神経生理学者のカールソンはすでに、神経伝達物質ドパミンのパーキンソン病への影響に関する研究で知られていた。彼はドパミンの前駆体であるＬ‐ドパについて研究し、それを投与することによって、パーキンソン病の症状が緩和されることを発見した。その研究結果に基づいて、パーキンソン病の治療薬が開発された。

ような体験について書いている。[40] 抗うつ薬を飲む前、彼女は「自殺夢想」を絶えず抱いていたという。ところがプロザックを飲みはじめてからほんの数週間で、人生が変わった。「ある朝、目が覚めたとき、私はほんとうに生きたいと思った……まるで、うつの霧が晴れたみたいだった。サンフランシスコの霧が午後になると晴れるように。これって、プロザックのおかげ？　まちがいない」[41]

しかしSSRIは誰にでも効くわけではなかった。SSRIに関する実験や臨床研究からは矛盾する結果がもたらされた。深刻なうつ症状に苦しむ患者を対象とした臨床試験では、偽薬を飲んだ患者に比べて、SSRIを飲んだ患者で有意な改善が見られた場合もあった。しかし、あいまいな効果しか得られない例や、ほとんど効果がない例もあった。さらに、効果が出るまで長い時間（何週間、あるいは何カ月も）かかったことから、セロトニン量を増やしさえすれば、電気的な回路の不具合がリセットされてうつが治るわけではないことが示唆された。私自身、パキシルを飲み、その後、プロザックを飲んだが、頭の中の霧は晴れなかった。ひとつ明らかになったのは、気分を調節する神経細胞のシナプス内のセロトニン量を高めるだけでは問題は解決しないということだった。

グリーンガードは同意してうなずいた。ロックフェラー大学の彼の研究室はちょうど、セロトニンによって刺激される「遅い」経路を発見したばかりで、その経路も、うつに関係している可能性があった。グリーンガードらは、セロトニンが「速い」神経伝達物質として働くだけではないことや、シナプスのセロトニン量を増加させることでリセットできる神経回路の不具合だけがうつの原因ではないことも発見していた。むしろセロトニンは、グリーンガードの研究室が同定した細胞内タンパク質の活性や機能を変化させることによって、神経細胞の「遅い」シグナル――猫の足に降りる霧のような生化学的なシグナル――を始動させているのだ。

グリーンガードは、神経の活性を変化させるこれらのタンパク質が、気分や感情のホメオスタシスを調節する神経細胞の遅いシグナルにとってきわめて重要な役目を担っていると考えていた。以前の研究で、彼は、そうしたタンパク質のひとつであるDARPP‐32が、ドパミンという神経伝達物質に対する神経細胞の反応において重要な役目を果たしていることを突き止めた[42]。ドパミンとは、報酬や依存症といった、多くの神経機能に関与している物質である。

「問題はセロトニンの量だけではない」とグリーンガードは宙に指を突き立て、強調するように言った。ニューヨークの空気は澄んでいて、刺すように冷たかった。白い息が彼のうしろに漂った。「それではあまりに単純すぎる。重要なのは、セロトニンが神経細胞に何をするかだ。セロトニンが神経細胞の化学物質や代謝をどのように変化させるのか」と彼は言った。「そしてセロトニンがどう作用するかは、人によってちがう」。彼は私のほうを向いた。「きみの場合、なんらかのインプットか、あるいは遺伝的な原因のせいで、セロトニンへの反応を維持したり、回復させたりするのがむずかしいのかもしれない」

「われわれは今、この遅い経路に影響する新薬を探している」とグリーンガードは言った。彼はまったく新しいうつのパラダイムを見いだそうとしており、そのパラダイムに沿った、うつ病の新しい治療法を開発しようとしていた。

散歩は終わった。彼が私に触れることはなかったが、私には、彼が自分の中にある執念深い傷を癒してくれたように感じられた。私は手を振って彼と別れ、研究室に戻っていくその姿を見送った。アルファは疲れ切っていたが、彼には活力がみなぎっていた。

うつは愛の不具合だ。しかしより根本的には、それは神経伝達物質に対する神経細胞の遅い反応に生じたなんらかの不具合なのかもしれない。グリーンガードは、うつは単なる導線の障害ではなく、細胞の障害だと考えている。神経伝達物質を介するシグナルの障害によって、神経細胞がうまく働かなくなるせいだと。愛の不具合を生じさせるのは、私たちの細胞の不具合なのだ。

　二〇一九年四月、ポール・グリーンガードは心臓発作のために、九三歳で他界した。彼に会いたくてたまらない。


　二〇二一年一一月の午後、私はニューヨークのマウントサイナイ病院でヘレン・メイバーグに会った。刺すように冷たい風を顔に受けながら、私は彼女のオフィスに向かった。枯れ葉が雪片のように舞い、冬がすぐそこまで来ていることを告げていた。〈アドバンスト・サーキット・セラピューティクス〉という名の研究センターを運営する、神経精神疾患が専門の神経科医メイバーグは、脳深部刺激療法（DBS）のパイオニアだ。DBSとは、脳の特定の部位に細い電極を外科的に挿入し、神経精神疾患の原因と考えられる脳細胞を低電圧で刺激する治療法だ。脳の特定の部位を電気刺激で調節することによって、メイバーグは、通常の治療が効かないうつ病を治したいと考えている。これもある種の細胞治療である。より正確には、細胞回路を標的にした治療だ。

　二〇〇〇年代初め、メイバーグは、当時主流だったプロザックとパキシルを使った薬物療法から大胆な路線変更をし、さまざまな技術を使って、うつ病を引き起こす脳の細胞回路の位置を探しはじめた[43]。DBSは当時すでにパーキンソン病の治療で使われており、研究者たちは、パーキンソン病患者の不随意運動がこの治療によって改善されることを発見していた。しかし難治性のうつ病に対してDBSが用いられた例はなかった。強力な画像診断技術や神経回路マッピング、神経精神学的検査を使って、メイバーグは、気分や不安、意欲、衝動、自制、睡眠を調節する神経細胞が存在すると推定されるブロードマン25野（BA25）という領域を見つけ、難治性のうつ病患者ではこの領域の活動が過剰に高まっていることを発見した。彼女はまた、特定の脳領域に電気刺激を加えつづけると、その部位の活動が抑制されることを知っていた。その現象は一見、矛盾しているように思えるが、そうではない。神経回路への持続的な電気刺激は、回路の活動を低下させるのだ。メイバーグは考えた。BA25の細胞に電気刺激を加えれば、慢性的かつ難治性のうつ病の症状を改善できるのではないか。

ブロードマン25野は簡単にアクセスできるような部位ではない。ヒトの脳がボクシングのグローブのようなものだとすると、BA25は握りこぶしの奥の真ん中あたり、中指の指先のあたりにある（大脳半球の両側に同じ領野がひとつずつある）。ある記者は次のように書いている。「梁下野帯状回と呼ばれる、新生児の丸めた指のような形と大きさをした一組の薄いピンク色の神経の肉の指先に、（ブロードマン）25野は存在する」[44]。二〇〇三年、トロントの脳外科医と共同で、メイバーグは難治性のうつ病をわずらう患者の脳の両側に電極を挿入し、BA25を刺激する臨床試験を開始した。それは途方もなく繊細な作業に思えた。新生児の指先をくすぐって、赤ちゃんを笑わせるのだ。

臨床試験に参加した患者は六人だった。三七歳から四八歳の男性と女性が三人ずつだ。「どの患者も覚えています」とメイバーグは私に言った[45]。「ひとりめの患者は、身体に障害のある看護師でした。彼女は身体が完全に麻痺していると訴えていました」。まるで永久に麻酔がかかったままのようだと。「その女性の前に診察した患者も、あとに診察した患者もそうでしたが、彼女は自分の病気を垂直な落下にたとえていました。穴の中に閉じ込められているみたいだと。虚空の中に。自分はそこに落っこちたのだと。洞窟にたとえた人もいます。力場の働きで、何かの中に落とされたようだと言う人もいました。そのときは気づきませんでしたが、それらの比喩に耳を傾けること自体がとても重要だったのです。患者が治療に反応しているかどうかを判定するのに、比喩が役立ったからです」

メイバーグに協力した脳神経外科医のアンドレス・ロザーノは、BA25に正確に電極を埋め込むために、患者の頭をフレームに入れた（このフレームは3次元GPSシステムのように機能し、脳に挿入する電極の位置を外科医は追跡することができる）。メイバーグが定位固定フレームの留め具を締めるあいだ、患者は虚ろな目で彼女を見ていた。その目には恐れも、不安もなかった。「今から頭に穴を開けられて、前例のない未知の処置を脳にほどこされようとしていたのに、女性は何も感じていませんでした。まったく何も。彼女の状態がどれほど深刻か、そのときわかったんです」

メイバーグは女性を手術室へ連れていった。「ほんとうに、私たちは不安でしかたがありませんでした。刺激したら、いったいどうなるのか、予想がつかなかったんです」。血圧が下がるだろうか？未知の神経回路が活性化してしまうだろうか？　予期せぬ精神疾患が解き放たれてしまうだろうか？外科医が患者の頭蓋骨をくり抜いて、電極を挿入した。電極は正しい位置に埋め込まれたようだった。メイバーグが電気を流した。少しずつ、刺激の頻度を上げていった。

「そしたら、それが起きたんです」とメイバーグは言った。「正しいスポットにあたったとたん、彼女（患者）がいきなり言ったんです。〝今、何をしたんですか？〟」

「どういう意味？」とメイバーグは訊いた。

「つまり、先生が何かしたら、空虚さが消えたんです」

空虚さが消えた。メイバーグはスイッチをオフにした。

また空虚さが消えた。「どんな感じか教えてください」とメイバーグはうながした。

メイバーグはスイッチをまたオンにした。

「あら、今ちょっと変な感じがしました。でも、気にしないで」

「うまく言えるかわからないけど。微笑と笑いのちがいみたいな感じ」

「比喩にしっかり耳を傾けなければならない理由はこれなのです」とメイバーグは私に言った。微笑と笑いのちがい。メイバーグのオフィスには小川の絵がある。小川の真ん中には深い穴が空いていて、

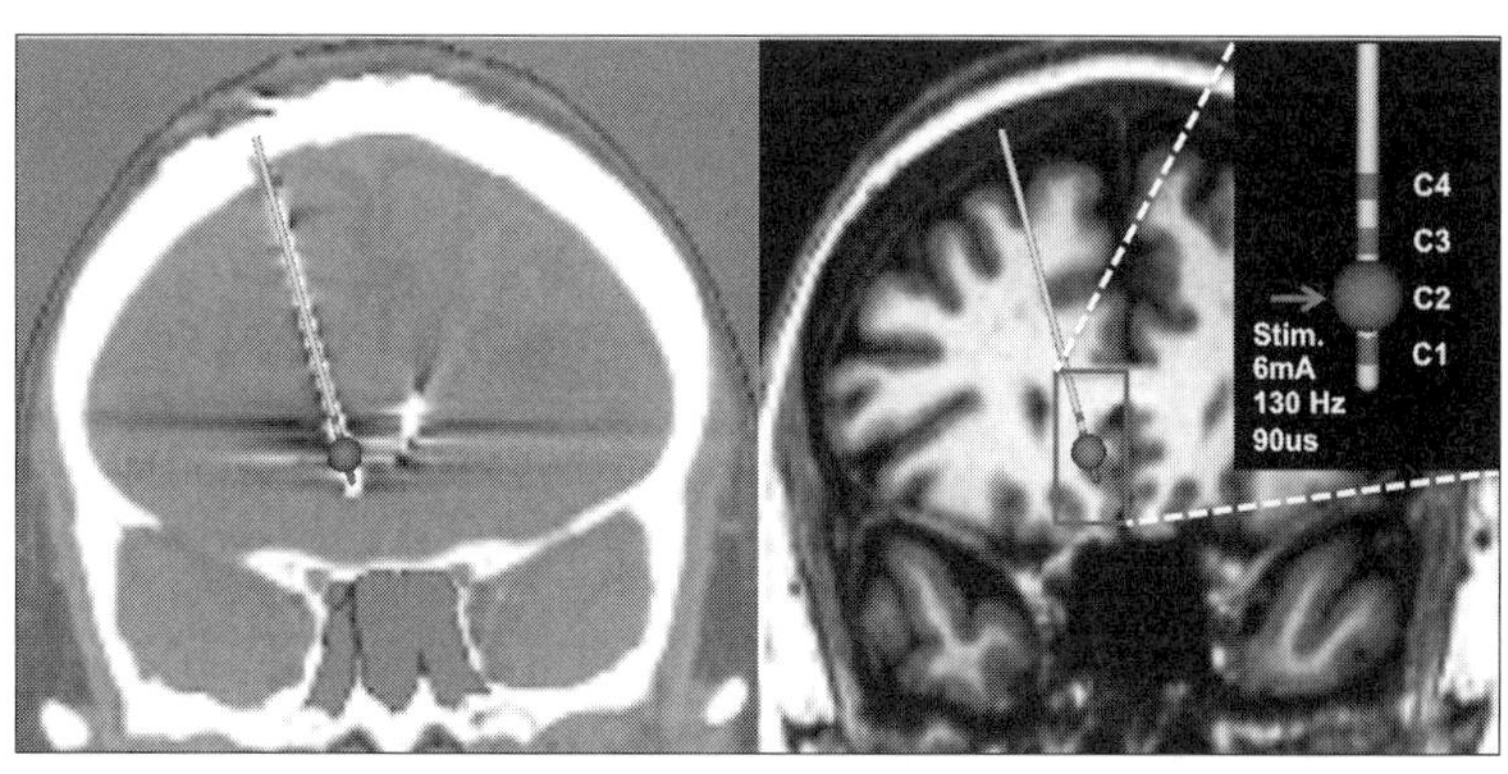

メイバーグの論文に掲載された画像。頭蓋骨から脳深部のブロードマン 25 野に電極が挿入されている。難治性のうつ病の治療として、この領域の神経細胞へ持続的な刺激が加えられた。

水が全方向からどっと流れ込んでいる。「ある患者が私にその絵を送ってくれました。自分のうつはこんな感じだって」。虚空はそこにもあった。穴。垂直な落下。脱出できない落とし穴。メイバーグが刺激器をオンにすると、その女性は穴から出て、小川に突き出た岩に座っているような気がすると言った。穴の中に、かつての自分が見える。今の自分は岩に座って、穴を上から見下ろしているようだと。「こういう絵や表現が、うつ病評価尺度の点数よりもずっと多くのことを教えてくれます」。

メイバーグは五人の患者をDBSで治療したあと、データを論文で発表した。刺激器をオンにしたときに見られた変化を彼女は次のように記している。「(すべての)患者が自発的に報告したのは次のような内容である。〝突然、心が落ちついたり、明るくなったりした〟〝空虚さがなくなった〟。感覚が研ぎ澄まされ、興味がわいてきたという患者もいた。〝つながりを感じた〟、電気刺激によって突然、部屋が明るくなったように感じ、視覚が鋭くなって、まわりの色が濃くなったように感じたという患者もいた[46]」

患者たちは、電極とバッテリーを身につけたまま、家に帰った。六カ月後、六人中四人の患者で、治療は依然として効いており、客観的な指標でも、気分の大幅な改善が見られた。「症状は全体的によくなっています」。メイバーグはのちにインタビューに答えてそう語った。「劇的によくなる患者もいれば、はっきりとした変化が感じられるまで一、二年かかる患者もいます。中には（ＤＢＳが）効かない人もいますが、その理由はまだわかっていません」

　メイバーグはこれまでに一〇〇人近い患者を治療している。「全員に効果があるわけではなく、それがなぜなのかはわかりません」と彼女は私に言った。しかし中には、すぐに効果を感じる人もいるという。ある女性（やはり看護師だった）は、自分の病気は感情的なつながりや、ときに感覚的なつながりをまったく感じることができない状態だと言った。「彼女は私に、自分の子供を抱っこしても何も感じないと言いました。感覚も、癒しも、喜びも感じないと」。しかし、メイバーグがＤＢＳをオンにすると、その患者はメイバーグのほうを向いて言った。「なんか変なんだけど、私、あなたとつながっているように感じるの」。病気を発症したまさにその瞬間を思い出した患者もいたという。「犬を連れて、湖畔を散歩していたときに、まわりの色がすべて失われたように感じました。すべてが白黒になってしまった。あるいは、灰色に」。メイバーグがＤＢＳをオンにすると、患者は驚いたような表情を浮かべて言った。「突然、色がぱっと現れました」。また中には、自分に訪れた変化を、季節が変わろうとしているような感じだと表現した女性もいた。まだ春は来ていないけれど、春の兆しを感じる、と。「クロッカスが、咲きはじめたような感じ」

「でも、謎はまだたくさん残されています」とメイバーグは続けた。「うつ病は、精神運動障害を伴う場合があります。患者はしばしば、動けなくなるんです。ベッドに横になったまま、身体を動かせなくなる。ＤＢＳをオンにすると、また動きたくなるのですが、彼らがしたいと感じる活動は、部屋の掃除である場合が多い。台所のゴミを運び出したり、皿洗いをしたり。うつ病を発症する前はスリルを求めるタイプだった男性患者がいました。以前の彼は、スカイダイビングが好きだった。DBSをオンにしたら、男性はまた動きたくなったと言いました」

「何がしたいですか?」とメイバーグは男性に尋ねた。

「ガレージの掃除」

難治性のうつ病に対するDBSの効果を検証するためのより厳密な臨床試験(多施設でのランダム化比較対照試験)が現在、おこなわれている。注目すべき点は、二〇〇八年に開始された中心的な研究のひとつ(ブロードマン25領野深部脳神経調節〔Broadman area 25 Deep Brain Neuromodulation〕を略してBROADENと呼ばれる試験)が中止されたことだ[47]。その理由は、メイバーグがおこなった研究で見られたような効果が、初期のデータでまったく示されなかったからだ。二〇一三年、少なくとも六カ月間、DBSを続けたおよそ九〇人の患者のデータが明らかになった。患者たちのうつ病スコアは、電極を埋め込む手術を受けただけでDBSをオンにしなかった対照グループと変わりなかった(さらに残念なことに、電極を埋め込まれた患者の中には、手術後に合併症を起こした例があった。感染症や、重度の頭痛などだ。また中には、うつや不安などの症状が悪化したと訴える患者もいた)。この臨床試験のスポンサーである〈セント・ジュード〉という名の企業(のちに〈アボット〉社に買収された)は臨床試験の中止を決定した。ある記者は次のように書いている。「この厳しい経験によって、(メイバーグは)最初の研究の原理を綿密に見直さなければならなくなった。治療の候補者を選ぶ基準を検証し直し、経験が少ない外科チームでも正確におこなえるように、電極を埋め込む手法を改良しなければならない。患者に電極が埋め込まれたあとで微調整する方法も改良しなければならない。最も重要なのは、なぜDBSがある種の患者には効かないのかを検証し、手術を施行する前にそうした患者を除外できるようにすることだ。その反対についても、研究がおこなわれている。つまり、外科的な処置をほどこす前に、この方法が効く可能性のある患者や、最も早く効果が出そうな患者を見つけ出す研究だ[48]」

ＢＲＯＡＤＥＮ試験が失敗した理由はいくつもあるとメイバーグは考えている。「しかるべき患者を選んで、しかるべき部位を見つけ、反応をモニターするしかるべき方法を見いださなければなりません。学ばなければならないことはまだたくさん残されています」。最も厳しい批判者たちの中には今も納得していない者がいる（「電気会社がやってきて、製薬会社が出ていった」とあるブロガーは書いている[49]。彼のフォロワーはそこに含まれた辛辣な皮肉を見逃さなかった）。

だが興味深い点がある。それは、中止された臨床試験に参加した患者で、DBS装置を「オン」にしたままでいることを選んだ人たちが、何カ月もあとになって、客観的に確認できる効果を感じはじめたことだ。二〇一七年の《ランセット・サイカイアトリー》誌に掲載された論文で、初期の分析で採用された六カ月という期間ではなく、二年間にわたって患者を追跡した結果、三一パーセントの患者が症状の寛解を経験したことが報告された[50]。それは、メイバーグが以前の論文で発表した寛解率に近かった。この結果が発表されたことで、慢性の重度うつ病に対する治療としてDBSがふたたび注目された。「とにかく、臨床試験は正しい方法でおこなわなければなりません」とメイバーグは言った。この分野そのものが、循環性の気分障害をわずらっているかのようだった。絶望のあとの熱狂的な（そしておそらくは時期尚早な）楽観。そしてふたたび訪れた絶望。今あるのは、新しく生まれた、それと同時に慎重な、希望だ。その一一月の午後、メイバーグは季節の変わる兆しを感じはじめているように見えた。マウントサイナイ病院の外の庭にクロッカスは咲いていなかったが（そもそも、まだ一一月だった)、一二月になれば咲くことを私は知っていた。

その間にも、脳深部刺激療法――私はそれを「細胞回路」治療だとみなしている――は強迫性障害や依存症をはじめとするさまざまな神経精神疾患や神経疾患に対する試験的な治療として使われつつある。細胞回路に対する電気刺激を新しい医療にしようと、努力が積み重ねられている。そうした試みの中には、成功するものもあれば、失敗するものもあるだろう。しかし、もしこうした試みがある一定の成功をおさめたなら、それらの試みは新しいタイプの人間(そして人間性)を生み出すことになる。細胞回路を調節する「脳のペースメーカー」を埋め込まれた人間だ。そうした人間は再充電式バッテリーの入ったバッグを腰につけて歩き、空港のセキュリティを通過する際には、きっとこう言うことだろう。「身体にバッテリーがついていて、頭蓋骨から脳の中に電極が入っています。その電極から脳の細胞に電気刺激が送られて、気分の調節がおこなわれているんです」。もしかしたら、私もそのひとりになるかもしれない。

調整する細胞——ホメオスタシス、安定、バランス

すべての細胞が独自の特別な活動をしている。たとえその刺激を他の部分から引き出しているとしても。

——ルドルフ・ウィルヒョウ、一八五八年[1]

さあ、一二まで数えたら
みなでじっとしていよう。
地球の表面で、今このいっときだけは、
どんな言語も話さずに、
一秒だけ、止まろう、
腕もほとんど動かさずに。

——パブロ・ネルーダ「じっとしていよう（Keeping Still）」[2]

本書の中で私たちがこれまでに出会ってきた細胞は、そのほとんどが局所で互いにコミュニケーションを取り合っていた。免疫細胞の場合は、細胞から放たれたシグナルが遠くの細胞に働きかけ、それらの細胞を感染や炎症の起きている部位まで呼び寄せることができた。しかしそうした例を除いて

は、遠く離れた部位に存在する細胞同士が大きな声でおしゃべりする例については本書で取り上げてこなかった。神経細胞はシナプスを介して次の神経細胞にささやきかける。心筋細胞は物理的にしっかりと連結しているため、一個の細胞内で発生した活動電位は細胞間のギャップ結合を介して隣の細胞に広がる。細胞はさかんにささやき合ってはいるものの、遠くの細胞に向かって叫び声をあげる細胞はほとんどいない。

しかし、生物は局所のコミュニケーションばかりに頼ってはいられない。ひとつの器官系だけでなく全身に影響するような事態が起きた場合を想像してみよう。飢餓や慢性疾患、睡眠不足、ストレスといった事態だ。こうした事態が起きると、個々の器官はある特定の反応を示す。しかし身体が細胞という市民で構成されるというウィルヒョウの考えに戻るなら、器官同士でやり取りされるメッセージには調整が必要だ。シグナルやインパルスが細胞から細胞へと伝わり、身体が今どのようなグローバルな「状態」にあるのかを互いに教え合わなければならない。シグナルは器官から器官へと血液によって運ばれていく。ある部分が遠くの部分と「出会う」ための手段が必要だからだ。そうしたシグナルを、私たちは「ホルモン」と呼ぶ。「駆り立てる」や「活動させる」という意味のギリシャ語 *hormon* に由来する言葉だ。ある意味、ホルモンは体全体を駆り立て、活動させる物質だといえる。

腹部の湾曲部には、胃と腸のあいだに押し込められるような格好で、長い葉のような形の器官が存在する。それは、ある病理学者の言葉を借りれば「謎めいた、隠された」器官だ。[3] その器官の両端は葉先のような形をしており、それぞれの葉先が「頭」と「尾」と呼ばれている。そして、そのあいだに「体」と呼ばれる部分がある。それを器官とみなした最初の人物のひとりは紀元前三〇〇年ごろのアレクサンドリアの解剖学者ヘロフィロスだと考えられている。[4] しかし、彼はこの器官に名前をつけなかった（名前をつけなければ、発見者とみなすのはむずかしい）。「膵臓（*pancreas*）」という名前は、アリストテレスが書いた医学文書の中に登場する（アリストテレスは、あまり興味なさそうに「いわゆる膵臓」と書いている）。しかし、その名前は器官の機能を表してはいなかった。ただ単に〝pan（すべて）〟と〝kreas（肉）〟をつなげただけの名前だったからだ。肉だけの器官。ヘロフィロスの時代から約四〇〇年後、ガレノスは死体解剖の最中に、膵臓に分泌物が充満していることに気づいた。膵臓が何をしているのかはわからなかったものの、ガレノスはいつものように大胆な推測をした。「胃のうしろで、静脈と動脈と神経が合流している。しかし、それらが分岐する部位は非常に脆くなっている……それゆえに自然は賢明にも、膵臓という名の腺様の構造体をつくり、その下や周囲にすべての器官を配置して器官のあいだの空隙をなくし、器官が引き剝がされることがないようにしたのだ[5]」

それから何世紀ものちに、ヴェサリウスは膵臓をきわめて詳細に描き、膵臓と胃と肝臓の相対的な位置関係を示した。彼は、膵臓は「大きな腺様の構造体」のように見えると書いている[6]。したがって、どの腺もそうであるように、何かを分泌しているはずだ、と。しかし、ガレノスと同じく、ヴェサリウスもやはり、膵臓は胃を支えるための構造であり、胃が血管を脊柱に押しつけて潰すことがないようにしているという考えに戻った。要するに、膵臓とはなんらかの液体で満たされたクッションなのだ、と。神の枕のようなものだ。

この〝膵臓クッション説〟に異を唱えた人物はどうやら、たったひとりしかいなかったようだ。その人物の論理はシンプルな解剖学的推論に基づいていた。一六世紀のパドヴァの生物学者ガブリエレ・ファロッピオはこの説に全然納得できなかった。四足歩行の動物にとっては、胃のうしろのクッションなどなんの価値もないではないか。「腹を下にして歩く動物にとってはなんの役にも立たない」

とファロッピオは書いている。[7] しかしこの鋭い推論は、彼が考察していたその器官そのものと同じように、ほどなく忘れ去られた。

膵臓の細胞の機能が発見されるまでの道のりは、不吉なことに、一件の殺人事件へとつながる二人の解剖学者の口論から始まった。二人のうちの歳上のほうのヨハン・ヴィルスングはパドヴァの著名なドイツ人解剖学教授だった。一六四二年三月二日、サンフランシスカン教会に附属する病院で、ヴィルスングは、絞首刑に処された犯罪者の死体を解剖し、腹部から膵臓を取り出した。数人の助手が解剖を手伝い、そこには、彼の学生であるモリッツ・ホフマンもいた。ヴィルスングは膵臓を摘出して詳しく調べながら、それまで見過ごしていた特徴に気づいた。[8] 膵臓の内部には導管（のちに主膵管と名づけられる）が走っており、それが膵臓から出て、腸管につながっていたのだ。ヴィルスングは自分の発見を示す一連の図譜を発表し、著名な解剖学者たちに膵臓の切片標本を送った。しかし導管の機能についてはほとんど触れなかった（こう問うた人もいたかもしれない。それが何かを運んでいるという以外に、解剖学的なクッション内に導管が走っている理由がほかにあるだろうか？）。

解剖学的な発見をしたというヴィルスングの主張はもしかしたら、古いライバル心に火を点けたのかもしれない。ヴィルスングが膵臓の導管の発見を発表してからおよそ一年後の一六四三年八月二二日の夜、パドヴァの自宅近くの路地を歩いていたヴィルスングは、ベルギー人の殺し屋に声をかけられ、射殺された。[9] ヴィルスングがそのような不可解かつ残酷な最期を迎えなければならなかった理由は今なお臆測の域を出ないが、動機の可能性として注目すべき事実が少なくともひとつある。ヴィルスングのスター学生だったモリッツ・ホフマンは、師と激しい論争を引き起こしていた。ホフマンは、鳥類の膵臓に存在する導管を師であるヴィルスングに見せたのは自分だと主張した。ヴィルスングはホフマンの発見に基づいて、ヒトにも同じ導管が存在することを発見したが、その発見が学生のおかげだったことを認めなかった。解剖学の巨匠は実際には、巧妙な剽窃者だったとホフマンは非難した。

ヴィルスングの暗殺が膵臓の構造という研究分野を震え上がらせたとしても無理はなかったが（導管を原因とする殺人を、私はほかに思いつくことができない）、膵臓の機能に対する興味は燃え上がった。もし膵臓が胃のクッションでないのなら、いったい何をしているのだろう？　膵臓の中に埋め込まれた導管は何を運んでいるのだろう？　一八四八年三月二五日土曜日の朝、パリの生理学者クロード・ベルナール（「ホメオスタシス」という概念を提唱した人物）が重要な実験をおこなった。当時は、科学に集中するのがむずかしい時代だった。ヨーロッパ中に革命が渦巻き、フランス国王は退位したばかりで、通りには軍隊が出ていた。しかしそんな状況にあっても、ベルナールはひとり研究室に閉じこもっていた。彼が関心を抱いていたのは、身体の平衡の回復についてであり、細胞が安定状態を維持するメカニズムだった（ウィルヒョウとはちがって、彼は国家の安定の維持には興味がなかった）。

彼はイヌの膵臓の「分泌液」を抽出して、そこに蠟油（ろうゆ）の塊を加えた。八時間後に見ると、蠟油は分泌液によって乳化されていた。油が小さな粒子に分解され、乳白色の小滴となって表面に浮いていたのだ。ベルナールはさらに、他の生理学者の以前の研究に基づいた実験をおこない、その結果、膵臓の細胞から分泌される液がでんぷんやタンパク質も分解することを発見した。つまり、食物に含まれる複雑な分子を、より単純で消化可能な単位へ分解するのだ。一八五六年、ベルナールは『膵臓についての回想録（*Mémoire sur le Pancréas*）』を出版し、その中で、膵臓は食物の消化を可能にする液を分泌しているのではないかという自分の考えについて詳しく記した。[10] ヴィルスングが発見した導管は、この分泌液を運ぶ主要な管にちがいなかった。この導管が分泌液を消化管まで運び、この分泌液によって、食物中の複雑な分子が単純な分子へ分解されるのだ。彼はついに、この腺の機能を発見した。

しかし、世界は目で測らなければならない。ベルナールが膵臓についての生理学的研究を終えるころには、細胞説が全盛期を迎えており、顕微鏡学者たちはすでに、膵臓の腺に顕微鏡の焦点をあてていた。一八六九年の冬、生理学者のパウル・ランゲルハンスが膵臓の組織の薄片を顕微鏡で観察し、この器官にさらなる驚きが隠れていることを発見した。予想どおり、彼はヴィルスングが描写した導管を見つけた。導管のまわりには大きく膨張したベリーのような形の細胞があった。それらの細胞はのちに消化酵素をつくることがわかり、「腺房（acinar）」細胞と名づけられた（ラテン語の*acinus*は「ベリー」を意味する）。ランゲルハンスは腺房細胞以外の部分にもレンズの焦点をあて、そして、二つめの細胞構造を見つけた。膵臓の内部に、腺房細胞とは異なる形の細胞が集まって小さな島をつくっていたのだ。染色液で青く染まるこれらの細胞の外見は、消化酵素を産生する腺房細胞とは大きく異なっていた。[†] この細胞の島は互いから遠く離れて点在していることが多く、その様子は膵臓組織の海に浮かぶ群島のようだった。やがて、これらの島はランゲルハンス島と呼ばれるようになった。

膵臓という研究分野はまたも、細胞の島の機能についての疑問や推論でいっぱいになった。膵臓はまるで疑問を分泌しつづける腺のようだった。

一九二〇年七月、フレデリック・バンティングはトロント郊外で外科医として働いていた。[11] こぢん

† 島細胞はインスリン以外にもグルカゴン、ソマトスタチンなどのホルモンを産生している。

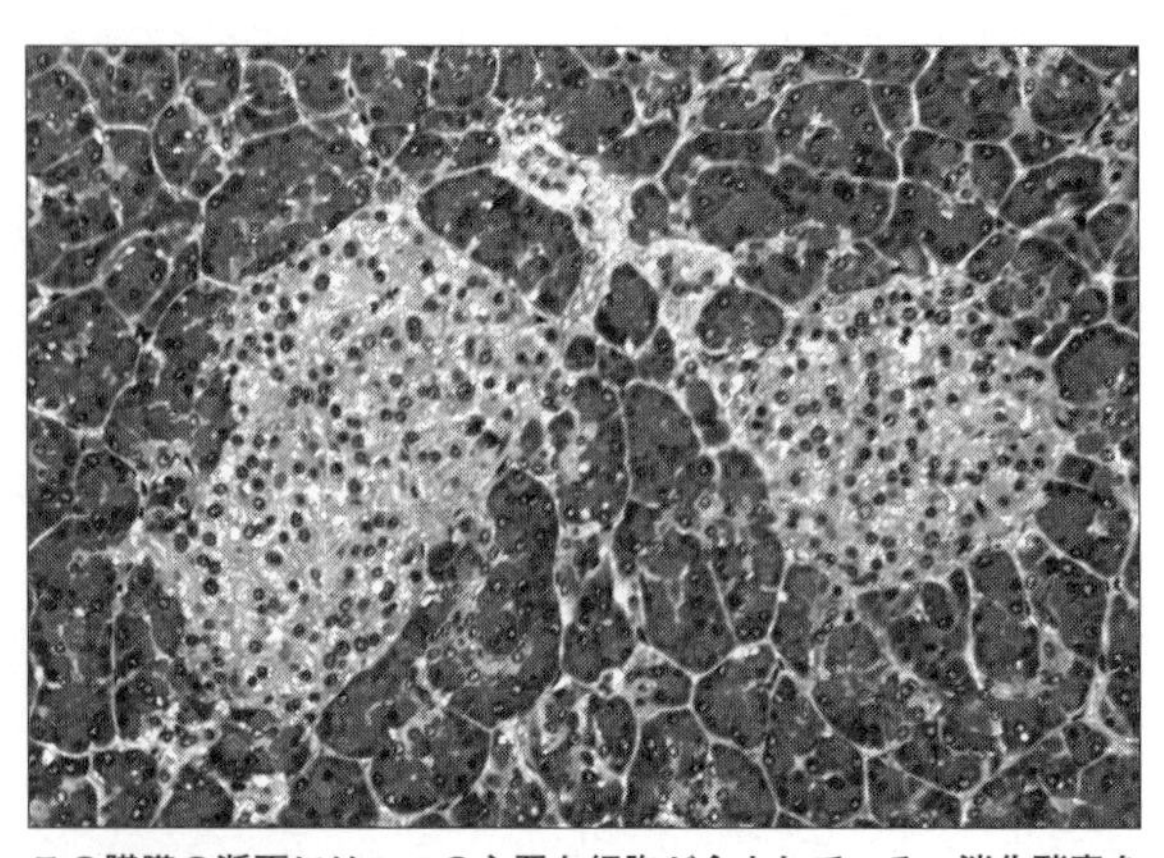

この膵臓の断面には二つの主要な細胞が含まれている。消化酵素をつくる大きな腺房細胞が、インスリンを分泌する島細胞（小さな細胞）の集まりである「島」を取り囲んでいる。

まりとした彼の診療所は繁盛しておらず、患者を待ちながら、彼は診療所でひとりぽつんと座っていた。その年の七月の収入はたったの四ドル。九月は四八ドルだった。その収入では光熱費をまかなうのすらむずかしく、ましてや診療所を維持するのは不可能だった。彼が手に入れたとんでもなく古い傷だらけの中古車は、四〇〇キロメートルほど走ったところで壊れた。借金ばかりがかさんでいったその秋、バンティングはトロント大学で医学デモンストレーター（講師のアシスタント）として働くことにした。

一九二〇年一〇月の夜遅く、《外科・産婦人科》誌を読んでいた彼は、さまざまな膵臓の病気を持つ患者における糖尿病の発症についての論文を目にした[12]。膵臓の病気とはたとえば、導管が結石で詰まるような病気だ。論文の著者は、こうした病気、とりわけ導管の閉塞を引き起こすような病気が腺房細胞（消化酵素を産生する細胞）の変性を引き起こすことを発見していた。しかし奇妙なことに、導管が詰まると、腺房細胞はたいてい、すぐに萎縮して変性するのに対し、島細胞のほうはそれよりもはるかに長いあいだ生き残っていた。ほとんどつけ足しのように、著者はこう記していた。たいていの場合、糖尿病の発症は、ランゲルハンス島の島細胞がついに変性するまではみられない、と。

バンティングは強い興味を覚えた。島細胞の機能は不明のままだったが、もしかしたら、島細胞は糖尿病となんらかの関係があるのかもしれない。身体が糖の存在を感知できなかったり、糖の存在についてのシグナルを十分に発することができなかったりすると、ブドウ糖が血液中に溜まって、尿中に漏れ出す。こうした糖代謝の病気である糖尿病は、謎めいた疾患だった。バンティングは何度も寝返りを打ちながら、眠れない夜を過ごし、島細胞と糖尿病との関係について考えつづけた。もしかしたら二つの葉先を持つ膵臓は実際に、二つの心を持っているのかもしれない。何世代もの生理学者、とりわけベルナールは、外分泌機能だけに注目してきた。導管を通して消化酵素を外部に分泌するという機能だけに。しかし、島細胞が二番目の化学物質、つまりブドウ糖を感知して調節する物質を血液の内部に分泌しているとしたら？　島細胞が機能しないと、身体はブドウ糖を感知できなくなり、血液中のブドウ糖の濃度はどこまでも高くなるのではないだろうか。それこそが、糖尿病の基本的な特徴だった。「私は講義や論文のことを考え、そして自分の惨状について考え、どうやったら借金地獄から抜け出せるか、心配事がなくなるか考えました」とバンティングは書いている。そして、ある実験の漠然とした概要をメモした。

もし「外分泌」と「内分泌」の機能を分けることができたら、つまり腺房細胞から導管へ分泌される液体と、島細胞から血液内へ分泌される液体を分けることができたら、ブドウ糖のコントロールを担う物質を見つけられるかもしれない。その物質こそが、糖尿病という病気を解明する鍵だった。

「糖尿病」と彼はその晩、書いた。

「イヌの膵臓の導管を結紮する。イヌを生かしておき、腺房細胞が変性して、島細胞だけが残るのを待つ。

イヌが血液内に分泌する液体を採取し、この液体によって糖尿（尿に糖が出ている状態で、糖尿病の徴候である）を治せるか試してみる」

私は著名な科学史家のカール・ポパーから、石器時代の男の話を聞いたことがある。遠い未来に発明されるかもしれない車輪というものを想像するように言われた男の話だ。「車輪なるものはどんな形をしていると思う？」と友人に尋ねられると、男は肩をすくめて、言葉を探す。「丸くて、頑丈で、円盤のような形をしている」と男は言う。「スポークとハブがついている。ああそれから、もうひとつの車輪とつなぐための回転軸もついている。もうひとつの車輪も円盤形だ」と言って男は言葉を切り、自分が今成し遂げたことについて考える。どんな車輪が発明されるか予想することによって、彼はすでにそれを発明したのだ。

バンティングはのちに、その一〇月の夜のメモを車輪の発明のようなものだと言った。彼に言わせれば、彼はすでに糖をコントロールするホルモンを発見していたのだ。のちにインスリンと名づけられるホルモンを。

だが、自分の考えの正しさを立証する実験をどこでおこなえばいいのだろう？　不安と好奇心の入り混じった自信を胸に、彼はほどなく、イヌを使った実験をおこなうために、トロント大学で最も年長の教授のひとり、真面目で研究熱心なスコットランド人のジョン・マクラウドのもとを訪れた。

一九二〇年一一月八日のその最初の会合は散々だった[13]。二人はマクラウドのオフィスで会った。机の上は論文だらけで、マクラウドは話しながらずっと、論文をめくって読んでいた。マクラウドは何十年ものあいだ糖代謝について研究しており、その分野の大家だった。思いやりはあるが、妥協を許さない人物だ。マクラウドはバンティングの話に興味を示さなかった。もしかしたら彼は、バンティングが糖尿病と糖代謝について深い知識を持っていることを期待していたのかもしれない。だが実際には、実験の経験もほとんどない、頼りなさそうな若い外科医が、未知の器官を対象にした危なっかしい支離滅裂な実験計画を話していただけだった。それでも、マクラウドは最終的に、自分の研究室のイヌを使ってバンティングが実験することを承諾した。バンティングはマクラウドにしつこく言った。実験はうまくいくに決まっています。結局、マクラウドは自分の研究室の二人の学生のうちのひとりにバンティングの実験を手伝わせることにした。二人の学生はコインを投げて、どちらが先に手伝うか決めた。才能ある若き研究者、チャールズ・ベストに決まった。

バンティングとベストは、一九二一年夏のうだるような暑さのなか、主要な実験を開始した。医療棟の最上階にある、タール塗りの屋根の下の誰も使っていない埃っぽい実験室で、二人はイヌの手術をおこなった。二人は五月一七日に、イヌの膵臓の摘出法をマクラウドから教わっていた。それは論文に書かれているよりもはるかにむずかしい二段階手術だった。実験室にはほぼなんの設備もなく、室内は猛烈に暑かった。バンティングは汗だくになり、白衣の袖を切って短くした。「猛暑のなかで、術創を清潔に保つのは不可能に近かった」と彼はこぼしている。

バンティングが考案した実験は原理こそシンプルだったが、実際におこなうのは途方もなくむずかしかった。一番目のグループのイヌには、膵臓の導管を結紮して閉塞させる手術をほどこした。その結果、腺房細胞は萎縮して壊死し、島細胞だけが残った。[14] バンティングはこの方法を外科の論文で読んで知ったのだった。二番目のグループのイヌには、膵臓の全摘術をおこない（腺房細胞も島細胞もない状態にして）、その結果、島細胞の「物質」が失われた状態にした。一番目のグループのイヌの分泌物を二番目のグループのイヌに投与すれば、島細胞の役割や、島細胞から分泌される物質の機能を解明できるにちがいなかった。

最初の実験は失敗に終わった。ベストは麻酔の過剰投与で最初のイヌを死なせてしまった[15]。二番目のイヌは出血多量で、三番目のイヌは感染症で死んだ。何度か試みたあとでようやく、バンティングとベストは、実験の第一段階をおこなえるまでイヌを生存させることができるようになった。

その夏の終わり、猛暑が続くなか、イヌ410（白いテリア）の膵臓が全摘された[16]。予想通り、イヌは軽い糖尿病を発症し、血糖値が正常の二倍近くに上昇した。最重症の症例からはほど遠かったが、バンティングとベストはこれで十分だと考えた。次の段階が重要だった。島細胞だけが残った膵臓組織をすりつぶし、そこから抽出した液体をテリアに注射するのだ。もし「島細胞の物質」なるものが存在するとしたら、テリアの糖尿病は改善されるはずだった。一時間後、テリアの血糖値が正常化した。二人は、次のイヌにも同じ物質を注射した。今度もまた、血糖値が正常になった。

バンティングとベストは実験を何度も繰り返した。島細胞だけが残っているイヌから膵臓の抽出液を取り出して、糖尿病のイヌに注射し、血糖値を測定する。この実験を繰り返したあと、二人は、島細胞（islet cell）から分泌されるなんらかの物質が血糖値を下げると確信した。そこで二人は、概念上のその物質に名前をつけた。アイレチン（Isletin）と。

アイレチンは扱いのむずかしい物質だった。働きにむらがあり、不安定で、予想を裏切った。その名前のとおり、気むずかしい性質（たち）（insular）だったのだ。しかしマクラウドは、バンティングとベストが重要な物質を発見したと考え、すぐに、別の科学者をこのプロジェクトに参加させた。生化学実験に精通したジェームズ・コリップという名の若いカナダ人生化学者だった。コリップの役目は、バンティングとベストがつくった膵臓の抽出液からアイレチンというとらえどころのない物質を精製することだった。

最初の試みはずいぶんと雑なもので、結局、望ましい結果は得られなかった。コリップは何リットルものどろどろにすりつぶした膵臓の組織を使って、バンティングとベストがイヌで確認したブドウ糖を低下させる働きについて調べた。そしてようやく、最初の抽出液のサンプルをつくることに成功した。得られたのは不純物が混じった、希釈された液体だった。しかし、膵臓から抽出された液体であることはまちがいなかった。

次に、この抽出液のサンプルがヒトの糖尿病を改善するかたしかめる重要な実験をおこなわなければならなかった。それは緊張感のある臨床実験だった。この実験の対象となったのは、重症の糖尿病をわずらう、レオナルド・トンプソンという名の一四歳の少年だった。少年の尿中には糖があふれ出しており、栄養不足で消耗した身体はまさに骨と皮だった。少年は何度も昏睡状態に陥っていた。一九二二年一月、バンティングは抽出液を少年に注射したが、結果は思わしくなかった。ほとんどわからないほどの、ごくわずかな改善は見られたものの、少年はすぐにもとの状態に戻った。

バンティングとベストは敗北感を味わった。ヒトを対象にした最初の実験が失敗に終わったのだ。しかしコリップはひるむことなく、抽出液の純度をさらに上げていった。その「物質」が膵臓のどこかに存在しているのなら、それを精製する道（なんらかの方法）はきっと見つかるはずだった。新しい溶剤を調達し、新しい蒸留法を見つけ、さまざまな温度を試し、物質を可溶性にするためにアルコールの濃度を変えた。そしてようやく、きわめて純度の高い抽出物を生み出すことに成功した。

一九二二年一月二三日、チームはふたたびトンプソンのところへ行った。深刻な状態だった少年は、コリップがつくった高純度の抽出物の注射を受けた。効果はすぐに現れた。血糖値が劇的に下がったのだ。尿からも糖が検出されなくなった。少年の息から、深刻な代謝の危機を示す徴候である甘い果物のようなケトン臭が消えた。半昏睡状態だった少年は目を覚ました。

バンティングは、多くの患者を治療するためには抽出液がもっと必要だと考えた。しかし、あとからチームに加わったコリップは、精製の方法をチームに教えることを拒んだ。結局のところ、謎を解いたのは自分ではないのか？　まるでアハブ王（旧約聖書に登場する強権を誇った強欲な王）のように、四年ものあいだずっとこの物質を追い求めてきたバンティングは、心も身体も限界まで追い詰められていた。バンティングはコリップの研究室へ行き、コートをつかんでコリップを椅子に投げ飛ばした。両手で喉をつかんで、絞め殺すと脅した。もしそのときベストがやってきて、二人の男を引き離さなければ、膵臓をめぐって危うく二つめの命が失われるところだった。

最終的に、コリップとベスト、マクラウド、バンティングのあいだに、不安定な休戦協定が結ばれた。彼らは精製した物質の特許使用権を大学に与え、治療用の精製物質を大量生産する研究室を立ち上げた。その物質の名前はアイレチンからインスリンへと変更された。より大規模な臨床試験でも、最初の実験と同等かつ劇的な効果が示された。インスリンの注射を受けた患者たちの血糖値が急激に下がったのだ。ケトアシドーシスのために半昏睡状態だった子供たちが目を覚ました。消耗し、やせ衰えていた身体も、体重を取り戻していった。ほどなくして、インスリンが糖代謝調節の主役であることが明らかになった。インスリンこそが、ブドウ糖を感知して全身の細胞にシグナルを出すホルモンだったのだ。

バンティングとベストが最初の実験をおこなってからほんの二年後の一九二三年、インスリンの発見により、バンティングとマクラウドはノーベル賞を受賞した。マクラウドが選ばれ、ベストが選ばれなかったことにあまりに動揺したバンティングは、自分の賞を個人的にベストと分けると宣言した。これに対抗して、マクラウドは自分の賞をコリップと分けると言った。このプロジェクト全体をとおして、懐疑的だったり励ましたりと態度を二転三転させたマクラウドが歴史の背後へと押しやられたことは、ひょっとしたらしかたのないことだったのかもしれない。インスリンの発見の立役者は今ではバンティングとベストだと一般的にみなされている。

インスリンは膵臓の島細胞の一種であるβ細胞で合成され、その分泌をうながすのは血中のブドウ糖であることが今ではわかっている。分泌されたインスリンは全身に送られ、実質上、すべての組織がインスリンに反応する。ブドウ糖の存在はエネルギーの存在を意味し、エネルギーを必要とするあらゆる過程（タンパク質や脂質の合成、将来の消費にそなえた化学物質の貯蔵、神経細胞の活動、細胞の増殖）がブドウ糖によって続行可能になる。インスリンはもしかしたら「長距離」メッセージの中で最も重要なものかもしれない。中心的なコーディネーターとして全身の代謝を調節しているからだ。

全世界の患者数が数百万人にのぼる1型糖尿病は、免疫細胞によって膵臓のβ細胞が攻撃されるために引き起こされる。[17] インスリンがなければ、たとえ血中に十分な量のブドウ糖が存在していても、身体はその存在を感知することができない。身体にブドウ糖がまったくないと勘違いした体内の細胞は、別の燃料を求めるようになる。一方のブドウ糖は、行き場をなくして血中にどんどん蓄積されていき、やがて尿中に漏れ出すようになる。ブドウ糖自体は大量にあるのに、ブドウ糖を消費する細胞内にはない。これは人体の代謝にとっての決定的な危機のひとつである。ブドウ糖は豊富にあるにもかかわらず、細胞は飢餓状態に陥っているのだ。

インスリンの発見から現在に至るまでの数十年で、何百万人もの1型糖尿病患者の人生が激変した。私が一九九〇年代に臨床研修を受けていたとき、患者はたいてい、数滴の血液を使って血糖値を測ってから、チャートに基づいた適量のインスリンを自己注射していた。今では、血糖を持続的に測定する持続血糖測定器（CGM）という装着式の測定器や、適切な量のインスリンを自動的に注射する装置──閉じたループシステムのようなもの──が登場している。

だが、糖尿病研究者の夢は、バイオ人工膵臓を持つ人間を生み出すことだ。移植可能な袋の中でβ細胞を培養し、それをヒトに移植することができれば、β細胞は自律的に機能する可能性がある。糖を感知し、インスリンを分泌し、ひょっとしたら分裂してさらに多くのβ細胞を生み出すかもしれない。そのような装置には、酸素と栄養を運ぶ血流と、インスリンを送り出すための出口が必要だ。最も重要なのは、移植したβ細胞を免疫の攻撃から守ることだ。つまり、移植を受けた人自身の免疫系による攻撃──そもそも糖尿病を引き起こした攻撃──からβ細胞を守る必要があるのだ。

二〇一四年、ハーバード大学のダグラス・メルトン率いる研究チームが、ヒトの幹細胞様細胞を取り出して、それらに段階的に手を加え、インスリン産生細胞に分化させる方法を論文で発表した[18]。メルトンはもともと発生と幹細胞が専門の生物学者であり、胚が器官を形成するために使うシグナルや、そうしたシグナルに対する幹細胞の反応について研究していた。

そんな折、メルトンの子供たちが二人とも1型糖尿病を発症した[19]。息子のサムは生後六カ月のときに、震えや嘔吐といった症状に見舞われ、やがて、ぐったりした。急いで病院に連れていくと、サムの尿に大量の糖が出ていることがわかった。数年前に生まれた娘のエマも、のちに同じ病気を発症した。メルトンは記者に、しばらくのあいだ妻が子供たちの膵臓そのものだったと話した[20]。彼女は一日四回、子供たちの指先を針で刺して血糖値を調べてから、適量のインスリンを注射したという。しかしこうした個人的な経験が、メルトンを糖尿病研究者へ転向させた。ヒトβ細胞をつくり、それを移植するという挑戦に彼を駆り立てたのだ。バイオ人工膵臓の作製という挑戦だ。

メルトンの戦略は、ヒトの発生をまねるというものだった。すべてのヒトは、一個の多能性細胞（身体のすべての組織を生み出すことのできる細胞）から始まり、やがて分化によって、ブドウ糖を感知してインスリンを分泌する細胞をそなえた膵臓ができる。そのプロセスが子宮内で起きるなら、しかるべき因子を加え、しかるべき段階を踏めば、培養皿でも起こせるはずだとメルトンは考えた。その後の二〇年間で、メルトンの研究室の多くの科学者がヒトの多能性細胞を操作して、β細胞へ分化させようと努力した。しかし、いつも決まって、β細胞へ成熟する一歩手前でつまずいた。

二〇一四年のある晩、メルトンの研究室で、フェリシア・パリュウカという名の博士研究員が夜遅くまで実験していた[21]。少し前に夫から電話があって、夕食までには帰ってきてほしいと言われたが、今日中に終えなければならない実験があとひとつだけ残っていた。彼女は、島細胞になる経路をたどるよう操作した幹細胞に染色液を加えた。期待どおりに細胞が青色に染まれば、それは細胞がインスリンを産生したことを意味していた。最初、細胞は薄い青色になり、色はしだいに黒っぽくなっていった。彼女はもう一度細胞を見た。それからもう一度。目の錯覚ではないことをたしかめるために。まちがいなかった。細胞はインスリンをつくっていた。

メルトンとパリュウカ、そしてチームのメンバーはその年、実験の成功を報告した。メルトンは次のように書いている。彼らがつくった細胞が「成熟β細胞のマーカーを発現し、ブドウ糖に反応してカルシウムを流入させ（細胞がブドウ糖を感知したことを示す徴候）、インスリンをパッケージして分泌顆粒とした。そして、生体内での一連の糖負荷試験に反応して、成人のβ細胞に匹敵する量のインスリンを分泌した」[22]。生き延びて機能し、増殖して無数の細胞を生み出すヒトβ細胞の作製へと、チームはかぎりなく近づいていた。

幹細胞からつくられたインスリン分泌細胞については現在、臨床試験がおこなわれている。その臨床試験では、何百万個ものβ細胞が患者の身体に直接注入される。それと同時に、拒絶反応を抑えるために免疫抑制剤が投与される。この治療を受けた最初の患者のひとり、1型糖尿病をわずらうオハイオ州出身の五七歳の男性ブライアン・シェルトンが血糖コントロールという目標を達成した。[23] それは、この戦略全体の有効性を評価するうえで重要な第一段階だった。現在、この臨床試験に参加する患者は急速に増えている。

次の段階として想定されるのは、免疫反応を受けない装置にこれらの細胞を入れることだ。そうした装置は体内で安定して存在できると同時に栄養素の出入り口として機能する必要もある。同じくハーバード大学のジェフリー・カープの研究チームが、そうした目的にかなった移植可能な小型装置の開発を進めている。

私たちは将来、注射もバッテリーもアラーム付きのモニターも必要としない新しいタイプの糖尿病患者に出会うかもしれない（患者はそれらのかわりに、パーキンソン病やうつ病の治療用の脳深部刺激療法装置に似たバッテリーやモニターを装着しているかもしれない）。紆余曲折と失敗、誤解、一件の殺人事件、窒息死一歩手前の出来事、四人で分けたノーベル賞、そして、青い染色が細胞に広がっていったあの忘れられない瞬間。それらを経て、人類はついに二つの心を持つ器官の謎を解き明かし、バイオ人工膵臓を持つ人間を生み出そうとしている。この新しい器官が人体に定着すれば、膵臓――代謝調節の主役であり、すべての組織が反応するホルモンを産生する器官――はそのギリシャ語の名のとおりになるだろう。それは私たちの一部になる。新しい形の「肉」になるのだ。

ある晩、あなたが外食をするとする。たとえば、イタリアのベネチアの公立緑地エリア、ジャルディーニの近くにあるきらびやかなレストランで。すぐそばにはサン・マルコ運河が流れている。前菜はバッカラ・マンテカート。この塩漬け鱈（たら）のパテは、ベネチア人がその昔、ポルトガル人から盗んだレシピに手を加えたもので、今ではベネチアの定番料理になっている。次に、トーストされた山盛りのパンと、大きなボウルに入ったリガトーニ（ショートパスタの一種）が運ばれてくる。細い運河を満たせるほどたっぷりのシャブリを注ぎ込む。

帰宅の途につくあなたの体内では、細胞の反応の連鎖（カスケード）が起きている。だが、あなたはそのことに気づかない。ここではひとまず、消化の話は置いておこう。活性化されているのは代謝のカスケードであり、化学的なバランスを回復させるプロセスだ。それは、あなたが家に向かっているときに起きる細胞生物学的な小さな奇跡である。

パンやリガトーニに含まれる炭水化物は消化されて糖となり、最終的にブドウ糖になる。ブドウ糖は、消化管から吸収されて血液中に入り、体内を循環する。血液が膵臓に到達すると、膵臓が血糖値の上昇を感知して、インスリンを分泌する。血液中に分泌されたインスリンは、血液中のブドウ糖を体内のすべての細胞内へ移行させる。細胞に取り込まれたブドウ糖は細胞内で必要に応じて貯蔵されたり、エネルギー産生のために使われたりする。脳はブドウ糖をつねに必要としているため、血糖値が低くなりすぎると、脳はシグナルを出す。別の細胞から分泌される他のホルモンが、貯蔵された糖を血液中に放出させるシグナルとなる。肝臓の細胞は少なくとも一時的にこのシグナルに反応し、貯蔵している糖を放出して平衡状態を取り戻す。

では塩の代謝はどうなっているのだろう？　あなたの身体はたった今、塩化ナトリウムの攻撃を受けたばかりだ。平衡状態が回復されなければ、日を追うごとに、あなたの身体は徐々に海水に近づいていき、あなたがさっきまですぐそばに座っていた運河と同じだけの塩分濃度を持つようになる。だから、まだ気づいていないかもしれないが、あなたは喉が渇いているはずだ。あなたは水を一、二杯、あるいは三杯、飲むかもしれない。そして今、二つめの代謝センサーが始動する。塩がどのように代謝されるかを理解するためには、もうひとつの調節器官、すなわち腎臓の細胞生物学について理解する必要がある。

腎臓の奥深くに、ネフロンという多細胞構造がある。個々のネフロン（一六〇〇年代末に発見された）はミニ腎臓のようなものだ。ネフロンは血液と腎臓の細胞が出会う場所であり、尿の最初の一滴がつくられる部位だ。血流に乗って、血漿（血液の血球以外の液体成分）に溶けた過剰な塩が腎臓に運ばれていく。動脈は腎臓に入ったあと、どんどん枝分かれしていき、血管壁の薄い動脈になっていく。最終的に、細い動脈が絡み合って、毛細血管からなる糸玉状の構造をつくる。この毛細血管には多くの孔（あな）が開いていて、この孔を通って、血漿が毛細血管からネフロンのほうへ、つまりミニ腎臓のほうへ漏れ出す。

毛細血管の孔から漏れ出た血漿はまず、毛細血管の外側を包む膜を通り抜け、その次に、腎臓の上皮細胞がつくる壁の隙間を通り抜ける。毛細血管の孔から漏れ出て、一枚の膜を通過し、腎臓の上皮細胞の隙間を通過するという、移行の各段階そのものが、フィルターの役割を果たしている。大きなタンパク質や細胞は選択的に血液中に残され、塩や糖、代謝廃棄物などの小さな分子だけがこのフィルターを通り抜ける。フィルターで濾過（ろか）された液体――尿――はボウルのような形の構造物に集められてから、上皮細胞からなる尿細管と呼ばれる管へと向かう。尿細管はパイプにつながっており、尿はこのパイプを通って太い集合管へ注ぎ込む。まるで複数の支流が合流して川ができるように。集合管を流れてきた尿は最終的に、尿管を通って膀胱に流れ込む。

ではここで、あなたが食べた塩、つまりナトリウムに話を戻そう。ナトリウムが過剰になると、腎臓と、腎臓のすぐ上に存在する副腎のホルモンシステムが、ナトリウムを減らすシグナルを出す。尿細管の上皮細胞がこのシグナルに反応して、過剰なナトリウムを尿中に排出する。このようにして余分な塩を体外に捨てることで、血中のナトリウム値を正常へ戻す。脳の特殊な細胞も塩を感知する。この細胞は血液中の塩分濃度、つまり浸透圧をモニターしている。浸透圧の上昇を感知すると、この細胞は、腎臓の細胞に多くの水を保持させるシグナル、つまりホルモンを分泌する。その結果、水が体内へ再吸収され、血液のナトリウムが薄まり、ナトリウム濃度が正常となる（体内の水分量は増える）。あなたは翌朝、足がむくんでいるのに気づくかもしれない。でも靴が少々きつくなっても、あの前菜のバッカラは食べる価値があったと言うはずだ。

では、老廃物以外の物質の場合はどうだろう？　尿がつくられるたびに、重要な栄養素やブドウ糖が失われないのはなぜなのだろう？　集合管の上皮細胞が特殊なチャネルを介して、糖や重要な代謝産物を再吸収するからだ。これは、細胞がしばしば用いる不思議な戦略のひとつに似ている。私たちは過剰につくってから、余分な部分を削って（この場合は過剰に捨ててから大事なものを再吸収して）正常を取り戻すのだ。

では、アルコールは？　調節細胞トリオ（脳を含めれば、カルテットということになる）の最後は肝臓の細胞、つまり肝細胞だ。肝細胞は栄養素の貯蔵や老廃物の排出、分泌、タンパク質合成など多種多様な機能を担っている。中でも老廃物の排出は身体にとって不可欠だ。肝臓はこの機能にあまりに深く特化しているため、それ自体が注目に値する。

私たちは、代謝とはエネルギーを産生するメカニズムだと考えている。しかし裏を返せば、代謝は老廃物をつくり出すメカニズムでもある。前述したように腎臓も、老廃物の一部を尿中に捨てる。しかし腎臓は解毒工場ではなく、腎臓の老廃物処理の基本計画はただ単に、下水に流すというものだ。

これに対して肝細胞は、老廃物を解毒して排出するための機能をいくつも進化させてきた[24]。あるシステムでは、肝細胞は、いわば生け贄（にえ）のような分子をつくり、それが潜在的に有害な物質にくっついて、その物質を不活性化する。生け贄分子と有害物質の両方が分解されて、最終的に、毒素が解毒されるのだ。他の老廃物に対しては、肝細胞は特殊な反応を利用して、その化学物質を破壊する。たとえばアルコールは、一連の反応を介して解毒され、最終的に、無害な化学物質になる。肝臓には壊死した細胞や老化した細胞（赤血球など）を食べる特殊な細胞も存在する。壊死した細胞に含まれる再利用可能な物質はリサイクルされ、残りは腸管に排出されたり、腎臓から尿中に排出されたりする。要するに、肝細胞は、調整と恒常性の「オーケストラ」の一部でもあるということだ。ただ、膵臓の島細胞とはちがって、肝細胞は肝臓内で調節をおこなう。膵臓の島細胞は代謝の恒常性を維持し、腎臓は塩の恒常性を維持する。そして肝臓は、化学物質の恒常性を維持しているのだ。

二〇二〇年の初春、新型コロナウイルスがニューヨークに、そして全世界に広がったために、研究室は閉鎖された。そのあいだ、私は病院で少数の患者だけを診ていた。当時はまだ誰もワクチンを接種していなかったために（ワクチンはまだ承認されていなかった）、化学療法中の患者にウイルスを感染させてしまうことが心配だったからだ。そうした患者は化学療法によって免疫力が低下しており、致死的なウイルスと闘うことができなかった。私は最も重症で脆弱な患者たちの診療を続けており、腫瘍内科病棟は、看護師たちの英雄的な貢献によって維持されていた。

病院にも研究室にも行かない週末、私はロング・アイランド湾を見下ろす絶壁に建つ家で過ごした。明け方の光が雲間から差し込み、その幾何学的な網目模様がプリズムを通過した光線のように芝生の上に広がるころ、私はよく、巣づくりのためにやってきた二羽のミサゴを眺めた。二羽は海の上空に高く舞い上がったかと思うと、空中にじっとととどまった。その様子はまるで奇跡のようだった。気まぐれな突風がどの方向から吹いてこようと、そこにじっとしているのだ。サイエンスライターのカール・ジンマーは、コウモリで観察したこれと同じ現象を描写し、空中での奇跡のような停止はホメオスタシスの一形態である、と書いている。[25]

肝臓、膵臓、脳、腎臓はホメオスタシスを維持する四つの主要な器官だ。[†] 膵臓のβ細胞はインスリンというホルモンによって代謝のホメオスタシスをコントロールしている。腎臓のネフロンは塩と水をコントロールして血液の塩分濃度を一定に保っている。肝臓の数多くの機能のひとつは、私たちの身体がエタノールなどの毒に浸かるのを防ぐことだ。脳は体内の物質の濃度を感知してホルモンを分泌し、平衡を回復させる主要な調節器官として働くことによって、これらの活動を統合している。

停止すること。一二まで数えること。「一二まで数えたら、みんなでじっとしていよう」。もしかしたらこれは、最も過小評価されている私たちの性質かもしれない。

もちろん最終的には、私たちはみなこれらの細胞システムのうちのひとつの病理学的な異常という強い突風によって、吹き飛ばされることになる。だが、これら四つのホメオスタシスの守護者たちは、まるで尾羽と風の関係のように、風向きのごくわずかな変化にも順応して、生物個体の位置を一定に保っている。これらのシステムがうまく働けば、安定がもたらされ、生命が維持される。うまく機能しなくなれば、繊細なバランスが崩れる。ミサゴはもはや、空中で停止しつづけることができなくなるのだ。

† 「主要な」という言葉に注目してほしい。実際には、あらゆる器官のすべての細胞がなんらかの形でホメオスタシスを維持している。その中には細胞独自のホメオスタシスもあれば、第一部で触れたような、すべての細胞に共通するものもある。

第六部　再生

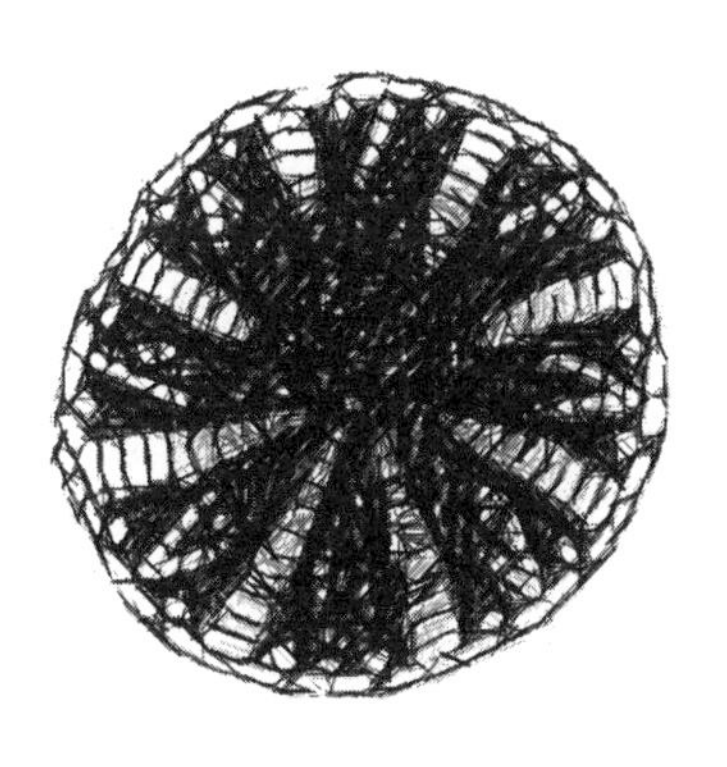

「老化は大量殺戮だ」とフィリップ・ロス（アメリカの小説家）は書いている。[1] しかし実際には、老化とは衰えだ。傷が次々と増えていき、機能の低下が止まらず、やがて機能障害をきたし、回復力が避けがたく失われていく。

ヒトはこの衰えに、二つの重複するプロセスで対抗する。修復と、若返りだ。ここで言う「修復」とは、傷に反応して始まる細胞の反応の連鎖のことだ。たいていは炎症で始まり、その後、細胞が増殖して損傷部位を塞ぐ。一方の「若返り」とは、細胞の絶え間ない補充のことであり、たいていの場合、細胞の自然死や老化に反応して、幹細胞や前駆細胞から補充される。どちらのプロセスも老化によって大幅に衰える。幹細胞の数は減り、その機能も低下する。修復のスピードは遅くなり、若返りの貯水池は枯渇する。

細胞生物学に残された謎のひとつは、成人になっても、修復したり若返ったりすることができる器官があるのに対し、どちらの能力も失われる器官があるのはなぜなのかということだ。造血幹細胞は血液システムを完全に再生できる。しかし神経細胞は、ひとたび死んでしまえば再生されることはない。他の器官は修復と若返りという二つのプロセスを組み合わせている。もしかしたら骨は最も複雑な器官のひとつかもしれず、老化に対抗するためにこれらのプロセスの両方を利用している。骨を修復できる細胞は、加齢とともにその修復能は低下していくものの、細胞自体は成人してもずっと残ったままだ。それに対して、関節の軟骨をつくる細胞は、老化に伴ってその機能が劇的に衰えていく。私の母は足首を骨折したが、骨折はゆっくりではあるが治っていった。しかし、母の膝の関節はずっと腫れたままで、グアバの木を難なくよじ登った子供のころの柔軟性が戻ることはない。

最後に、老化を寄せつけない細胞について考えてみよう。がん細胞、というよりもむしろ、さまざまな種類のがん細胞だ。がん細胞が老化を寄せつけないのは、若返りの貯蔵庫を持つ器官のようにふるまうからなのだろうか？　がん幹細胞を持つからなのだろうか？　それとも、損傷のあとで器官が自らを修復するように、がん細胞が新しいがん細胞を次々と生み出しているからなのだろうか？　がんは修復の病気なのだろうか？　それとも、若返りの病気なのだろうか？　その両方なのだろうか？

がんについては他にも謎が残っている。悪性細胞の中にはなぜ、ある特定の器官では増殖するものの、それ以外の器官では決して増殖しないものがあるのだろうか？　細胞のまわりの環境ががんを支持したり、拒絶したりしているからなのだろうか？　それとも、がんへの栄養素の供給が関係しているのだろうか？

本書ではまだ、がん細胞の生態学について取り上げていない。そこで、細胞についての本書の物語を生態学の概念で締めくくることにする。私たちはこれまで、細胞や、細胞システム、器官、組織について学んできた。しかし、まだ学んでいない層がひとつ残されている。細胞の生態系という層だ。細胞生物学についての未解決の謎のひとつは、細胞の複雑な生理機能を動かしている音楽の正体だ。それはまた、悪性の病理のプレイリストでもある。

複製する細胞──幹細胞と移植の誕生

「毎日、生まれ変わることに励まない人は、せわしなく死んでいく」……人は人生の長い上り坂を上っているあいだじゅうずっと、生まれることに励み、そしていくつかの頂上を過ぎると、今度はせわしなく死んでいく。それが人生の道筋の論理だ。

──レイチェル・クシュナー『ハード・クラウド（*The Hard Crowd*）』[1]

幹細胞はただ単に、別の細胞に変化して（分化と呼ばれるプロセス）、身体が必要とするものをつくり、その仕事を終えると静かに消えるわけではない。幹細胞は他の細胞の単なる前駆細胞ではない。自己を複製し、血液系が再生を必要とするときには、それに応じられるように、未分化の状態で近くにいるのだ。

──ジョー・ソーンバーガー『夢と適正評価（*Dreams and Due Diligence*）』[2]

一九四五年八月六日、午前八時一五分、日本の広島の上空およそ九五〇〇メートルで、「リトルボーイ」というニックネームの原子爆弾がアメリカのB29爆撃機「エノラ・ゲイ」から投下された。[3]投下から約四五秒後、原爆は島病院の上空約五八〇メートルで爆発した。島病院ではそのとき、看護師と医師が働いており、ベッドには患者がいた。原爆から放出されたエネルギーはTNT換算で一五キロトン。爆発は爆心地から半径六・五キロメートルにわたって広がり、すべてを破壊した。道路のコールタールは沸騰し、ガラスは液体となって流れた。まるで炎を出す巨人の手に焼きつくされたかのように、家々は一瞬にして消えた。原爆の熱線によって、住友銀行の入り口前の石段は白く焼かれ、そこに座っていた人物の気化した跡だけが影となって残った。

その後、三つの死の波が訪れた。広島市の人口の三〇パーセント近い七万から八万人が、熱線と放射線を浴びて即死した。「私は、キノコ（雲）を描写しようとした。あの巨大な乱流の塊を」。爆撃機の尾部銃手のひとりはそう書いている。「そこらじゅうから火が吹き出しているのが見えた。敷きつめた石炭から炎が上がるように……溶岩のようにどろりとしたものが市全体を覆っているのが見えた。溶岩は外側へ、平地につながる小さな谷のある山麓のほうへ流れていき、そこらじゅうが炎に包まれはじめた[4]」

そして、二つめの死の波がやってきた。放射線障害（いわゆる「原爆症」）による死だ。精神科医のロバート・ジェイ・リフトンは書いている。「生き残った人たちは、不可解な症状に見舞われた。吐き気、嘔吐、食欲不振、血便を伴う下痢、発熱と倦怠感、全身の皮膚にできる内出血によるあざ。口の中や喉、歯ぐきの炎症や口内炎[5]」

しかし、三つめの波がまだ残されていた。低線量の放射線を浴びた生存者が、骨髄不全を発症し、慢性的な貧血をわずらうようになった。白血球数は急増したあと、数カ月かけて減少し、ゼロに近くなった。科学者のアーヴィング・ワイスマンやジュディス・シズルは次のように述べている[6]。「低線量の放射線を浴びて死亡した人々の死因は、ほぼまちがいなく、造血（血液の産生）障害である」。生存者の命を奪ったのは、血液細胞の急性の死ではなかった。血液を絶え間なく補充する能力が失われたためだった。血液のホメオスタシスが崩壊し、再生と死のバランスが崩れたためだ。ボブ・ディランの言葉を言い換えるなら、毎日、生まれ変わることに励まない細胞はせわしなく死んでいくのだ。

広島への原爆投下という恐ろしい出来事は、人体には血球を絶えずつくりつづける細胞があることの証明になった。その細胞はある一定の時期だけでなく、成人になってもずっと血球をつくりつづけている。広島で起きたように、その細胞に死がもたらされたら、血液システム全体がうまく機能しなくなり、自然な老化のスピードと若返りのスピードとのバランスを保てなくなる。のちに、血液を若返らせることのできるこれらの細胞は「造血幹細胞および前駆細胞」と呼ばれるようになった。

幹細胞についての私たちの知識はパラドックスから生まれた。計り知れないほど暴力的な戦争を終結させて平和を取り戻すという名目の、計り知れないほど暴力的な攻撃から。しかし、幹細胞自体もまた、生物学的なパラドックスだ。幹細胞の二つの基本的な機能は、文字どおり、互いに相反するからだ。幹細胞は機能的に「分化した」細胞をつくらなければならない。たとえば造血幹細胞は分裂して、白血球や赤血球、血小板といった、血液の成分にならなければならない。しかしその一方で、自分自身を、すなわち幹細胞を補充するために分裂しなければならない。幹細胞がひとつめの機能しか持たなければ、つまり、成熟した、機能する細胞に分化するだけなら、幹細胞の蓄えはやがて尽きてしまうだろう。血球数は年々減っていき、やがてゼロになってしまう。反対に、幹細胞が自らを補充することしかできなければ、要するに「自己複製」しかできなければ、血液は生み出されない。

生物にとって幹細胞が不可欠なのは、幹細胞が自己保存と無私――自己複製と分化――とのあいだでアクロバティックなバランスを保ち、それによって、血液などの組織のホメオスタシスを維持しているからだ。エッセイストのシンシア・オジックは書いている。古代人は、カタツムリが移動したあとに残る粘液を、カタツムリ自身の一部だと信じていた、と。[7] 粘液が地面にこすれて少しずつ落ちていくにつれて、カタツムリは小さくなっていき、やがて、完全に消えてしまうと信じられていた。幹細胞（カタツムリの場合は、粘液産生細胞）は、カタツムリが地面に身体をこすりつけながら忘却の彼方に消えていくことがないように、湿った粘液の跡――新しい細胞――を絶え間なくつくるメカニズムだ。

このたとえは奇妙かもしれないが、私には、幹細胞とは祖父のそのまた祖父の祖父（あるいは祖母）のように思える。幹細胞の子孫がさらに多くの子孫を生み出し、最終的に、一個の細胞を祖先とする大家系がつくられるのだ。

しかし真の幹細胞であるためには、その細胞は、祖先の細胞の中で最も風変わりな細胞でなければならない。家系を補充することができる自分の複製をひとつ生み出さなければならないのだ。この祖先は、子供（この子供がやがて大きな家系をつくる）を誕生させるかたわら、自分自身の複製、いわば、永久に生きつづける双子のきょうだいのようなものも誕生させなければならない。そしてこの自己複製するきょうだいが生まれたら、無限に続く再生プロセスが動き出す。この設定はどこか神話的だ。たしかに神話でも、強大な力を持つ王や神はしばしば、恐ろしい事態に見舞われた際に自分自身や一族を再生させる手段として、自己のバックアップ（人形、ブードゥー教の偶像、動物に秘かに蓄えられた魂、魔よけに封じ込められた双子の人格）をつくろうと試みる。真の幹細胞と同様、神話に出てくるこの影武者もたいていは眠っており、つまり休止状態にあり、損傷が加えられてようやく目を覚ます。目を覚ましたあと、それらは一族全体をふたたびつくりはじめる。その結果もたらされるのは誕生ではなく、再生だ。

大人のすべての器官が幹細胞を持っているのだろうか？　幹細胞はすべての組織に存在するのだろうか？　それとも、一部の組織だけに存在するのだろうか？　科学の場合もファッションと同じく流行は一時的で、すぐにすたれてしまう。一八六八年、ドイツの胎生学者エルンスト・ヘッケルが、すべての多細胞生物は最初の一個の細胞から生じたと提唱した。[8]この考え方が正しいなら、最初の細胞は血液や筋肉、腸管、神経細胞など、あらゆる種類の細胞に分化する性質を持っているはずだ。この最初の細胞を言い表すのに、幹細胞（*Stammzellen*）という言葉を初めて使ったのもヘッケルだった。しかしヘッケルのいう「幹細胞」の意味はあいまいなままだった。最初の細胞は生物の個体全体を生み出すが、果たしてそれは、自己の複製をつくるのだろうか？

一八九〇年代、生物学者たちはしばらくのあいだ、このような全能性の細胞――身体のあらゆる組織を生み出すことのできる細胞――が成人の身体のどこかに隠れている可能性について議論を戦わせた（女性はある意味、そのような細胞の前駆細胞、つまり卵子を持っている。受精すると、卵子は新しい個体のすべての組織を生み出すことができる。ただ残念ながら、母親自身を再生することはできない）。一八九二年、動物学者のヴァレンティン・ヘッカーはキクロプス（和名ケンミジンコ）（主に淡水に棲息する多細胞の甲殻類。ギリシャ神話に登場する単眼の巨人に似ていることからそう名づけられた）について研究している最中に、この甲殻類のある細胞が二つに分裂することを発見した。[9]二つの娘細胞のうちのひとつは数層の組織を生み出し、それはやがて個体の一部となった。もうひとつの娘細胞は胚細胞――個体のすべての組織をつくることのできる細胞――になった。ヘッカーもまた、ヘッケルの用語を拝借して、この細胞を *Stammzellen* と名づけたが、ヘッケルとはちがって、ヘッカーはこの言葉の意味をより明確にした。この最初の細胞は分裂して二つの娘細胞を生み出し、そのうちのひとつはキクロプスの身体を形成し、もうひとつは新しいキクロプスの個体を最初からつくることができる、と彼は考えたのだ。

　では、哺乳類の場合はどうだろう？　哺乳類の個体の器官や組織の中で、このような細胞が存在している可能性が最も高そうな場所は血液だ。赤血球と、ある種の白血球（たとえば、好中球）は死んでは補充されるという過程を絶え間なく繰り返している。もし幹細胞が存在するのなら、その場所は血液以外にありえないではないか。一八九〇年代末に骨髄の研究をしていた細胞学者のアルトゥール・パッペンハイムは、骨髄内に細胞が島状に集まっている部位を見つけ、さまざまな種類の血液細胞がそこで再生されていることを発見した。[10]まるで一個の中心的な細胞がいくつもの異なるタイプの細胞を生み出しているかのようだった。一八九六年、生物学者のエドマンド・ウィルソンが、分化と自己複製が可能な細胞を「幹細胞」と呼んだ。[11]ヘッカーがキクロプスで観察した、まさにその能力を持つ細胞だ。

　一九〇〇年代初め、「幹細胞」という概念は生物学において人気を博し、より階層的に定義されていった。[12]「全能性幹細胞」は生物のすべての組織のあらゆる細胞を生み出すことができる（胎盤や臍帯など、胚を養ったり守ったりする構造を含む）。その下の階層は「多能性幹細胞」で、生物のほぼすべての細胞を生み出すことができる（脳や骨、腸管を含む胎児のすべての細胞を生み出すことができるが、胎児と母体をつなぐ胎盤や支持組織は生み出せない）。さらにその下の階層は「組織幹細胞」で、血液や骨など、ある特定の組織のすべての細胞を生み出すことができる。

　一八九〇年代から一九五〇年代初めにかけて、生物学者の中には、白血球や赤血球、血小板といった血液の要素はすべて、骨髄に存在する同じ「組織幹細胞」から生じると主張する者がいた。また中には、それぞれのタイプの細胞が独自の幹細胞から生まれると主張する者もいた。しかし、どちらの説も立証されず、謎めいた造血幹細胞に対する生物学者たちの興味は失われていった。一九五〇年代までには、生物学の文献で幹細胞という言葉が使われることはほぼなくなった。

一九五〇年代半ば、カナダ人研究者のアーネスト・マッカロとジェームズ・ティルは、放射線に曝露されたあとに血液細胞がいかにして再生するかを解明するための共同研究を開始した[13]。生い立ちがまったく異なるティルとマッカロの二人は意外な組み合わせだった。背が低く、がっしりとした体格のマッカロは、ある伝記作家が言うには「トロントの資産家一族」の御曹司だった[14]。精力的で、その知的興味の対象は広範囲にわたっていた。「(彼は) 思考をすぐに脱線させ、よく点と点を結んで全体像を見いだす遊びをした」。マッカロはトロント総合病院で内科の研修を受け、一九五七年、オンタリオがん研究所の血液内科部長に採用された。しかし、ほどなくして臨床の単調さに飽きて血液内科を辞め、フルタイムの研究者になった。

長身で細身のティルはサスカチュワン州の農家の出身で、イェール大学で生物物理学の博士号を取得した。矢のような精神と、数学的な思考の持ち主であるティルは厳密さをどこまでも追い求めた。マッカロの強烈な独創性に、ティルは方法をもたらした。二人の興味と専門知識はまた、互いを補い合うものだった。ティルは放射線物理学を専門的に学んでおり、放射線の調整のしかたや、放射線の身体への影響を測定する方法を知っていた (コバルト放射線療法の先駆者で、厳格なことで有名なハロルド・ジョンズの学生だった)。一方のマッカロは、血液とその発生について研究する血液学者だった。

一九五七年に二人が共同研究を開始したころのトロントは活気のない地方都市で、科学のニュースは少しずつ入ってくるだけだった。原爆投下後は、放射線の致死的な影響から身体や器官を守る方法についての研究が世界中で始動していた。ティルとマッカロは、血液に対する放射線の影響にとりわけ強い興味を抱いていた。しかし、放射線の影響をどのように数値化すればいいのだろう？　マウスに大量の放射線を照射すると、およそ二週間半後に造血が止まり、死ぬことがわかった。広島での第三の死の波で命を失った人々のように。マウスを救う唯一の手だては、別のマウスの骨髄の移植だけだった。別のマウスの骨髄（血液がつくられる器官）の細胞を移植すれば、放射線を照射されたマウスを救えるかもしれない。ティルとマッカロはそう考えた。マウスは血液をふたたびつくりはじめるかもしれない。幹細胞生物学の新たなフロンティアを切り拓くことになるのは、瀕死のマウスを救うためのこの荒削りな試みだった。

一九六〇年一二月。クリスマスの数日前の寒い日曜の午後、ティルはトロントの自宅を出て、実験結果を確認するために研究室に向かった。彼がおこなったのは単純な実験だった。マウスに高線量の放射線を照射して、本来の造血を止めたあと、別のマウスの骨髄を移植するというものだ。死から救うために移植する骨髄細胞の数（滴下量）はマウスごとに変えていた。

ティルはマウスを解剖し、各器官を順番に調べていった。骨髄、肝臓、血液、脾臓。表面上は、大した変化はなかった。しかしティルが脾臓を注意深く観察すると、小さな白い結節（コロニー）が見えた。数学的な思考力を持つティルは、各マウスのコロニーの総数を数え、その数をグラフにプロットした。コロニーの数は、移植された骨髄細胞の数にほぼ比例していた。細胞を多く移植すればするほど、数多くのコロニーが形成されたのだ。これは何を意味しているのだろう？　最もシンプルな答えは次のようなものだった。コロニーの数は、移植後に偶然、脾臓にたどりついた細胞の数ではなく、ある特別な細胞の定量的な値である。その細胞は脾臓でコロニーをつくる——再生の徴候となる——

性質を持っており、加えて、骨髄内に一定の割合で存在するにちがいなかった（だからこそ、移植される骨髄細胞の数が増えるほど、より多くのコロニーが形成されたのだ）。

ティルとマッカロはほどなく、それぞれのコロニーは、血液細胞が再生している部位であることを発見した。だが、それは単なる再生結節ではなかった。これらのコロニーは、血液のすべての活動的な要素――赤血球や白血球や血小板――をつくっていた。さらにわかったのは、コロニーをつくる細胞はきわめてまれであり、その割合は骨髄細胞一万個あたり一個しかないということだった。

ティルとマッカロは放射線生物学の学術誌に研究結果を発表した[15]。論文にはずいぶん地味なタイトルがつけられていた（「正常マウス骨髄細胞の放射線感受性の直接測定」。注目すべきは、「幹細胞」という言葉がまったく使われていなかったことだ）。ティルは書いている。「思い出してほしいのは、あの時点では、かなり少数の研究者しかこの種の研究に興味を持っていなかったということだ。その後の一〇年から二〇年のあいだのこの分野の進展によって、人々は大いに興奮することになるのだが、本論文が発表されたのはそれよりはるかに前のことだった[16]」。だがティルとマッカロは本能的に、自分たちの結果が途方もなく重要な原則を明らかにしたことを知っていた。移植された骨髄細胞のごく一部が、まるで粗末なボートで海を渡った怖いもの知らずの創始者のように、脾臓へ移動して、血液全体、つまり血液の主要な細胞成分すべてを再生するための孤立したコロニーをつくったのだ。サイエンスライターのジョー・ソーンバーガーは次のように書いている。「その論文は、造血の仕組みについて、まったく新しい視点をもたらすものだった。そして言うまでもなく、それ以外の生物学的な再考をも暗に求めていた。もしこれが血液にあてはまるのなら、心筋や脳組織はどのようにつくられるのだろう？　しかし、この論文がすぐに科学の世界を驚かせることはなく、生物学界がこの論文に注目することもなかった[17]」

一九六〇年代初め、ティルとマッカロはルイ・シミノヴィッチとアンドリュー・ベッカーと共同で、コロニーを形成する血液細胞についての研究を深めていった。彼らはまず、いくつかのコロニーが三種類の細胞（赤血球、白血球、血小板）すべてをつくること（「組織幹細胞」の定義）を実証した。一年後、彼らはさらに、各コロニーが一個の「創始」細胞から生じることを証明した。そして最後に、脾臓から細胞のコロニーを分離して、放射線照射後のマウスに移植したところ、それらの細胞が移植先の脾臓でも組織幹細胞のコロニーをつくることを示した。これらの細胞が自己複製能を持つことを示す結果だった。

彼らは実質上、ひとつの系統だけでなく、複数の系統の血液細胞（赤血球、白血球、血小板）をつくることのできる細胞を発見したのだ。血液形成細胞、つまり造血幹細胞だ。現在はスタンフォード大学の幹細胞プログラムのディレクターをつとめるアーヴィング・ワイスマンが放射線感受性についてのティルとマッカロの最初の論文を読んだとき、彼はまだ学生だった。「真の発見によって」とワイスマンはのちに語っている。「〝骨髄はブラックボックスであり、完全に謎めいている〟という認識が一八〇度転換し、〝骨髄はさまざまなタイプの細胞をつくることのできる個別の細胞が存在する場所だ〟という認識に変わった[18]」

ワイスマンは、その実験が細胞生物学界に与えた影響について次のように述懐している。「（ティルとマッカロは）きわめて重要な生命の源である血液についての人々の考え方をリセットした。彼らの実験以前は、血液細胞はそれぞれ異なる親細胞に由来すると考えられていた。しかし、事実はそれとはまったくちがうことを二人は証明したのだ。赤血球の〝母〟と白血球の〝母〟と血小板の〝母〟は同じ幹細胞だ。そして幹細胞は細胞――赤血球、白血球、血小板――を生み出しつづけ、やがて、まったく新しい血液系が構築される。移植を目指す研究者がこの細胞を見つけることができれば、彼らは完全な血液系を再生できるのだ」[19]。そして、その幹細胞由来の新しい血液を持つ人間を生み出すことができる。

ワイスマンはその細胞を探しはじめた。こうした幹細胞や前駆細胞はどこに存在しているのだろう？　それらの細胞のふるまいや代謝、大きさ、形、色はどのようなものなのだろう？　ティルとマッカロの実験に刺激を受けたワイスマンは、フローサイトメトリーという技術を使いはじめた[20]。それは、スタンフォード大学のレオノアとレオナルドのハーゼンバーグ夫妻のチームが開発した、細胞を分離する技術で、簡単に言えば細胞をクレヨンで色分けするようなものだ。各細胞の表面タンパク質（マーカー）の組み合わせにしたがって、異なる組み合わせの色を塗る（ある細胞は青と緑、別の細胞は緑と赤といった具合に）。「クレヨン」とはつまり、蛍光発光する化学物質を付加した抗体のことで、この抗体が細胞表面のタンパク質に結合する。そして蛍光色素を認識する機械を使い、色の組み合わせによって細胞を分離する。

ワイスマンは何十ものマーカーの組み合わせを調べ、そしてついに、マウスの骨髄から採取された造血幹細胞を分離できる組み合わせを見つけた[21]。ティルとマッカロが予測したとおり、幹細胞はまれにしか見つからず、一万個の細胞のうち一個以下しか存在しないこともあったが、細胞自体はきわめて多能だった。ワイスマンの技術が洗練されていき、さらに多くのマーカーが加わると、研究者たちは最終的に、単一の造血幹細胞を分離し、その細胞からマウスの血液系全体を再生できるようになった。さらに、そのマウスの血液からふたたび単一の幹細胞を分離して、二番目のマウスの血液を再生することもできた。一九九〇年代初め、ワイスマンをはじめとする研究者たちは、これと同じ技術を使って、ヒトの造血幹細胞の分離に成功した。

マウスとヒトの造血幹細胞は似ている。どちらも小さくて丸く、細胞内に小型の核を持つ。休止期には、幹細胞はほぼずっと冬眠したままだ。つまり、めったに分裂しない。しかし、しかるべき化学因子が存在する環境に置かれたり、骨髄にしかるべき内部シグナルが加えられたりすると、幹細胞は猛烈な細胞分裂プログラムを開始する（一九六〇年代、オーストラリア人研究者のドナルド・メトカーフをはじめとする研究者たちが、幹細胞から特定の細胞への分化をうながす化学「因子」を発見した[22]）。一個の幹細胞が何十億個もの赤血球や白血球——そして、動物のひとつの器官系全体——を生み出せるのだ。

一九六〇年の春、ナンシー・ラウリーという名の少女が病に倒れた[23]。黒髪で黒い目のナンシーは、前髪を眉毛の高さで切りそろえた、まだ六歳の少女だった。ナンシーの血球数は減少しており、小児科医は、彼女が貧血状態にあると知った。骨髄生検によって、骨髄の機能不全のひとつ、再生不良性貧血であることが判明した。しかし、ナンシーの一卵性双生児の妹、バーバラ・ラウリーのほうは健康そのものであり、血球数も正常で、骨髄不全を示す所見もまったくなかった。

骨髄は血球をつくり、そこにはつねに十分な数の造血幹細胞が存在していなければならない。しかし、ナンシーの骨髄では血球がつくられなくなっていた。この病気の原因は不明のことが多いが（感染や免疫反応、なんらかの薬への反応などが考えられる）、骨髄には典型的な像が見られる。幼若な血球が数多く存在しているはずの部位の細胞密度がしだいに低下していき、その部位が白い脂肪組織に取って代わられるのだ。

ラウリー一家は、雨の多いワシントン州タコマで暮らしていた。ナンシーが治療を受けていたシアトルのワシントン大学病院の医師たちは、どう手を打てばいいかわからず途方に暮れていた。ナンシーに赤血球を輸血しても、血球数は決まってまた減少した。主治医のひとりが、エドワード・ドナル・〝ドン〟・トーマスという名の研究医がヒトからヒトへの骨髄移植を試みたことを知っていた。[24] トーマスはニューヨーク州のクーパーズタウンで働いていた。主治医たちは彼の力を借りたいと考え、トーマスに連絡した。

一九五〇年代に、トーマスは白血病の患者に健康な一卵性双生児のきょうだいの骨髄を移植するという新しい治療法を試みていた。移植された造血幹細胞は、患者の骨髄に一時的に「生着」したものの、白血病はすぐに再発した。トーマスはイヌを使って造血幹細胞移植のプロトコールを改善していき、やがて、かろうじて成功と呼べる結果を得た。シアトルの医師たちは、それと同じプロトコールをナンシーに試してほしいとトーマスを説得した。ナンシーの骨髄は機能不全に陥ってはいるが、悪性細胞に占領されているわけではない。ナンシーには偶然にも一卵性双生児の妹がおり、二人は完全な「組織適合性」を持つ。つまり、拒絶反応を引き起こすことなく、骨髄を移植できるということだ。一卵性双生児間の移植によって、幹細胞は骨髄に「根づく」だろうか？

トーマスはシアトルに飛んだ。一九六〇年八月一二日、鎮静剤を投与されたバーバラの腰と脚に太い針が五〇回挿入されて、深紅色のどろりとした骨髄が採取された。次に、生理食塩水で薄められた骨髄が、ナンシーに点滴された。医師たちは待った。細胞はナンシーの骨髄にたどり着き、そして徐々に、正常な血液をつくりはじめた。ナンシーが退院するころには、彼女の骨髄はほぼ完全に再構築されていた。ナンシーの血液はある意味、バーバラの血液に置き換わったのだ。

ナンシー・ラウリーは骨髄移植の最初の成功例のひとりだ。ナンシーという症例はまぎれもなく、細胞治療の誕生を象徴していた。薬剤や錠剤ではなく、彼女の双子の細胞がナンシーにとっての「薬」になったのだ。トロントでは、ティルとマッカロがマウスでの発見をとおして造血幹細胞の特性を明らかにした。スタンフォード大学では、ワイスマンがついに、ヒトの骨髄から幹細胞を分離する方法を見いだした。そしてシアトルで、ドナル・トーマスがそれらの造血幹細胞を治療に用いることに成功した。トーマスは骨髄細胞をヒトで「息づかせた」のだ。

一九六三年、トーマスはシアトルに引っ越し、まずはシアトル・パブリック・ヘルス・サービス病院で、そして一二年後には、新たに設立されたフレッド・ハッチンソンがん研究センター（医師たちには「ハッチ」と呼ばれている）で研究室を立ち上げた。彼は別の疾患、とりわけ白血病の治療として骨髄移植をおこなうことを固く決意していた。ナンシーとバーバラは一卵性双生児であり、ナンシーがわずらっていたのは、双子の細胞を移植することで完治させることが可能な、悪性ではない血液疾患だった。しかし、そんなケースはめったになかった。トーマスは考えた。悪性の血液細胞の病気、たとえば白血病も骨髄移植で治せるだろうか？　ドナーが双子のきょうだいでなくても？　移植が有望な治療になるまでの道のりには、免疫系による他人の骨髄の排除という問題が横たわっていた。完全に適合する組織を持つ一卵性双生児だけが、この問題をかわすことができるのだ。

トーマスはこの問題を迂回する方法を思いついた。まず最初に、大量の化学療法と高線量の放射線によって悪性の血液細胞を根絶する。[25] 骨髄は破壊され、がん細胞だけでなく、正常細胞も一掃される。これは命が脅かされる状態だが、一卵性双生児のきょうだいの骨髄幹細胞を移植すれば、新しい細胞が骨髄に生着して、正常細胞を新たにつくりはじめる。

次の問題は、「同種異系（allogenic）」（*allo* は「他」を意味するギリシャ語）移植にまつわるものだった。つまり、一卵性双生児ではないドナーからの移植だ。一九五八年、骨髄移植のパイオニアであるフランス人研究者ジョルジュ・マテは、事故によって大量の放射線を浴びたことで急性の骨髄不全をきたしたユーゴスラビア人研究者たちに、ドナーの骨髄を移植する治療をおこなった。[26] ドナーの細胞は一時的に生着したものの、結局、消えてしまった。しかし、移植の直後、マテは予測とまったく異なる現象を目にした。患者たちに急性の消耗性疾患の症状が現れたのだ。

マテは考えた。この消耗性疾患は、ドナーの骨髄が患者の身体を攻撃する免疫反応によって引き起こされたのではないか。要するに、客が主人を攻撃したのだ。この反応は、生物が自らの主権を維持する（侵入してくる細胞を拒絶する）ための、太古からのシステムによるものだ。ただ、骨髄移植では、この主権が逆転していた。他人の船に押し入った乱暴な海賊のように、ドナーの免疫細胞が移植先の身体を異物と認識して攻撃したにちがいなかった。他者（つまり、もともとは移植片だったほう）が自己になり、自己が他者になってしまったのだ。

臓器移植の他のパイオニアたちがすでに、ドナーと宿主の適合性が高ければ、こうした反応が抑えられることを発見していた（組織適合性遺伝子の発見についての前述の議論を思い出そう。この遺伝子が、宿主がドナーの移植片を受け入れるかどうかを左右する）。同種異系の骨髄細胞が生着する可能性を高めるために、適合性（寛容性）を予測する検査もすでに生み出されていた。さらに、同種異系の（一卵性双生児ではないドナーからの）移植片が受け入れられるように、宿主の拒絶反応を抑える免疫抑制剤や、反対に、客による宿主への攻撃を抑える免疫抑制剤も開発されていた。

その後の数年間で、ドン・トーマスは骨髄移植のフロンティアを開拓している医師たちを集結させた[27]。ドイツ生まれで、ボート競技の愛好家である長身のライナー・ストーブは組織の適合試験と移植治療に取り組んでおり、彼の妻のビバリー・トロク＝ストーブは洞察力のある臨床医だった。シベリア生まれでサッカー好きの小柄なアレックス・フィーファー医師は、免疫細胞が腫瘍を攻撃することを（それゆえに、ドナーの免疫細胞が白血病を殺すことを）、マウスを使った実験で示していた。そしてドンの妻ドッティー・トーマスが、研究室とクリニックの日々の業務を取り仕切った。彼女はみんなに「骨髄移植の母」と呼ばれた。

この研究によってノーベル賞を受賞したトーマスは、自らの研究結果を「初期の臨床的な成功」と呼んだ。しかし、患者本人は言うまでもなく、患者たちのケアにあたったシアトルの看護師や技師にとって、その経験はつらいものだった。「当時、骨髄移植を受けた一〇〇人の患者のうち、八三人が最初の数カ月で亡くなりました」とある医師が私に言った。

とてつもない苦痛を次々ともたらす病気の最後の嵐は、ドナーの骨髄由来の白血球が、患者の身体を攻撃するときに発生した。それはマテが初期の移植で発見した現象であり、移植片対宿主病と呼ばれた。[28] いっとき吹き荒れたあとで嵐が過ぎ去ることもあれば、慢性的な状態になることもあった。急性だろうと慢性だろうと、この病気は命取りになった。

しかし、白血病に対する最初の骨髄移植をおこなった医師チームのメンバーのひとり、フレデリック・アッペルバウムをはじめとする研究者たちがデータを分析した結果、自己に対する免疫の攻撃——移植片による宿主への攻撃——はまた、白血病に対する攻撃でもあったことがわかった。[29] この嵐を生き延びた患者は、白血病を克服する可能性が最も高かったのだ。「再起動した」免疫系——移植された同種異系ドナーの免疫系——は他者の身体に生着したあとで、がんを排除し、その結果、致死的な血液がんが完治した。

これは、すばらしいと同時に、厳粛な気持ちにさせられる結果だった。毒が治療になったのだ。アッペルバウムに、これらの初期の移植について尋ねたとき、私は、彼の目が悲しみの色を帯びたことに気づいた。[30] 彼はまるで、患者ひとりひとりを思い出しているかのようだった。おだやかな貴族のような雰囲気のある彼は、長年の失敗から得た謙虚さを身につけていた。彼は患者がすべて亡くなっていた日々を思い出し、その後、ひとり、またひとりと、この致死的な病に対する細胞治療を生き延び、長期生存する患者が現れはじめたころに思いを馳せた。チームは成功した。だが、その代償はあまりに大きかった。

私はシカゴの学会でドンとドッティーのトーマス夫妻に会った。年齢を重ねた彼らは今では瘦せて弱々しく、二人が寄り添う様子はまるで二枚のトランプが互いを支え合っているかのようだった。ひとりがいなくなったら、もうひとりも倒れてしまいそうだった。細胞治療の父と母に敬意を払うために、私は大勢の崇拝者たちに交じって、二人のもとへ行った。

ドンがステージに上がって講演をした。若いころは長身で有名だった彼は今では腰が曲がり、途中で何度も口ごもりながら話した。会議場は隅々まで埋めつくされており（五〇〇〇人近い血液専門医が彼の講演を聴くために集まっていた）、会場内は畏敬の念で満ちていた。ドンは骨髄移植の初期の日々について述懐し、最初の同種異系骨髄移植を生み出した英雄的な努力――そして、それに引けを取らない、最初の患者たちの英雄的な勇気――について語った。

二〇一九年、骨髄移植が開始されてまもないころに骨髄移植病棟で働いた看護師たちから当時の話を聞くために、私はシアトルに飛んだ。大半がすでに引退していたが、何人かはまだ病院となんらかの関係を持っていた。私は真新しい研究室の数階上にある会議室の中で座っていた。階下の研究室では、遺伝子治療の臨床試験のための準備が患者の細胞にほどこされていた。エミリー・ホワイトヘッドに治癒をもたらしたＣＡＲ‐Ｔ療法に似た治療の臨床試験だ。

看護師たちは部屋にやってくると、互いに抱き合ってキスをした。彼女たちはお互いのニックネームも、初期のころに治療を受けた患者の名前も全部覚えていた。中には泣き出す者もいて、この集ま

りはまるで即席の同窓会のようだった。[†]

「最初の患者さんたちについて教えてください」と私は言った。

「一番目の患者さんは、慢性白血病をわずらっていました」と看護師のA・Lは言った。「ボウルビィという名前の高齢男性でした」と言ってから、訂正した。「ちがう、彼はまだ五十代でした。でも、亡くなりました……感染症で。二番目の患者さんは白血病の青年で、次は、幼い女の子でした。どちらも亡くなりました」

彼女たちはドンとドッティー、ストーブ、アッペルバウム、フィーファーのことを覚えていた。初期の細胞治療の熱烈な支持者でありパイオニアだった人たちだ。「毎朝、彼らのうちのだれかが回診して、患者さんの手を握って、夜はよく眠れましたか、とひとりひとりに尋ねました」とある看護師が言った。

「一九七〇年、私は白血病の男の子を受け持ちました」と別の看護師が言った。「男の子は一〇歳でした。彼は大学にも行きましたが、肺の感染症に苦しみ、結局、治療から一〇年ほどあとに、亡くなりました」

私は、病院の外見はどうだったのか、そこで働くのはどんな感じだったのか尋ねた。

「ベッドは二〇床くらいありました」とJ・Mという看護師が言った。「ナースステーションは製氷機用の部屋にありました。とても狭くて、ぎゅうぎゅう詰めだったのを覚えています。看護師同士はみんな、互いに励まし合っていました」

† 彼女たちの名前はあえて公表していない。骨髄移植への彼女たちの多大な貢献を軽視しているからではなく、個人情報を保護し、プライバシーを尊重するために。

「毎晩、同じお話を聴きたがる男の子がいました。洞窟の中に入っていって、クマを殺す男の子のお話です」。それで毎晩、男の子は抗がん剤の点滴を受けながら、その話を聴いて眠ったという。

新しい骨髄のための隙間を空けるために、患者に放射線を照射して血液細胞を一掃する施設は、病院から数キロメートル離れたところにある洞窟のようなセメントのバンカーだった。隣では移植実験用のイヌたちが飼育されていた。放射線を照射されるあいだ、バンカーに閉じ込められた患者たちは、途切れることのない吠え声を聞きつづけた。

最初のころは、骨髄から細胞を一掃できるだけの大量の放射線を一度に照射していた[†]。「照射の途中で、患者さんの吐き気が耐えられないほど強くなりました」と看護師のひとりが言った。「嘔吐が止まらなくなり、私たちはバンカーの扉を開けて中に入って、世話をしました。当時は強力な制吐剤なんてなかったから、私たちは水と容器と、口を拭くためのティッシュと濡れタオルを持って、中に入ったんです。七歳の男の子がいたんですが……」

彼女はそこで言葉に詰まった。別の女性が立ち上がって、彼女を抱きしめた。

「パイロットの話を聴かせてあげて」とひとりの看護師がうながした。

パイロットの名前はアナトリー・グリシュチェンコと言った。一九八六年、チョルノービリ（チェルノブイリ）で原子炉火災が起きたとき、彼は有害な放射性ガスを吐き出している原子炉の排気口のひとつに、砂とコンクリートをヘリコプターで投下する任務についた[31]。原子炉をセメント漬けの石棺に変える任務だ。彼はおそらく、頭のてっぺんからつま先まで、鉛の防護服で覆われていたはずだが、放射能は防護服を貫いて彼の身体へ達し、そして骨髄へ到達した。

一九八八年、彼は前白血病状態と診断された。一九九〇年、病気は白血病へ進行した。フランスに、彼とほぼ完全に骨髄が適合する女性がいることがわかった。ハッチの医師のひとりが骨髄採取法を指導するためにパリへ飛び、採取した骨髄を一晩かけてシアトルに運んだ。グリシュチェンコは骨髄移植を受けた。

「でも、うまくいきませんでした」と看護師は言った。「私たちは何日も、彼を見守りましたが、結局、白血病は再発したのです」

同じことが繰り返された。「一九七〇年に、ひとりだけ、治療を生き延びた患者さんがいました。七一年には三人。七二年には数人。長期間生存する例はまれでしたが、中にはほんとうに、二〇歳や三〇歳、四〇歳の誕生日を迎えることができた人がいました。一九八〇年代半ばごろには、長期間生存する症例を何人も経験するようになっていました。一〇人、二〇人、何十人もの患者さんが、移植後に五年も、一〇年も生きつづけるようになったのです」

下階のロビーに、らせん形の彫刻があった。それは一見、絶え間ない移植医療の進展を表しているように見えた[32]。よく見ると、彫刻には移植件数を表す数字が刻まれており、その数は年々、らせん状に上昇していた。五、二〇、二〇〇、一〇〇〇。二〇二一年には数千人にまで増えていた。そして、白血病という致死的な病気の治癒率も上昇し、ある研究によれば、急性骨髄性白血病患者の骨髄移植後の五年生存率は二〇パーセントから五〇パーセントとされていた。

看護師のひとりがやってきて、一緒に彫刻を見た。そして、私の肩に手を置いて言った。「当時はこんなに簡単なことではなかった」。らせんを形づくるなめらかな線が実際には、めったに

† のちに、数日に分けて照射されるようになり、悪心・嘔吐の副作用は少しずつ減っていった。加えて、ゾフランやカイトリルといった新しい制吐剤が登場し、放射線照射に伴う副作用が大きく軽減した。

ない成功がぽつんぽつんと差しはさまれた、ぎざぎざの失敗の記録だったことを彼女は知っていた。やがて成功が蓄積していき、今では数十種類の病気に対して毎年、何千例もの骨髄移植がおこなわれている。成功率には幅があるものの、骨髄移植が今では細胞治療の柱のひとつになっているのはまちがいない。私の病院でも、悪性度の高い白血病をわずらう大勢の患者が骨髄移植で救われてきた。

顔に微笑を浮かべて、なめらかな曲線を手でなぞっている看護師を見ながら、私は、ヘリコプターに乗って有毒なプルトニウムの霧に包まれていたグリシュチェンコのことを思った。洞窟のクマを殺す話を聴きたがった少年のことを。セメントの箱の中でイヌの吠え声を聞きながら身を屈めて嘔吐していた子供たちの恐怖心はどれほどのものだったのか。濡れたタオルを手にした看護師たちのことを考えた。一晩中、患者を見守り、感染症の徴候がないか目を光らせていた看護師。患者の手を握りつづけた看護師。まるで自分の子供のように患者たちを見守っていた看護師。彼女たちが病院を去るとき、医師やスタッフの多くが立ち上がって見送った。その数え切れないほどの貢献に対する、無言の感謝を表して。気づけば、私の目に涙が浮かんでいた。

血液疾患に対する細胞治療の誕生には、身のすくむような恐怖がまとわりついていた。

幹細胞はさまざまな器官で、そしてさまざまな生物で見つかっている。しかしどのタイプの幹細胞よりも魅力的で、そして、ひょっとしたら最も多くの論争を呼んでいるのは胚性幹細胞（ES細胞）と、そのさらに謎めいたいとこである人工多能性幹細胞（iPS細胞）だろう。

一九九八年、ウィスコンシン地域霊長類研究センターにつとめる胎生学者ジェームズ・トムソンが、体外受精の際に廃棄された一四個のヒト受精卵を手に入れた。[33] トムソンは、自分が今からおこなおうとしている実験が本質的に物議を醸す性質のものだと認識しており、実験を始める前に、二人の生物倫理学者、R・アルタ・チャロとノーマン・フォストに相談していた。ヒト受精卵を培養器で育てると、やがて中空の球形の胚盤胞になる。胚盤胞は普通、子宮内で発育するが、特別な条件を加えれば培養皿の中でも育つ。胚盤胞は二つの構造からなる。ひとつはベールのような殻の部分で、これが最終的に胎盤と、胚と母体をつなぐ構造物になる。もうひとつは殻の内部にある小さな細胞の塊で、この塊が最終的に胎児になる。

トムソンはこの内部の細胞塊を取り出して、マウスの「フィーダー」細胞層（胚の細胞を養ったり、支持したりする細胞）とともに培養した（これは、細胞培養の一般的な方法である。細胞の中にはあまりに脆弱なために、培養皿に移されてからの最初の数日間、単独では生きられないものがあり、そのような細胞は、初期の段階で自分たちの「面倒を見てくれる」フィーダー細胞、すなわちヘルパー細胞を必要とする）。数日のあいだに、胚から五つのヒト細胞株が得られた。そのうち三つが「男性」で、二つが「女性」だった。それらは何カ月間も培養されたが、その間、明らかな遺伝子の損傷も増殖能の変化も見られなかった。

トムソンがそれらの細胞を免疫不全マウスに注入したところ、細胞は成熟したヒト組織（腸管、軟骨、筋、神経、皮膚の成分）を形成した。細胞は明らかに、培養皿の中で自己複製でき、さらに、複数の（潜在的にはすべての）種類のヒト組織へ分化することもできた。[†] これらの細胞は「ヒト胚性幹細胞」、h-ES細胞と名づけられ、そのうちのひとつであるH-9（XX染色体を持つ「女性」細胞）が標準的なES細胞となった。H-9はやがて地球上の何百もの研究室の何千もの培養器で培養され、何万件もの実験で使われることになる。

私自身もH-9を培養し、次々と増殖する様子を観察した。さらに、これらの細胞が骨や軟骨など、さまざまな種類の成熟細胞に分化する様子も目の当たりにした。私は今もなお、この細胞株に驚嘆させられる。顕微鏡で見るときには決まって、未来への憂いに似た何かを感じて、ぞくっとする。ES細胞は私たちに奇妙な思考実験をうながす。時間を逆戻りさせて、このES細胞の小さな塊を胚盤胞に戻してから、ヒトの子宮に移植したらどうなるだろう？　ひょっとしたら、内細胞塊の他の細胞と混ぜる必要があるかもしれないが、いずれにしろ、もとの場所に戻った細胞は、ヒトを形成するのだろうか？　新しい種類の存在であるその女性を、私たちはなんと呼べばいいのだろう？　ヘレン－9？　培養皿の中でH－9の遺伝子をあらかじめ変化させておいたら、そのヒトも同じ遺伝子変化を持つことになり、それを自分の子供に受け渡すことになるのだろうか？　そのヒトの中に存在するH－9細胞が卵子に分化し、さらにそれが胚になったなら、私たちは新しい生命のサイクルを目にすることになるのだろうか？　胚→胚盤胞→ES細胞→ヒト→胚というサイクルを？

一九九八年に《サイエンス》に掲載されたトムソンの論文はすぐに論争の嵐を巻き起こした[35]。ヒトES細胞の本質的な価値を信じ、トムソンの側につく科学者も多かった。そうした人々は、これらの細胞はヒトの胎生学を深めるだけでなく、計り知れないほど大きな価値を持つ治療法になるはずだと考えた。トムソンがその画期的な論文の最後で、こう念を押したように。

ヒトES細胞を研究することによって、私たちは発生の過程について理解を深めることができるだろう。完全なヒトの胚で直接研究することができないそうした過程は、先天異常や不妊、流産といった臨床上の問題を解決するうえで重要な意味を持つ。……ヒトES細胞は、マウスとは異なるヒトの組織の発生や機能の研究においてとりわけ貴重なものとなるだろう。ヒトES細胞を体外で特定の系統へ分化させ、それを使った実験をおこなえば、新薬の標的となる遺伝子や、

ハヤカワ文庫の最新刊

2024 1

●表示の価格は税込価格です。
＊価格は変更になる場合があります。
＊発売日は地域によって変わる場合があります。

SF2428
宇宙英雄ローダン・シリーズ704
サトラングの隠者
ダールトン＆ヴルチェク／鵜田良江訳

《シマロン》に乗るグッキーらは、惑星サトラングに到着し、助けを求める謎の隠者との接触に成功。その正体は驚くべき人物だった
定価1034円［絶賛発売中］

SF2429
宇宙英雄ローダン・シリーズ705
M-3の捜索者
エルマー＆マール／小津 薫訳

《シマロン》は球状星団M-3へ向かうが亡霊船の攻撃を受け、ローダンは《シマロン》の虚像を作成してハイパー空間へ逃走する!?

定価1034円［24日発売］

漆黒の宇宙、そして……絶望的な恐怖

メッセージ文からここまで分かる!

マッチングアプリの心理学

——メッセージから相手を見抜く

ミミ・ワインズバーグ／尼丁千津子訳

eb1月

「まだ起きてる?」というメッセージに込められた本当の意味は? 文末が「……」で省略されているわけとは? 「メッセージ文解釈の達人」である精神科医の著者が、マッチングアプリでのカップルのやり取りを分析。互いの性格や相性の読み取り方を伝授する。

四六判並製　定価2970円[24日発売]

根強い人気を誇るクリスティーの名短篇集を子どもに

ミス・マープルの名推理 火曜クラブ

アガサ・クリスティー／矢沢聖子訳

作家に画家、警視総監……職業も年齢も様々な男女6人が推理合戦を楽しむ集まり「火曜クラブ」。ミス・マープルは、メンバーの中でも一番地味なふつうのおばあさん。でも推理力は誰にも負けない! 13作品を収録した短篇集。ルビ・挿絵付き、小学校高学年～

四六判並製　定価1980円[24日発売]

作家デビュー、次作契約、結婚——夢が叶った

まずなのに、ぼくはまたごと、消えたかった。

デビュー作で思わぬ反響を呼んだ作家。次作の契約が決まるも原稿は一文字も進まず、前金

組織再生医療に利用できる遺伝子、催奇形性のある有害な化合物の発見につながるにちがいない。

分化を制御するメカニズムが解明されれば、ES細胞から特定の細胞への分化を効率的に誘導できるようになるはずだ。心筋細胞や神経細胞など、精製したヒト細胞を標準的につくれるようになれば、新薬発見のための実験用細胞や、移植医療用の細胞を無限に供給できるようになる。パーキンソン病や、若年発症の糖尿病など、一種類、あるいは数種類の細胞の壊死や障害を原因とする数多くの疾患の治療法の発見につながるはずだ。

しかし批判者たち（そのほとんどが宗教右派の人々だった）は、彼のこうした主張を何ひとつ認めなかった[36]。その細胞をつくる過程で、人間の胚が破壊された——汚された——と彼らは主張した。破壊された胚そのものが人間なのだと。体外受精でつくられた胚はまだ感覚もなく、器官も持たない未分化のボールのようなものであり、研究で使われなければ、廃棄される運命にあった。しかし、その事実が彼らをなだめることはなかった。それらが将来人間になる潜在能力を持っているなら、現時点ですでに人間なのだ、とトムソンの批判者たちは主張した。二〇〇一年、ES細胞研究の反対者からの圧力により、ジョージ・W・ブッシュ大統領は、すでに作製されたES細胞（II-9）を使った研

† 厳密な話をすると次のようになる。トムソンが得たES細胞は内細胞塊（将来、胎児になる部分）に由来し、外側の殻の部分の細胞（胚盤や臍帯など、胚外組織と呼ばれる構造になる部分）由来ではない。これらのES細胞は全能性細胞ではない。なぜなら、たとえば胎盤は外側の殻の細胞由来であって、内細胞塊由来ではないからだ。近年の研究から、ある種の培養条件下では、一部のES細胞が全能性を保つことがわかった[34]。つまり、胚外組織になることもできるのだ。しかし、研究者の大半は、ヒトES細胞は多能性だが全能性ではないと考えている。なぜなら、あらゆる組織に分化できるものの、胚外組織には分化できないからだ。

究への連邦助成金の給付を制限するとともに、ＥＳ細胞の新たな作製に対してはいっさい助成しない方針を発表した。[37] ドイツとイタリアでも、ヒトＥＳ細胞研究は厳しく制限され、場合によっては、禁止された。

およそ一〇年ものあいだ、ヒト胎生学の研究や、胚性幹細胞から組織への分化に関する研究で研究者たちが使えたのは、限定された数少ないＥＳ細胞株だけだった。その後、二〇〇六年と二〇〇七年に、この分野にはさらに、思わぬ展開が待ち受けていた。二〇〇〇年代初めにこの分野で激しく議論されていた問題は次のようなものだった。幹細胞が特別なのはなぜだろう？　たとえば皮膚細胞やＢ細胞はなぜ、ある朝目を覚まして、ＥＳ細胞になろうと決めないのだろう？　なぜ川を上流へさかのぼって、もとの細胞に戻ろうとしないのだろう？

この疑問は一見、ばかげているように思える。一九九〇年代まで、私が知っている胎生学者の中で、胎生学を双方向の道路だとみなしている者はいなかった。前に進めば、成熟細胞（神経や血液や肝臓の細胞）を持つヒトが得られ、うしろに進めば、成熟細胞を胚性幹細胞へ逆戻りさせることができるなどと考える者はいなかった。「そんな考えは完全なる狂気のように思えた」とある研究者は私に言った。

しかし、あるひとつの事実が存在していたために、この「双方向道路」幻想は消えずに残っていた。少なくとも、ごく一部の胎生学者のあいだでは。その事実とは、ほぼすべての細胞は同じＤＮＡ配列（つまりゲノム）を持っており、[†] 心筋細胞や皮膚細胞で「オン」になったり「オフ」になったりする遺伝子のサブセットが、細胞の個性を決めるというものだ。私たちがこのパターンを変えて、皮膚細胞で幹細胞の遺伝子を「オン」にしたり「オフ」にしたりしたら、どうなるだろう？　皮膚細胞が幹細胞に戻って、皮膚だけでなく、骨や軟骨、心筋、筋肉、脳の細胞に、つまり身体をつくるすべての細胞に分化できるようになるだろうか？　皮膚細胞が幹細胞に戻るのを食い止めているものはなんだろう？

二〇〇六年、日本の京都大学の幹細胞研究者である山中伸弥が、成体マウスの尻尾の先端から線維芽細胞を採取し、そこに四つの遺伝子を導入した[38]。線維芽細胞とは、全身に存在するありふれた紡錘形の細胞で、幹細胞の世界から見れば、単なる詰め物にすぎない。山中はこれらの遺伝子に偶然出会ったわけではない。長年の研究に基づいて、Ｏｃｔ３／４、Ｓｏｘ２、ｃ‐Ｍｙｃ、Ｋｌｆ４という四つの遺伝子を選んだのだ。これらの遺伝子には、成体の細胞の性質を「再プログラム」して、幹細胞に似た性質に変えることのできる特別な能力があった。一九九〇年代末、彼はじつに二四もの遺伝子を調べはじめた。ある遺伝子を別の遺伝子と組み合わせたり、さらに別の遺伝子を加えたりして実験を繰り返し、各遺伝子や、遺伝子の各組み合わせの効果を比較していき、やがて、四つの重要な遺伝子に絞り込んでいった（これら四つの遺伝子それぞれが、主要な制御タンパク質、つまり何十もの他の遺伝子をオンにしたりオフにしたりする分子のスイッチをコードしている）。そしてどの遺伝子も、ヒトとマウスのＥＳ細胞を幹細胞の状態に保つのに重要な役割を果たしていることを突き止めたのだ。では、成体の非幹細胞——平凡な線維芽細胞——を取り出して、これら四つの主要な制御遺伝子（幹細胞という個性を授ける遺伝子）を発現させたらどうなるだろう？

---

† 生物が成熟する過程で起きる変異によって、身体の個々の細胞のゲノムにわずかな違いが生まれていることが今ではわかっている。つまり、ヒトは、遺伝的に同一ではない細胞の寄せ集め、いわばキメラなのだ。こうした違いの生物学的な意義はまだわかっていない。

ある午後、山中の研究室の博士研究員である高橋和利が、四つの重要な遺伝子を発現させた線維芽細胞を顕微鏡で見た。「コロニーができている！」と高橋は叫んだ[39]。山中が駆け寄ってきた。たしかに、コロニーだった。通常は紡錘形の平凡な外見をしている細胞が形を変え、球形の細胞の集まりをつくっていた。山中はその後、細胞のＤＮＡに化学的な変化が起きたことを発見した。ＤＮＡを折りたたんで、染色体にパッケージするタンパク質が変化し、さらに、細胞の代謝も変化していた。線維芽細胞が幹細胞になったのだ。ＥＳ細胞と同じく、この細胞もまた、培養皿の中で自己複製した。そして、免疫抑制されたマウスに注入したところ、この細胞から骨や軟骨、皮膚、神経細胞など、さまざまなヒト組織がつくられた。それらすべてが皮膚の線維芽細胞から分化したのだ[40]。すでに完全に成熟していたばかりか、皮膚組織を支えて維持したり、傷を修復したりする以外の機能を持たない細胞から。

生物学者たちにとって、その結果は衝撃以外のなにものでもなかった。まるで幹細胞世界のプレートを揺るがす、ロマ・プリータ地震のようだった。私の教室の年長の生化学者がトロントのセミナーから帰ってきたときの様子を、今も覚えている。セミナーで山中がデータを発表した際、その内容のあまりの信じがたさに、彼は息を呑み、心底動揺したという。「信じられない」と彼は私に言った。「しかし、結果は何度も再現されていた。真実にちがいないんだ」。山中は線維芽細胞を幹細胞に変えた。生物学では不可能だと考えられていた変化だ。まるで生物学的な時計が――あら不思議！　とばかりに――逆戻りしたかのようだった。完全に成長した大人が赤ん坊どころか、胚に戻ったのだ。

二〇〇七年、山中はこの技術を使って、ヒトの皮膚の線維芽細胞をＥＳ様細胞に変えた[41]。翌年、ヒトＥＳ細胞研究の権威であるトムソンは、ｃ‐ＭｙｃとＫｌｆ４のかわりに別の二つの遺伝子を使ってヒト線維芽細胞をＥＳ様細胞に変化させることに成功した（ＥＳ様細胞を作製する際のｃ‐Ｍｙｃ

の発現がとりわけ問題視されていた。というのも、この遺伝子は偶然にも、がんを引き起こす遺伝子だったからだ。生物学者たちはこのES様細胞がやがてがん細胞になるのではないかと心配していた）。このES様細胞は人工多能性幹細胞（iPS細胞）と名づけられた。なぜ「人工」かと言えば、大人の線維芽細胞から多能性細胞へと、遺伝子操作によって変化させられた細胞だからだ。

二〇一二年にノーベル賞が贈られた山中の発見以降、何百もの研究室がiPS細胞研究を開始した。この研究の魅力は、あなた自身の細胞（皮膚の線維芽細胞や、血液の細胞）を採取して、その細胞に時間をさかのぼらせ、iPS細胞に戻すことができる点にある。そして、そのiPS細胞から軟骨や神経細胞、T細胞、膵臓のβ細胞など、どんな細胞でもつくれるうえ、それらは依然として、あなた自身の細胞なのだ。組織適合性もまったく問題ない。免疫抑制をする必要もない。主人に対する客の攻撃を心配する理由もない。そして原理上、このプロセスは永久に繰り返すことができる。iPS細胞を膵臓のβ細胞にしてからふたたびiPS細胞に戻し、そしてふたたび膵臓のβ細胞に変えるといった具合に（念のために言っておくと、これを試した人はまだいない）。この反復の可能性は私たちに、別の種類の新しい人間（ニューヒューマン）を想像させる。機能が衰えたあらゆる器官や組織の再生を永久に繰り返すことのできる人間だ。

私はときどき、ギリシャ神話に出てくるデルフォイのボートの物語を思い出す。それはこんな話だ。ボートは何枚もの板でできている。板はしだいに朽ちていき、次々と新しい板に取り替えられ、やがて、すべてが新しい板に置き換わる。その結果、ボートは変わってしまったのだろうか？　このボートは以前と同じボートだといえるのだろうか？

この考察は、現時点ではまだ抽象的なものにすぎない。しかしすぐに現実味を帯びてくるかもしれない。私たちがiPS細胞からヒトの新しいパーツをつくり（多くの科学者がすでにそうしているように）、新しいパーツからさらにまた新しいパーツをつくろうとしている今、私は、オジックのカタツムリの話を思い出す。自らをこすりつけて消えてしまう運命から救われたカタツムリは、不確かな未知の領域へと進んでいきながら、形而上学的な疑問をあとに残していく。最終的に、カタツムリの身体が完全に新しい身体に入れ替わったとき、それは同じカタツムリだといえるのだろうか？

修復する細胞――傷、衰え、恒常性

優しさと腐敗は
隣り合っている。
腐敗は侵略的な隣人であり
その玉虫色が
忍び寄ってくる

――ケイ・ライアン、二〇〇七年[1]

オーストラリア人の博士研究員ダン・ウォースリーがいくつもの海を越え、私の研究室にやってきた。それらの海は具体的なものであると同時に、ある意味、抽象的なものでもあった。私にとっては不慣れな分野である消化器科が専門の彼は、ティモシー・ワンとともに大腸の細胞の再生や、大腸がんについて研究するためにニューヨークのコロンビア大学にやってきたのだった（コロンビア大学の教授であるワンは、彼の古い友人で共同研究者だった）。

現代の遺伝子工学技術を使えば、マウスの一個の遺伝子を取り出して、その遺伝子がコードするタンパク質を蛍光標識することができる。その結果、タンパク質は暗闇の中で光るかがり火となり、どんなタンパク質であれ、それが物理的にどこに存在するか、顕微鏡で見つけられるようになる。細胞周期をコントロールするサイクリン遺伝子にこの処置をほどこすと想像してみよう。ある特定のサイクリンタンパク質がつくられたときに、細胞は光りはじめ、そのタンパク質が分解されると、光は消える。あなたはその様子を実際に見ることができる。これと同じ処置をアクチン（細胞の骨格をつくるタンパク質）にほどこせば、マウスのほぼ全身が暗闇の中で光る。同様に、T細胞受容体はT細胞のみで光り、インスリンは膵臓の細胞で光る。この蛍光タンパク質はクラゲで偶然発見されたものだ。マウスのごく一部の遺伝子が、深海でふわふわと揺れるように泳ぐ生き物に由来するようになるのだ。

ダンはこの技術を使って、マウスのグレムリン1という遺伝子を改変した。その結果、グレムリン1タンパク質が細胞でつくられると、その細胞は蛍光を放ち、顕微鏡で見えるようになった。それまでの研究結果から、ダンは、グレムリン1が大腸の細胞で光ると予測しており、予想どおり、大腸のある特定の細胞が光った。しかし、生来の好奇心と綿密さから、彼は他の組織にもグレムリン1を持つ細胞がないか探し、そして、骨の細胞も光ることを発見した。この骨こそが、私たちの関係が始まるきっかけとなった。

身体にとって不可欠だが重視されてこなかったヒトの器官のリストや、各器官の「現実世界での重要性」と「科学的な軽視」の比を数値化したリストがつくられたなら、骨はどちらのリストでも上位にランクされるはずだ。中世の解剖学者たちは、骨とは皮膚をぶら下げるための立派なハンガーだと考えた。あるいは身体の内部構造を支えるための構造だと（だがヴェサリウスは、当時主流だったこの考えを受け入れず、骨格の精緻な解剖図を描いた。その中には、さまざまな骨の詳細な構造を示したものもあった）。二〇〇〇年代初めに私が研修医として働いたマサチューセッツ総合病院では、整形外科医は自分たちを「脳なし（ボーン・ヘッド）」と皮肉と冗談を込めて呼んだ。ロバート・サービスの戦時中の詩

「ボーンヘッド・ビル」の悲喜劇的な独白を忘れられる人がいるだろうか？　何も考えずに人に重傷を負わせたり、人の命を奪ったりするように訓練された兵士の詩だ。「おれの仕事は命がけだ／……それが正しかろうと、まちがっていようと」[2]

しかし実際には、骨は最も巧妙かつ複雑な細胞システムを持つことが判明している。骨はどこまで成長すればいいか、どこで成長を止めるべきか知っているのだ。そして、生物が成体になってからも、骨は絶え間なく自己治癒を繰り返し、損傷が加わるとただちに自己修復する。骨はまた、ホルモンにも敏感に反応する。[†]骨の中心にある空洞、つまり骨髄は白い壁で覆われた造血部屋だ。さらに、骨は老化による二つの主要な病気である（世界中の何百万人もの高齢者の死亡に関連する）変形性関節症と骨粗鬆症（こつそしょうしょう）が発生する部位でもあり、私の個人的な災いの種でもあった。父が転倒して頭蓋骨を骨折し、そのときの出血が最終的に父の命を奪ったのだ。

ダンと彼の骨に話を戻そう。二〇一四年夏のある朝、ダンは骨標本が詰まった箱を手に、エレベーターに乗って私の研究室にやってきた。彼の研究室は私の研究室の三階上にあった。私はすぐに興味を覚えた、と言いたいところだが、実際にはちがった。いろんな研究室の研究者が私の研究室の博士研究員（や私）のところにやってくるのはしょっちゅうだったからだ。彼らは検体を見てほしいと頼んできたり、骨に何か興味深い所見はあるかと尋ねたりしたが、たいていの場合、それは彼らにとっ

† コロンビア大学のジェラール・カーセンティらは、骨はホルモンに反応するだけでなく、ホルモンを産生すると主張している。初期の実験から、骨細胞によってつくられるオステオカルシンというタンパク質が、糖代謝や脳の成長、男性の生殖能を調節している可能性が示されたが、[3]こうした発見のいくつかはまだ立証されていない。

ての（そして私にとっての）、時間の無駄だった。私はダンに丁重に頼んだ。機会をあらためてもらえませんか。

　しかし、ダンは動じなかった。唯一の目的に突き動かされた、小柄だがエネルギーに満ちた情熱的な男であるダンはまるで、オーストラリア製の手榴弾（しゅりゅうだん）のようだった。彼は私が骨に興味を持っていることを知っていた。腫瘍内科医である私は、造血幹細胞が存在する骨髄に由来する白血病を専門に治療していたからだ。私は長いあいだ、骨細胞と血液細胞の相互作用について研究し、たとえば次のような疑問を解決しようとしてきた。造血幹細胞はなぜ脳や腸管に存在しないのだろう？　骨の何がそんなに特別なのだろう？　いくつかの答えは見つかった。骨髄に存在する細胞が造血幹細胞に特定のシグナルを送っており、そのシグナルが造血幹細胞の機能を維持していることがわかったのだ。最近になって、私は骨の構造や生理機能についても理解を深めてきた。なんらかの専門的な技術を身につけるには、一万時間以上をその練習（たとえば、バスケットボールを投げるといった練習）に費やさなければならないと言われている。これを細胞生物学にあてはめるなら、そう、見る練習に費やさなければならないということだ。私はすでに、骨の標本を一万個以上、顕微鏡で見てきた。

　一週間が経つか経たないかのうちに、ダンはまたやってきた。卑屈さと決意の入り交じった例の表情を浮かべ、スライドグラスの詰まった青い箱を手に、廊下に潜んでいた。彼は私の無関心さに無関心だった。私はため息をつき、彼の標本を見ることにした。

　部屋の明かりを消し、顕微鏡のスイッチを入れた。青緑色の光が広がった。ダンはまるで檻（おり）の中の動物のように、「グレムリン」がどうのこうのとぶつぶつ言いながら、部屋の奥のほうで行ったり来たりしていた。標本はミクロトームで美しく切断されており、骨の典型的な組織構造がよく見えた。

　表面的には、骨はカルシウムの塊のように見えるかもしれない。しかし実際には、多様な細胞で構成されている。最も馴染み深いのは軟骨の細胞——正式には、軟骨細胞と呼ばれる——で、それ以外にも聞き慣れない細胞が二種類ある。ひとつは「骨芽細胞」と呼ばれ、カルシウムやタンパク質を沈着させて石灰化した基質の層をつくり、自らがその沈着物の中に潜んで新しい骨をつくる。骨芽細胞は骨をつくり、骨を沈着させる細胞だ。たいていは、骨芽細胞が骨を太くしたり、長くしたりする。

　もうひとつは「破骨細胞」だ。複数の核を持つこの大きな細胞は骨を食べる。破骨細胞は骨の基質を食べたり基質に穴を開けたりしながら、まるで刈り込みをする庭師のように、古い骨を除去して改造する。骨芽細胞と破骨細胞——骨をつくる細胞と、骨を嚙む細胞——とのバランスが、骨の恒常性を保つメカニズムのひとつだ。骨芽細胞がなくなれば新しい骨はできない。骨を食べる破骨細胞が正常に働かなければ、骨は分厚くなり（初期の病理学者はその状態を「石の骨」と呼んだ）、一見、頑丈そうに見えるが、うまく修復されなくなり、骨の内部の空洞が小さくなって、骨髄のためのスペースが狭くなる。これは、大理石骨病と呼ばれる病気である。†

　しかし骨は細くなったり太くなったりするだけではない。長くなる。そしてこの骨の伸長にこそ、細胞にまつわる謎が隠れている。本書ではこれまで、器官のサイズを大きくする細胞を紹介してきたが、細胞はどのようにして器官を長くするのだろう? マリー＝フランソワ＝グザヴィエ・ビシャなどの初期の解剖学者たちは、発生の初期段階の骨は、粘着質の軟骨基質であることに気づいた。その後、カルシウムが沈着して、基質がしだいに硬くなり、やがて私たちが骨として認識する構造となっ

† ここでは骨の細胞だけを列挙したが、骨髄に目を向ければ、そこには造血幹細胞や血液前駆細胞をはじめとする多様な細胞が存在する。[4] 骨髄にはさらに、造血幹細胞を支持すると考えられている間質細胞も存在し、神経細胞や、脂肪を貯蔵する細胞（脂肪細胞）、骨髄を出入りする血管の（内皮）細胞も存在する。

てから、骨は伸びはじめる。しかし、伸びるのは主に骨の末端の部位であり、「中間」の部分はあまり変化しない。一七〇〇年代半ば、外科医のジョン・ハンターは、成長中の青年の骨にハンマーで釘を二本打ちつけ、釘と釘の間隔が変化しないことを知った。しかし、もし彼が骨の両端に釘を打ち込んでいたなら、骨が長くなることに気づいたはずだ。ゴム紐が伸びていくにつれてその両端が離れていくように、釘同士の間隔が開いていくことを発見したはずだ。それはつまり、骨の中間ではなく先端に、新しい細胞をつくる細胞が存在するからであり、その新しい細胞が骨を伸ばしているからだ。

骨頭（拳のような形をした先端部分）と骨幹との境目は特別な部分であり、そこに「成長板」と呼ばれる構造がある。ここでちょっと拳を握ってみよう。あなたの前腕が骨幹で、拳が骨頭だとしたら、成長板はちょうど手首のあたりにある。

成長板は小児や思春期の若者の骨に存在し、X線写真では白い線として写るが、大人になるにつれて消えていく。たとえるならば、成長板とは若い骨細胞のための幼稚園のようなもので、成熟した軟骨細胞や骨芽細胞が生み出される場だ。まずは若い軟骨細胞が、その次に、骨をつくる骨芽細胞が成長板を離れ、骨頭に接する部位へ移動し、骨頭と骨幹の間に新しい基質やカルシウムを沈着させていく。こうして、骨が伸びていくのだ。

ここでダンのスライドグラスの登場だ。「成長板」の存在はもう何十年も前から知られていた。しかし、骨の継続的な伸長はどのようにおこなわれているのだろう？　とりわけ、若者たちの身長が毎週のようにぐんぐん伸びていく思春期には？　完全に成熟した軟骨細胞（肥大軟骨細胞）はもはや分裂も増殖もしないことがわかっている。では、どの細胞が、毎週のように骨細胞を生み出しつづけているのだろうか？　若い軟骨細胞や骨細胞を生み出す貯蔵庫のようなものがあるのだろうか？　ダンが光らせたマウスの細胞は、成長板に存在していた。歯のようにきれいに並んで、ゆるい曲線を形づくっていた。私はダンの標本を見て、そしてもう一度見た。すでに強い興味を抱きはじめていた。科学者のチーム（たいていは二人一組のチーム）には、言葉が消える瞬間がある。それに似た瞬間が、私とダンに訪れた。言葉——少なくとも一般的な意味での言葉——が消えた。私たちは直感を交換した。無言のまま、アイデアのフェロモンが私たちのあいだを通り抜けた。夜、私は遅くまで部屋の中を行ったり来たりしながら、次に彼と一緒におこなうべき実験について考えた。翌朝、研究室に行くと、ダンがすでにその実験をおこなったことを知った。

最初の一連の実験は単純なものだった。これらの細胞の正体はなんだろう？　どこに存在するのだろう？　これらの細胞はどの時期に存在するのだろう？　ダンの最初の実験から、グレムリン1発現細胞がマウスの子の成長板に存在することがわかった。マウスの胎児では、新しい骨や軟骨が形成されつつある先端部位に、グレムリン発現細胞は集まっていた。小さな足や極小の指ができていくところを想像してほしい。細胞はまさにその部位にいて、さかんに分裂していた。

彼がマウスの成長に沿って、それらの細胞を追いかけたところ、驚くべきことが起こった。新生児マウスが成長するにつれて、細胞は骨の先端から離れて成長板（骨幹と骨頭の間の部分）へ移動し、その部位に並んできれいな層を形づくったのだ。マウスがさらに成長し、骨の伸長が終わりに近づくにつれ、細胞の数は少なくなっていった。つまり、これらの細胞にかかわる何かが骨の形成に関係していたにちがいなかった。

しかし、それはなんなのだろう？　ダンが生み出した分子のかがり火には、特別な性質があり、そのかがり火を利用すれば、分裂中の細胞の運命を経時的に追いかけることができる。遺伝子にさらに手を加える必要はあったものの、ある細胞がグレムリン1タンパク質をつくると（その結果、蛍光を発すると）、その娘細胞も蛍光を発し、そのまた娘細胞も暗闇で光る……ということが永久に繰り返されるこれは系統追跡と呼ばれる手法で、大家族のメンバー全員を探し出すようなものだ。たとえ各々が時間と空間の中で散り散りになったとしても見つけられる。系統追跡とはつまり、家系図全体を分子的に光らせる手法である。

ダンがマウスの子を使ってこの実験をおこない、グレムリン発現細胞を追跡したところ、それらが若い軟骨を生み出すことがわかった。私はその結果に心を奪われた。軟骨をつくる細胞の正体はずっと謎のままだったからだ。ダンはさらに長期にわたって軟骨組織を観察し、家系図はどんどん複雑になっていった。次に光った細胞は、丸く膨らんだ、成熟した軟骨細胞だった。その次に、骨芽細胞（骨をつくる細胞）が光りはじめ、そして最後に、未知の細胞が光った。ひょろりとした繊維を外に出しているその細胞を私たちは細網細胞と名づけたが、その機能はまったく不明だった。おそらく最も注目すべき点は、最初のグレムリン発現細胞が、少なくとも若いマウスでは、ずっと存在しつづけたことかもしれない。要するに、ダンは成長板に存在して骨の基本的な構成要素――軟骨細胞と骨芽細胞――を生み出す、まさにその細胞を発見したのだ。私たちはそれを osteo（骨）、chondro（軟骨）、reticular（細網）細胞、略して「ＯＣＨＲＥ」細胞と名づけた。

ダンは二〇一五年、私とティモシー・ワンと共同で、《セル》誌に論文を発表した。[5] 時期を同じくして、スタンフォード大学のアーヴィング・ワイスマンのところで働く優秀な博士研究員（現在は助教）のチャールズ・チャンも、骨格幹細胞を発見した。[6]

長身で痩せたチャンはパンクロックのミュージシャンのように見え、研究室にやってくるその姿はまるでオールナイトの音楽イベントから抜け出してきたみたいだ。しかし、実験に対する彼の姿勢はすさまじい。チャンとワイスマン、そして外科医から科学者に転向したマイケル・ロンゲイカーは骨をすりつぶし、ワイスマンのお気に入りの手法であるフローサイトメトリーを使って、軟骨と骨を生み出す骨格幹細胞を分離した。彼らの論文は私たちの論文と隣り合わせで《セル》に掲載された。彼らと私たちの細胞の遺伝学的、生理学的、組織学的な類似性には目を見張るべきものがあり、しばらくのあいだ、この細胞の名前をめぐって友好的な闘いが続いた。しかしどうやら、私がとりわけ好きな色の名前でもあるＯＣＨＲＥ（黄土色）のほうが定着したようだ。

ダンとチャンの最初の論文はまた、いくつかの疑問をあとに残した。グレムリンを標識された細胞はまず初めに若い軟骨細胞——中間状態——を生じさせ、そのあとに、骨芽細胞を生み出すのだろうか。それとも、これら二つの細胞を同時に生み出すのだろうか？　どちらが先に生み出されるかを左右する内因性、あるいは外因性の因子が存在するのだろうか？　このバランス、つまりホメオスタシスはどのように維持されているのだろう？　この細胞は自己複製するのだろうか？　この細胞をマウスの骨に移植する初期の実験からは、自己複製することが示された。ということはつまり、グレムリンを標識した細胞は真の幹細胞の条件を満たしている可能性がある。種々の細胞に分化する能力と、自己複製する能力の両方を併せ持つという条件だ。ＯＣＨＲＥ細胞——骨格前駆細胞、あるいは骨格幹細胞と推定される細胞——は私の研究室が最も誇るべき発見なのかもしれない。ＯＣＨＲＥ細胞は古くからの謎の答えを提供する可能性がある。思春期に骨はどのようにして伸びるのか？　骨の両端の成長板に存在する特別な細胞群が、軟骨と骨芽細胞を生み出し、その結果、骨が伸長するからだ。それでは、なぜ骨の伸長は止まるのか？　なぜならこの細胞群は思春期初期にかけて消えていき、最終的には、ごくわずかしか残らないからだ。

ちょっと待った。この話はここでは終わらない。テキサス州で、ショーン・モリソンが別の細胞を見つけたのだ。かつてワイスマンのもとで訓練を受けたモリソンはまちがいなく、私が知っている中で最も粘り強い幹細胞生物学者だ。骨髄に存在するその細胞は、骨芽細胞をつくり、骨の基質を沈着させることができる。グレムリンを標識した細胞とはちがい、モリソンの細胞（その細胞が発現する遺伝子にちなんで、ＬＲ細胞と呼ばれる）は成人期に生まれ、骨幹に沿って沈着する骨だけをつくる。[7]成長板ではなく、両端の成長板のあいだにある長い骨をつくるのだ。ＬＲ細胞は軟骨細胞も細網細胞もつくらない。もしあなたが、骨幹の真ん中あたりを骨折したら、ＬＲ細胞がすぐに動き出し、骨をつくる骨芽細胞を生み出す。そしてその骨芽細胞が折れた骨を修復するのだ。

　骨折なんて混沌の極みだと思うかもしれないが、少なくとも骨の若返りはかなり秩序だっている。骨は一種類の若返り細胞しか持たない器官ではない。若返りのキメラであり、その源が少なくとも二つある。ひとつは、成長板に存在するＯＣＲ（つまりＯＣＨＲＥ）細胞で、骨を伸ばすことができる。この細胞は発生の初期に生まれ、年齢とともに衰えていく。もうひとつは、ＬＲ細胞だ。思春期と成人期に生まれ、骨幹の太さの維持と、骨折の修復にたずさわる。

　モリソンのデータは、三つめの謎への潜在的な答えを提供したといえる。なぜ成長板が消えたあとの大人でも骨は太くなり、骨折を修復することができるのだろう？　なぜなら、成長板ではなく、骨髄の中に蓄えられている細胞がこの機能を担っているからだ。最初に生まれる細胞（ダンが見つけた細胞）は胎児期に骨をつくって伸ばし、その後、成長板を維持するという限定的な役割だけを担う。あとに生まれた細胞（モリソンが見つけた細胞）は、二番目の部隊のようにやってきて、損傷部位を治し、骨の完全性を維持する。この「二つの部隊」による解決法によって、骨の形成と維持という機能が分けられているのだ。それにしてもなぜ二つの部隊が存在するのだろう？　その理由はまだ不明だ。

二〇一七年にダンはオーストラリアに帰り、私はひとり残された。しかしその後、彼は別の手榴弾を海の向こうから投げて寄越してくれた（なんとありがたかったことか）。小柄で、ダンのような活力とひたむきさを持つ情熱的な女性、ジア・ウンは二〇一七年、グレムリン標識細胞について研究するために私の研究室にやってきた。ダンが生理学的な問題を投げかけたとしたら（骨と軟骨はどのようにに成長するのか?）、ジアはそれとは反対の病理学的な現象に興味を抱いた（それらはどのようにして衰えるのか?）。

変形性関節症は軟骨が変性する病気だ。骨と骨が頻繁にこすれ合うことで、大腿骨などの末端を覆う軟骨がすり減っていくのが原因だと昔から考えられてきた。関節がなめらかに動くのを助けている軟骨の細胞が壊死し、やがて、その下にある骨自体もすり減っていく。ジアは、ダンが開発した手法を使って、変形性関節症のマウスを使った研究を開始した。

最初の驚きは、場所、つまり骨格幹細胞の部位に関するものだった。新しい軟骨と骨を生み出す成長板の骨格幹細胞ばかりに気を取られていた私たちは、骨格幹細胞が別の部位にも存在することに気づかなかった。視野を広げて、改めてよく見てみると、グレムリン標識されたOCHRE細胞が骨の末端、すなわち骨頭を覆う薄いベールのような層にも存在することがわかった。二つの骨が出会う関節で、それらの細胞は魅力的な輝きを放っていた。変形性関節症が生じる、まさにその部位で。

その後の日々がどれほどの高揚感に満ちていたかをお伝えするのはむずかしい。朝、私はコーヒーを流し込んでからノートパソコンを鞄に入れ、ハイウェイで車を飛ばして研究室に向かい、顕微鏡室へと駆けていった。前夜のうちにジアが作製した切片のスライドグラスが並べられていた（彼女は夜型で、私は朝型だった）。私は顕微鏡のスイッチを入れ、観察し、数を数えた。この日で見た。

ジアもまた、ダンと同じく系統追跡をおこなっていた。消すことのできない分子のタトゥーを細胞に入れて、その子供、孫、ひ孫を追いかけるのだ。ダンの場合と同じく、ジアの実験からも驚くべき結果が得られた。彼女が最初に細胞をラベルしたときには、ラベルされた細胞は関節の表面を覆う薄いベールのような層に存在していた。しかし、最初の数週間が過ぎたころ、それらの細胞が関節表面に軟骨の層を次々とつくりはじめたのだ。そして一カ月後、軟骨の層の下に、骨ができはじめていた。

では、変形性関節症では、これらの細胞に何が起きているのだろう？　私たちは共同で助成金申請書を作成し、その中で、グレムリン標識幹細胞（ＯＣＨＲＥ細胞）は再生のための貯蔵庫であるという説を提唱した。ある組織が消耗したり傷ついたりした場合、その組織内の幹細胞や前駆細胞が組織を再生するのと同じように、マウスが変形性関節症を発症すると、ＯＣＨＲＥ細胞が失われた軟骨を再生するにちがいないと私たちは考えた。変形性関節症はフォルメ・フルステ（不完全型）の病気、つまり、組織は自己修復しようと努めてはいるものの、それがうまくいっていない状態にちがいない。

科学の伝承には、仮説や理論が完全に正しいことが判明した際の喜びについて書かれたものが多い。一九〇〇年代初めには、アインシュタインが提唱した光速度不変の原理によって、アルバート・マイケルソンとエドワード・モーリーの以前の実験結果が見事に実証された（「もしマイケルソンとモーリーの実験結果が人々を狼狽させなかったら、相対性理論を〔ある程度の〕救いだとみなす者はいなかっただろう」とアインシュタインはのちに書いている）[8]。しかし、科学には別の種類の喜びもある。完全なまちがいに気づいたときの不思議な高揚感だ。それは前者とは正反対でありながら、同等の喜びである。ある実験によって、仮説のまちがいが証明されたとき、まるでくるりと回転するようにして、真実がそれと正反対の方向を指し示すからだ。

ジアがマウスに変形性関節症を発症させてから（この方法はいくつもある。そのひとつが、大腿骨の関節を弱くするメカニズムを利用するものだ。引き起こされる損傷は軽度なので、マウスはほぼ毎回、回復する）三週間後に、私たちは顕微鏡で骨を観察した。私たちが期待していたのは、蛍光タンパク質によって光るＯＣＨＲＥ細胞が多数増殖し、損傷の影響をやわらげようとしているのを目にすることだった。しかし、青緑色の光はぼんやりとしていた。

私たちは完全にまちがっていた。損傷を加えられていない幼若マウスでは、グレムリン標識ＯＣＨＲＥ細胞の層は関節の表面をきれいに覆っていた。しかし同じマウスに損傷を加えても、細胞は、私たちが予想したように関節を救うべく活発に分裂してはおらず、すでに壊死したり、壊死しかけていたりした。損傷が幹細胞を殺してしまったのだ。ＯＣＨＲＥ細胞はもはや、軟骨を生み出しつづけることができなくなっていた。†

私は顕微鏡のスイッチを消した。頭の中で光が灯った。変形性関節症はもしかしたら、幹細胞が失われる病気なのかもしれない。最初に（第一段階で）失われるのは軟骨をつくる幹細胞で、それらはもはや、軟骨をつくりつづけることができなくなる。増殖と変性のバランスが崩れるのだ。損傷によって失われるのは、関節の軟骨が内部バランスを保つ能力、すなわち新しい軟骨の形成（幹細胞による）と、古い軟骨の変性（加齢や損傷による）のあいだのバランスを保つ能力だった。

この点を実証するために、数多くの実験がおこなわれた。カナダ出身の慎重な博士研究員トゥグルル・ジャファロフが、ジアの研究を引き継いだ。彼はきわめて緻密な手法を使って、マウスの膝関節に化学物質を注入し、グレムリン標識細胞を壊死させた。それは事実上、ジアの実験を裏返したよう

† この実験結果についての論文は現在、査読中だ。

(a)

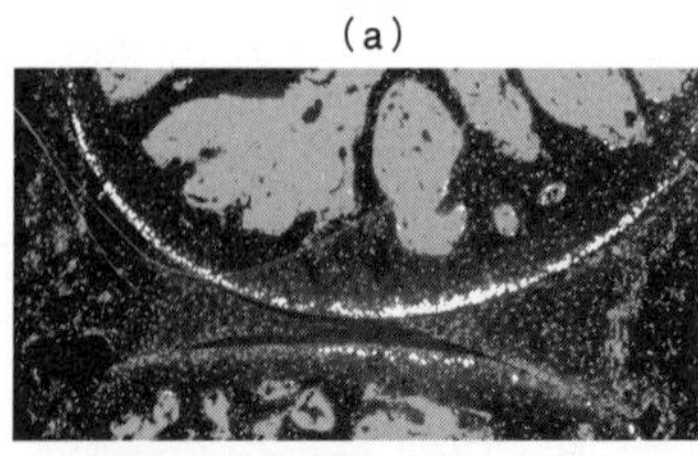

(b)

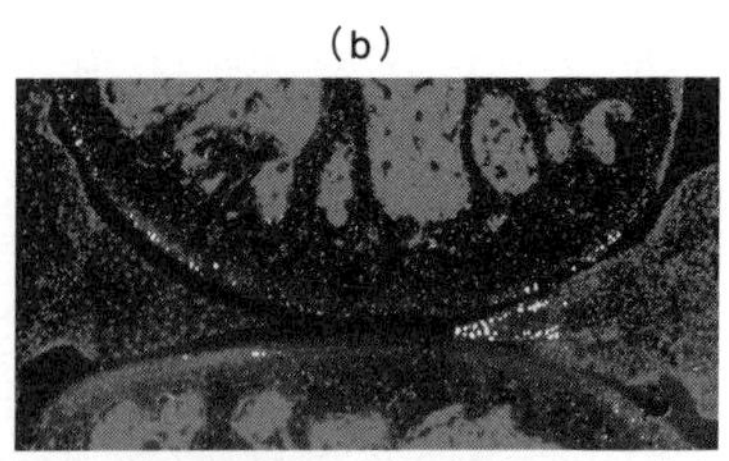

(a) 幼若マウスの関節。発光しているのは、蛍光タンパク質で標識されたグレムリン。(b) 変形性関節症を引き起こす損傷が加えられたあとの同じ関節。グレムリン発現細胞がしだいに壊死し、その数が減少している。この画像はジア・ウンの論文より拝借した。

な実験だった（変形性関節症がグレムリン標識細胞の壊死から始まるなら、グレムリン標識細胞を殺せば、変形性関節症が引き起こされるのではないだろうか？）。驚いたことに、マウスは変形性関節症を発症した。若くて健康で、完全に正常だったマウスが関節に異常をきたしはじめ、歩みがおぼつかなくなった。だがそれも、細胞がふたたび軟骨をつくりはじめるまでのことだった。

ジャファロフはこの方向で実験を進めていった。グレムリン標識細胞を維持するのに欠かせない遺伝子を不活性化して細胞を壊死させると、今度もまた、マウスは変形性関節症を発症し、しかも、その状態は私たちが経験した中で最も重症だった（その骨を見たとき、私は息を呑んだ。軟骨が破壊され、骨頭部がまるでダイナマイトでえぐられた山のようになっていた。軟骨が破壊された部位では、今にも崩れそうな骨の〝岩肌〟がむき出しになっていた）。

ジャファロフは次に、動物のグレムリン標識細胞を分離し、それを組織培養してからマウスに移植した。細胞は分裂してグレムリン標識細胞を生み出し（数は少なかったが）、骨と軟骨を再生しはじめた。ジャファロフはさらに、関節腔にグレムリン標識細胞の数を増やす薬を注入する実験をおこない、その結果、変形性関節症の発症が抑えられることがわかった。

二〇二一年冬、私はジャファロフとジア、ダンとともに実験データを投稿した。[9] 私たちが提唱したのは、変形性関節症についてのまったく新しい仮説だった。変形性関節症とは単に、軟骨細胞がすり減ったり、傷ついたりして変性する病気ではない。この病気は、グレムリン標識軟骨前駆細胞の壊死を原因とする不均衡によって、関節の要求を満たすほど十分な骨や軟骨がつくられなくなるために生じる。つまり私たちは、大昔からある四番目の謎を解き明かす説を提唱したことになる。その謎とは次のようなものだ。折れた骨は修復されるのに、大人の関節の軟骨はなぜ修復されないのか？　なぜなら損傷によって、修復を担う細胞そのものが壊死してしまうからだ。

損傷と修復は境界線を隔てて隣り合っている。ただ、人が歳を取るにつれ、損傷や再生能の衰えが境界線を越えて忍び寄ってくる。変形性関節症は、再生能の衰えによって生じる変性疾患であり、若返りのホメオスタシスの不具合なのだ。

これらの実験から、どのような一般原則が導き出せるだろう？　細胞生物学における最も突出した謎のひとつは、胎生期の器官の発生は比較的秩序だったパターンをたどるのに対し、[†] 成人期では、組織の維持や修復のパターンが組織ごとに異なるという点だ。もし肝臓を半分に切ったら、たとえ大人でも、残った肝細胞が分裂して増殖し、肝臓をほぼもとのサイズに戻す。骨折したら、骨芽細胞が新しい骨を沈着させ、骨折部位を修復する（ただ、高齢になると、この修復過程は大幅に遅くなる）。一方で、一度損傷したら治らない器官もある。脳や脊髄の神経細胞は、一度分裂をやめたあとは、も

† 前述したように、胚の内細胞塊は三層に分かれ、その後、脊索の形成と、神経管の陥入が起きる。胚はいくつもの区画に分かれたあと、細胞を自らの運命に順応させる外因性シグナルと、それらのシグナルを統合する細胞の内因性の因子によって、身体の軸に沿った器官形成がおこなわれる。

はや再生するために分裂することはない†（それらの細胞は「分裂終了細胞」と呼ばれる。要するに、もう分裂できないのだ）。腎臓のある種の細胞も、一度壊死したら生き返ることはない。

ダンとジア、ジャファロフの発見によれば、関節の軟骨はその中間に位置する。成体マウスの完全に成熟した軟骨細胞のほとんどは、分裂終了細胞だ。しかし、幼若マウスには軟骨をつくることのできる細胞の貯蔵庫がたしかに存在する。その貯蔵庫は加齢や損傷によって劇的に減少し、最終的には完全に消えてしまう。‡

まるで、各器官や細胞システムが修復や再生のための独自のバンドエイドを選んだかのようだ。鳥類も修復や再生をするし、蜂もするが、その方法は、鳥類や蜂（あるいは、肝臓や神経細胞）独自のものだ。たしかに、一般原則はある。器官には損傷や老化を検知する「修復」細胞が存在するという原則だ。しかし、器官ごとに修復のやり方が異なるということはつまり、その器官をつくる個々の細胞のバンドエイドが寄せ集められて、器官独自の修復方法が生み出されているということだ。損傷や修復のメカニズムを理解するには、私たちはそれを器官ごとに、細胞ごとに解明しなければならないということでもある。それとも、私たちが見逃している修復の一般原則があるのだろうか。研究者たちが細胞の他のシステムで発見した細胞生物学の一般原則のようなものが。

細胞生物学の観点からは、損傷や老化を、損傷のスピードと修復のスピードとの激しい競争ととらえたほうがわかりやすいかもしれない。細胞や器官はそれぞれに独自のスピードを持つ。ある器官では、損傷のスピードのほうが修復のスピードより速い。別の器官では、修復のスピードが損傷のスピードに追いついている。さらに別の器官では、互いのスピードが絶妙に釣り合っていて、身体は一定の状態に保たれている――止まっている――ように見える。何もしないで、じっとしていなさいと言われているかのように。しかし、じっと立っているように見えても、静止状態にあるわけではなく、実際には、激しい活動がおこなわれている。「じっとしているように」見える状態――静止――とは、じつのところ、競合する二つのスピードのあいだで活発な闘いが繰り広げられている状態なのだ。「死ぬとき、人はばらばらになる」とフィリップ・ラーキンは書いている。「あなたの一部だった小片が／永遠に飛び散って／誰にも見えなくなる」[11]

しかし死は器官が飛び散る現象ではなく、損傷のもたらす猛烈な摩耗が治癒のエクスタシーを凌駕する現象だ。ライアンが書いているように、優しさが腐敗と闘っているのだ。

この闘いで中心的な役割を果たす伍長は、細胞である。組織や器官で死にゆく細胞もあれば、組織や器官を再生する細胞もある。ここで少し、ホメオスタシス、つまり内部環境の恒常性という概念について考えてみよう。私たちが最初にこの概念を提起したのは、細胞が細胞内部の状態を一定に保つ仕組みを理解するためだった。そのあと、健康な身体が代謝や環境の変化（塩分負荷、老廃物排出、糖代謝）に順応する仕組みを理解するために、私たちはこの概念を利用した。そして今、損傷と修復のバランスの維持の仕組みに、この概念を適用している。絶対的な状態である死とは、じつのところ、衰退と若返りの力の相対的なバランスによって説明することができる。このバランスが一方に傾き、損傷のスピードが回復や再生のスピードを上まわれば、人は死ぬ。強風にあおられたミサゴが、もはや空中にとどまれなくなるように。

† きわめてまれな例として、動物やヒトの神経の再生が報告されているが、ほとんどの神経細胞は損傷を受けても分裂したり、再生したりしない。

‡ ヘンリー・クローネンベルクらによる最近の論文によって、成熟した軟骨細胞の一部にしかるべきシグナルを与えたなら、それらの細胞が「目覚めて」、分裂しはじめることが示された。[10] これらの細胞がダンとジア、ジャファロフが発見した細胞と同じものかどうかは、今後解明されるだろう。

利己的な細胞——生態系の均衡とがん

化学や医学のトレーニングを受けていない者には、がんという問題がいかにむずかしいかわからないかもしれない。それはまるで、左耳は溶かすが、右耳は手つかずのまま残すような薬を見つけるのと同じくらい——まったく同じではないが——むずかしい。

——ウィリアム・ウォグロム、一九四七年[1]

一周まわって、最後にまた、永久に複製できる細胞へと話を戻そう。がん細胞だ。[†]その発生や複製がこれほど集中的かつ情熱的な研究の対象となってきた細胞はほかにない。だが、何十年にもわたる研究にもかかわらず、がんの発生と複製を阻止しようとする私たちの試みは挫折の連続だった。がんの起源や再生、転移の性質やメカニズムについては解明された点もあるが、まだ多くの謎が残されている。[2]

がん細胞の悪性の分裂を理解するためにはまず、正常細胞の分裂を理解しなければならない。手の切り傷を思い浮かべてみよう。切り傷に対する反応は、組織の正常状態を取り戻し、ホメオスタシスを維持するための細胞レベルの事象の連続としてとらえられる。傷から血が出る。組織の損傷によって血小板と凝固因子が誘導され、それらが傷に集まってくる。危険シグナルを検知した好中球が感染緊急対応チームとして集まってくる。あなたという自己の境界線が病原体によって侵されないように見張るためだ。血栓ができ、傷は一時的に塞がれる。

その後、治癒過程が始まる。傷が浅ければ、皮膚の両端が互いにくっつく。傷が深ければ、皮下の線維芽細胞（ほぼすべての組織に存在する紡錘形の細胞）が傷の下にタンパク質の基質を沈着させる。次に、皮膚細胞が増殖して基質を覆って傷を塞ぐが、場合によっては、瘢痕（はんこん）が残ることもある。皮膚細胞同士が接触すると、細胞分裂が止まる。多くの細胞が治癒過程を調整し、最終的に、傷は治る。

しかし、細胞生物学の謎は次のようなものだ。皮膚細胞はどのようにして増殖を開始するのだろう？　あるいは、どのようにして増殖を*やめる*のだろう？　がんに関して言えば、後者のほうがより重要な問題だ。私たちに切り傷ができるたびに、木から枝が生えるみたいにして新しい腕が生えてこないのはなぜなのだろう？

答えの一部は、本書の最初のほうにある。ハントやハートウェル、ナースが発見した、分裂を制御する遺伝子だ。切り傷ができると、傷から放出されるシグナルと、そのシグナルに反応した細胞から出されるシグナル（内因性と外因性の合図）が、遺伝子のカスケードを活性化し、その結果、修復を担う細胞が分裂しはじめる。そして傷が治癒し、皮膚細胞が互いに接すると、今度は別のシグナルが細胞分裂期を終えるように指示する。こうしたシグナルはいわば、車のアクセルとブレーキのようなものだ。道が開ければ（傷ができた直後）、車は加速し、渋滞が起きれば、細胞分裂はスピードを緩

† もちろん、単一の「がん細胞」といったものは存在しない。がんは多様な疾患群であり、ひとつのがんですら、それを構成する細胞の種類は多数ある。ここでは、ほとんどのがん細胞に共通する一般原則を抽出したいと思う。本章の後半で、ひとりの患者のがん細胞ですら、それぞれ異なっている点について詳述する。

め、やがて、止まる。これは制御された細胞分裂であり、毎日、人体で何百万回も起きている。そして、これはまた、単一の細胞から生物の個体ができるメカニズムの基盤でもある。胚が通常の二〇倍のサイズまで爆発的に大きくならないのはなぜだろう？　胚発生の基盤となるメカニズムが働いているからだ。私たちの身体に切り傷ができるたびに、新しい脚や腕が生えてこないのはなぜだろう？　器官の絶え間ない修復と再生の基盤となるメカニズムが働いているからだ。双子の妹の細胞を移植されたナンシー・ラウリーはなぜ、増えすぎた血液で破裂せずにすんだのだろう？　造血幹細胞は新しい前駆細胞をつくるが、血球数が正常になった時点で、つくるのをやめるからだ。

しかし、がんはある意味、内部のホメオスタシスの故障であり、その中心的な特徴は無制御な細胞分裂だ。アクセルやブレーキを制御する遺伝子が壊れているために、つまり変異しているために、その遺伝子がコードする細胞分裂の調節役のタンパク質が適切に機能しなくなっている。アクセルが踏まれっぱなしになったり、ブレーキが永久に利かなくなったりする。たいていは、その二つが組み合わさっており、踏まれっぱなしのアクセル遺伝子と壊れたままのブレーキ遺伝子の組み合わせによって、がん細胞の無制御の増殖が続く。渋滞した道を猛スピードで走る車が衝突して互いに重なり合うようにして、腫瘍ができる。あるいはまた、がん細胞は別のルートにどんどん流れ込み、転移を起こす。私はここで、がん細胞に人格を与えるつもりはない。これは自然選択に基づくダーウィンの進化論の過程だ。要するに、生き延びるのは生存に最も適した細胞なのだ。本来所属していない環境や組織に最もうまく適応したがん細胞が自然選択されて増殖し、分裂する。自然選択によって、所属の法則にまったくしたがわない細胞が生き残る。それらの細胞がしたがうのは、自分たちのためにつくった法則だけだ。

先ほど述べたように、アクセル遺伝子やブレーキ遺伝子の「機能不全」は変異によって引き起こされる。DNAの変化（すなわち、その結果もたらされるタンパク質の変化）が不具合を生じさせ、アクセルが永久に「オン」のままになったり、ブレーキが永久に「オフ」のままになったりする。踏まれっぱなしの「アクセル」は、がん遺伝子と呼ばれ、壊れたままの「ブレーキ」は、がん抑制遺伝子と呼ばれる。がんを引き起こすこれらの遺伝子の大半は、細胞周期を直接司る遺伝子ではなく（例外もわずかにあるが）、多くは、指揮官を指揮するさらに上位の指揮官だ。そうした上位の指揮官がタンパク質を動員し、動員されたタンパク質がさらに別のタンパク質を動員する。やがて、細胞内で解き放たれたこうした悪性のタンパク質シグナルのカスケードによって、細胞は分裂の狂乱状態に突入し、無制御に分裂しつづけるようになる。増えつづける悪性細胞は本来所属していない組織に侵入しはじめる。細胞としてのマナーや、市民が守るべき所属の法則を破るのだ。

これらの遺伝子の多くは、細胞分裂の制御以外にも多様な機能を持つ。他の遺伝子の発現を活性化したり、抑止したりする機能だ。中には細胞の代謝を横取りできるようにする遺伝子もあり、がん細胞はその遺伝子のおかげで、邪悪にも自らの複製のために栄養を利用できるようになる。通常は、細胞同士が互いに接した時点で細胞分裂は抑制されるが、その抑制を利かせないようにする遺伝子もある。その結果、正常細胞であれば分裂をやめるような状況でも、がん細胞はどんどん増えていくのだ。

がんの驚くべき特徴のひとつは、変異の組み合わせが標本ごとに異なっているという点だ。たとえば、一番目の女性の乳がんには三二個の遺伝子変異の組み合わせが存在し、二番目の女性の乳がんには六三個の遺伝子変異が存在するが、二人の女性に共通する変異は一二個しかない、といった具合に。病理医が顕微鏡で観察すると、それら二つの「乳がん」の組織や細胞の外見はまったく同じに見える。しかし、二つのがんは遺伝子レベルでは異なっているのだ。それらの二つのがんは挙動も異なり、そのために、まったく異なる治療が必要となる可能性がある。

実際、「変異の指紋」——個々のがん細胞の持つ変異の組み合わせ——の多様性は細胞レベルにも見られる。合計で三二個の変異を有する乳がんの場合はどうだろう。その腫瘍内には、三二個のうち一二個の変異を持つ細胞もあれば、そのすぐ隣には、三二個のうち一六個の変異を持つ細胞もあって、それらの変異のいくつかは重複している。つまり、ひとつの乳がんですら、さまざまな変異細胞の寄せ集めであり、同一でない疾患の集まりなのだ。

こうした変異のうち、どれが腫瘍の病的な特徴を生み出す変異（ドライバー変異）で、どれが無害な変異（パッセンジャー変異）、つまり細胞分裂の際に偶然ＤＮＡに生じただけの変異なのかを見分ける簡単な方法はまだない。[3] ｃ - Ｍｙｃの変異など、あまりに多くのがんが持つために、「ドライバー変異」であることが確実視されている変異もある。反対に、白血病や、ある種のリンパ腫など、特定のがんだけに見つかる変異もある。そのうちのいくつかについては無制御の悪性増殖を引き起こすメカニズムが解明されているが、いまだに機能がわかっていない変異もある。

二〇一七年一一月、入院中のサムに会いに行ったとき、私は外で待っていてほしいと言われた。サムは吐き気に襲われてトイレを使い、落ちつくと、看護師に付き添われてベッドに戻った。黄昏（たそがれ）が近づいており、彼はベッド灯をつけた。そして、二人だけにしてほしいと看護師に言った。「もう打つ手はないんだろ？」と彼は私の顔をまっすぐ見て言った。彼の脳が私の脳の芯を焼き、そこに穴が開いたかのようだった。「正直に言ってほしい」

ほんとうにもう打つ手はないのだろうか？　私はその質問について熟考した。彼の病気は通常とはまったく異なる経過をたどっていた。腫瘍の一部は免疫療法に反応したが、それ以外の部分は頑固なまでに治療に抵抗していた。さらに、私たちが免疫療法薬の量を増やすたびに、自己免疫性肝炎――肝臓の恐ろしい自己中毒――が私たちを押し戻した。あたかも個々の転移性腫瘍が複製と抵抗の独自プログラムを獲得したかのように、彼の身体の個別の隠れ場所で防御を固め、個別の島に閉じこもった入植者コミュニティーのようにふるまっていた。私たちは同時にいくつもの前線を相手に闘っていた。ある前線に対しては勝利したが、別の前線に対しては負けた。そして、免疫療法薬の投与などで私たちががん細胞に環境圧をかけるたびに、いくつかの細胞がその圧を逃れ、新しい治療抵抗性のコロニーをつくった。

私は彼にほんとうのことを言った。「わからない。最後の最後まで、きっとわからないだろう」。看護師がやってきて、アラーム音を発している点滴ラインを替えた。私たちは話題を変えた。私が学んだがんの法則のひとつは、がんは頑固な尋問官のようなものだということだ。あなたが話題を変えることを、がんは許さないのだ。たとえ、あなた自身が話題を変えられると思ったときですら。

何カ月も前、彼がまだ新聞の仕事をしていたころ、彼が友人たちと音楽のプレイリストをつくっているところを見たことがあった。私は、自分がホストをつとめるパーティー用にそのプレイリストを借りた。私好みのリストだったからだ。

「今は、どんな音楽を聴いているの?」と私は訊いた。ちょっとした雑談が柔軟剤のように緊張感をやわらげ、正常の感覚が部屋に降りてきた。プレイリストについて話す二人の男。ロックンロールとか、ヒップホップとか、ラップとか。私たちはさらに一時間ほど話した。しかしその後、避けられない質問をこれ以上避けつづけることができないところにたどり着いてしまった。頑固な尋問官が戻ってきた。

「アドバイスは?　先生」と彼は訊いた。「最後はどうなる?」

最後はどうなるのか？　それは、答えることができない太古からの質問だった。私は記憶をさかのぼり、彼と同じく不定形の闘い――勝っては負け、勝っては、また負ける――を余儀なくされた患者たちのことを考えた。最後の数週間に、彼らは何を必要としていたか。私は彼に言った。達成可能な三つのことについて考えてみたらどうだろう。誰かを赦す。誰かに赦される。そして、誰かに愛していると言う。

私たちのあいだを真実が通り抜けた。私がなぜ彼に会いにきたか、まるで彼が理解したかのようだった。

不意に、彼はまた吐き気に襲われた。看護師が呼ばれ、洗面器を持って戻ってきた。「それじゃ、また」と彼は言った。「来週にでも？」

「それじゃ、また」と私は揺るぎない口調で言った。

それが、私がサムに会った最後だった。彼はその週に亡くなった。私は転生を信じてはいない。しかし、ヒンドゥー教の信者の中にはたしかに、信じている人がいる。

がん細胞の複製の特異な点は、がん細胞の悪性増殖を可能にしている遺伝子プログラムのいくつかが幹細胞の遺伝子プログラムと同じであるという点だ。たとえば、白血病細胞で「オン」になったり「オフ」になったりしている遺伝子は、正常な造血幹細胞の遺伝子サブセットと驚くほど似通っている（そのせいで、幹細胞には影響を与えずに、がん細胞だけを殺す薬をつくるのがほぼ不可能なのだ）。骨のがん細胞で「オン」になったり「オフ」になったりしている遺伝子も、骨格幹細胞で「オン」になったり「オフ」になったりしている遺伝子サブセットと類似している。類似性はこれにとどまらない。山中伸弥が正常細胞をＥＳ様細胞（山中にノーベル賞をもたらしたｉＰＳ細胞）へと変えるために「オン」にした四つの遺伝子のうち、c‐Mycと呼ばれる遺伝子は、それが無制御となった場合、さまざまながんを引き起こす主要なドライバーとなる。つまり、がんと幹細胞との関係は、不安をかき立てるほどに近いのだ。

ここから二つの重要な疑問が生まれる。ひとつは次のような疑問だ。幹細胞はがんになるのだろうか？　反対に、体内のがん細胞群の内部には、がんの持続的な再生を可能にする下位細胞群が存在するのだろうか？　血液や骨の内部に幹細胞の貯蔵庫があるのと同じように？　それこそが、がんが持続的に再増殖する秘訣なのだろうか？　再生の貯蔵庫として働く、秘密の特殊細胞下位集団があるのだろうか？　ひとつめの疑問はがんの起源に関するものだ。つまり、がん細胞はどこから発生するのだろう、という疑問だ。そして、二つめの疑問は、がんの再生に関するものだ。なぜ悪性細胞は増殖しつづけるのだろう？　正常細胞の増殖は制御され、制限されているというのに。

これらの疑問は今もなお、腫瘍内科医やがん生物学者のあいだで熱い議論を呼んでいる。まずはひとつめの疑問について考えてみよう。幹細胞や、その直接の子孫である細胞はたしかに、実験モデル系において、がんになる。血液の研究者たちが示したように、マウスの造血幹細胞の子孫細胞に一個の遺伝子を導入すると、最終的に、悪性度の高い白血病が発生する。その遺伝子（実際には、二つの遺伝子を融合させたもの）は、複数の指（フィンガー）を持つタンパク質をコードしており、そのタンパク質が多数の遺伝子を次々にオンにしたりオフにしたりする結果、幹細胞はしだいに、きわめて悪性度の高い白血病細胞へと変化していく[4]。細胞が白血病細胞へ変化する過程で、さらに多くの変異が蓄積されていく。

しかし、この逆ははるかにむずかしい。完全に成熟し、分化した細胞——まったく善良な市民細胞——を悪性細胞に変えることができるだろうか？　可能だ。しかし、かなり強引なやり方が必要になる。がんを引き起こす非常に強力な遺伝子シグナルをまるごと細胞に加えなければならないのだ。本書の前のほうに登場した、グリア細胞を覚えているだろうか？　中枢神経系の付属物のような細胞だ。グリア細胞は完全に成熟しており、無制御に増殖することはない。二〇〇二年におこなわれた研究で、当時はハーバード大学に所属していた（現在はテキサス大学に所属）ロナルド・デピーニョ率いる科学者チームが、マウスの成熟したグリア細胞に強力ながん原因遺伝子を発現させたところ、細胞が難治性の脳腫瘍である膠芽腫（こうがしゅ）の細胞に変化した。[5]この現象は人体で実際に起きているのだろうか？　それについてはまだわかっていない。

では、二つめの疑問についてはどうだろう？　がんには、無限増殖を可能にする貯蔵庫となる幹細胞が存在するのだろうか？　トロント大学のジョン・ディックの研究チームが、骨髄の白血病細胞の中に、白血病全体をゼロからつくり出せる細胞がわずかに存在することを発見した。[6]その現象は、ごく少数の血液細胞から血液全体が再構築されるのと同じであり、ディックはそれらの細胞を「白血病幹細胞」と名づけた。言い換えるなら、ある種のがんには「階層」があるということだ。ある層に属するがん細胞は急激に増殖し、病気を進行させる能力を持つ一方で、それ以外の層のがん細胞は増殖する能力を持たない。がん幹細胞は急速にはびこる植物の根のようなものであり、根を引き抜かないかぎり、植物を取り除くことはできない。同様に、がん幹細胞を殺さないかぎり、がんを根絶することはできないのだ。

しかし、すべてのがんに幹細胞が存在するという説に対しては、異を唱える者もいる。テキサス大学のショーン・モリソンは、がん幹細胞モデルは悪性黒色腫などのがんにはあてはまらないと主張している。[7]悪性黒色腫の場合には、ほとんどの細胞が急激に増殖する能力を持ち、病気の進行に貢献している。それらの細胞は増殖能を保持し、幹細胞のような特徴を有しているため、このタイプのがんに対する治療を成功させるには、できるだけ多くのがん細胞を殺さなければならないと彼は考えている。

さらに、がん幹細胞モデルがどの程度あてはまるかが患者ごとに異なるようながんもある。たとえば、ある患者の乳がんや脳腫瘍には、がん幹細胞と非幹細胞の両方が存在するが、別の患者の乳がんや脳腫瘍にはそのような階層は存在しない、といったように。幹細胞の正常な生理機能の法則は、がん細胞にはあてはまらない。なぜなら、がん細胞の場合、いくつかの遺伝子スイッチが入ったあとの変化のしかたには、途方もない流動性があるからだ。[†]

「いいかい」とモリソンは私に言った。「話はもっと複雑になっていく。骨髄性白血病などのがんはたしかに、がん幹細胞モデルにしたがっている。しかし、意味ある階層を持たないがんもあって、そういうがんの場合、下位集団の細胞を標的にすることでがんを完治させるのは不可能だ。どのがんや患者がどのカテゴリーにあてはまるかを見極めるには、さらに研究が必要だ」

ひとつたしかなことがある。がん細胞や幹細胞の中には、細胞を根本的に「再プログラム」するものがあるという点だ。細胞内で遺伝子がオンになったりオフになったりし、その結果、細胞の持続的な複製が可能になるのだ。がんが正常の幹細胞と異なる点は、がんの場合には、そのプログラムが永久に固定されるということだ。変異が固定されるため、がん細胞はもはや、持続的な分裂というプログラムを変えることができなくなる。正常な幹細胞は、そのプログラムを変化させることができる。なぜなら、幹細胞は骨芽細胞にも、軟骨細胞にも、赤血球にも、好中球にも分化できるからだ。幹細

† 誤解のないように言っておくと、スイッチをオンにしたりオフにしたりするための感覚や脳をがん細胞が持っているわけではない。がん細胞を持続的に増殖させる遺伝子をオンにした細胞が、進化によって選ばれたのだ。

胞はアイデンティティーのプログラムを変えることができるのだ。前述したように、幹細胞は利己的な性質（自己複製）と自己犠牲（分化）のバランスを保っている。それに対してがん細胞は、永久に複製しつづけるというプログラムにとらえられたまま、そこから脱することができない。がん細胞は究極の利己的な細胞なのだ。

　さらに悪いことに、ある特定の遺伝子を標的にした薬を投与するなどして、がん細胞に進化圧を加えると、十分な多様性と流動性を持つがん細胞は、薬に抵抗できる別の遺伝子プログラムを選ぶ。その結果、薬に抵抗できる変異を持つ細胞が増殖する。わずかに変化した遺伝子プログラムを持つ細胞だ（がんの遺伝子プログラムの「流動性」とはこれを意味する）。薬が届かない部位に転移した細胞は、見つかって排除されないようにするための新しい遺伝子プログラムを活性化させる。

　ここ数十年のあいだ、私たちは、がん細胞のある特定の遺伝子や変異を標的にしてがんを攻撃してきた。Ｈｅｒ‐２陽性乳がんの治療薬であるハーセプチンや、慢性骨髄性白血病（ＣＭＬ）の治療薬イマチニブなど、大きな成功をおさめた治療もあるが、それ以外の分子標的薬（個別化がん医療）の臨床試験からは、わずかな成功しか得られておらず、中には完全な失敗に終わった臨床試験もある。[8]その原因のひとつは、細胞が耐性を獲得するからであり、もうひとつは、がん細胞に多様性があるためだ。がん細胞と正常細胞、とりわけ幹細胞とが共通点を持つために、投与量を制限して薬が身体に害をおよぼさないようにしなければならないこともまた原因のひとつだ。がんとは、カントなら「恐ろしい崇高」とでも呼んだであろうものの細胞生物学バージョンなのだ。

　サムの病室を出るとき、私は彼のプレイリストについて考えた。細胞内のすべての遺伝子――ゲノム全体――があらかじめ選ばれた固定されたプレイリストのようなものなら、正常の幹細胞は複製から分化へと自らの状態を変化させる際に、そのリストの中のどの曲をどの順番で流すかを決めることができる。複製する際には、ある曲のセットを流し、分化する際には、別のセットを流す、といった具合に。

一方、がんの場合には、変異は固定されており、曲順を変えることはできない。アクセルはずっとオンのままであり、ブレーキはずっとオフのままだ。その結果、正常の幹細胞とはちがって、身体はがん細胞の活性を調節することがほぼ不可能になる。プレイリストは固定されており、まるで頭から追い出すことのできない邪悪な旋律のように、同じ曲が同じ順番で繰り返し流れる。そこへ薬や免疫療法などの選択圧が加われば、がん細胞は別の新しい遺伝子リストへ切り替え、あるいは曲をばらばらに混ぜ（たとえば、ヒップホップとショパンをめちゃくちゃにリミックスし）、悪性細胞が薬から逃れられるようにする。そしてまた、リピートが始まる。がん細胞は頭から追い出すことのできない、新しい、固定された悪性のプレイリストを流しつづける。

二〇〇〇年代半ばに、がん細胞を増殖させる遺伝子の包括的なリストが初めて作成されたとき、私たちは高揚感に包まれた。がんの完治へとつながる扉の錠がついに開いたのだと思った。

「あなたの白血病には、Ｔｅｔ２と、ＤＮＭＴ３ａと、ＳＦ３ｂ１に変異があります」と私は当惑した様子の患者に向かって言う。まるで日曜日のクロスワードパズルを解いたかのように、勝ち誇った表情を彼女に向けて。

彼女は火星人を見るような目つきで私を見る。

それから、最もシンプルな質問をする。「つまり先生は、どの薬を使えば私のがんが治るか、ご存じなんですね？」

「ええ、もうすぐわかります」と私は元気いっぱいに答える。筋書きは次のようなものだ。がん細胞を分離して、変異した遺伝子を見つけ、その遺伝子を標的にする薬を見つけ、患者に害をおよぼすことなく、がんを殺す。

研究者たちはこの考えの正しさを証明するために（正しくないわけがないではないか？）二種類の臨床試験をおこなった。[9]「バスケット」試験と呼ばれる一番目の臨床試験は、偶然にも同じ変異を持つ異なるがん（肺がん、乳がん、悪性黒色腫）を同じバスケットに入れ、同じ薬で治療するというものだ。結局のところ、同じ変異を持つがんを同じバスケットに入れて、同じ薬で治療すれば、同じ反応が得られるはずではないか？　しかし結果は、厳しい現実を突きつけるものだった。二〇一五年に論文が発表された歴史的な研究では、同じ変異を持つことが判明した異なるがん（肺、大腸、甲状腺）の患者一二二人に同じ薬、ベムラフェニブが投与された。[10]薬が効いたがんもあったが（肺がんの四二パーセントに効いた）、それ以外のがんは薬に反応せず、たとえば、大腸がんの反応率はゼロパーセントだった。さらに、薬が効いた場合も、ほとんどの場合、効果は一時的で、短期間の寛解のあとで患者はふたたび振り出しに戻らざるをえなくなった。

二番目の臨床試験は、一番目を裏返したような試験だった。「アンブレラ」試験だ。ある種のがん、たとえば、肺がんの変異を調べ、異なる変異の組み合わせを持つがんを別々の傘（アンブレラ）の下に入れる。個別の傘の下に入れられた各肺がんに、そのがんが持つ特定の変異の組み合わせに対応した薬剤のセットが投与される。結局のところ、異なる変異を持つがんを別々の傘の下に入れて、別々の治療をほどこしたなら、それぞれに特異的な反応が得られるはずではないか？　これもうまくいかなかった。BATTLE‐2と呼ばれる大規模臨床試験の結果もやはり、厳しい現実を突きつけるものだった。[11]大半のがんがほとんど反応しなかったのだ。ある評論家は落胆を隠せずに、こうコメントした。「結局、この臨床試験からは、有望な新治療はひとつも見つからなかった[12]」

「われわれ生化学者は、データ中毒だ。アルコール依存症が安酒の中毒であるように」。マサチューセッツ工科大学（MIT）のがん生物学者マイケル・ヨッフェは《サイエンス・シグナリング》誌の中でそう書いている。[13]「財布をなくした酔っ払いが街灯の下だけを探すという古い冗談と同じく、生物医学者たちは〝いちばん明るい〟遺伝子配列という街灯の下だけを探す傾向にある（なぜなら、そこがいちばんよく見えるからだ）。つまり、できるだけ早く、大半のデータが手に入る場所だ。まるでデータ中毒者のように、われわれはゲノム配列の中ばかり探しているのだ。治療にほんとうに役立つ情報はどこかほかの場所にあるかもしれないというのに」

遺伝子配列は魅惑的だが、それはデータであって、知識ではない。では、「治療にほんとうに役立つ情報」はどこにあるのだろう？　がん細胞の持つ変異と、細胞の個性との交差点のどこかにあると私は信じている。背景の中に。細胞が生き、増殖する場所。細胞の種類（肺の細胞なのか、肝臓の細胞なのか、あるいは膵臓の細胞なのか）。細胞の起源と、発生の経路。細胞に独自の個性を授ける特定の因子。細胞を維持する栄養素。細胞が依存する周囲の細胞。そうしたものの中に。

もしかしたら、新世代のがん治療の登場によって、私たちはデータ中毒を克服できるかもしれない。何十年ものあいだ、私たちは、がんとは個々の悪性細胞がもたらす結果だと考えてきた。「がん細胞」こそがこの病気の悪性の挙動や、悪事を働くようになった自律性細胞のアイコンとなり（「がん細胞」という名前の科学誌まである）、私たちの注目の的になった。細胞を殺せば、がんを打ち負かせると私たちは考えた。手術室で、外科医がもうひとりの外科医に言う。「この腫瘍は脳に広がっている」（これとは対照的に、「風邪があなたをつかまえた」と言う人はいない）。がんの場合、主語と述語、動詞の順番が変わる。がんは自律能を持つ主体であり、攻撃者であり、移住者なのだ。それに対して、宿主である患者は無言の観客であり、苦しめられるだけの犠牲者であり、受動的な傍観者だ。患者の背景、患者のがん細胞の挙動や位置や巧みな移動性、がんに対する患者の免疫反応など、なんの意味があるというのか？

しかしサムの場合、がんは転移した部位ごとに異なるふるまいをした。彼の身体は受動的な傍観者などではなかった。彼の肝臓の転移巣のふるまいは、彼の耳たぶのがんのふるまいとはちがっていた。それに、がんはいくつもの臓器で密なコロニーをつくったが、不思議なことに、いくつかの臓器には転移しなかった。

つまり、解き明かされなければならないのは次の疑問だ。がんは身体のさまざまな部位に転移するが、中には腎臓や脾臓など、がんを決して寄せつけない器官があるのはなぜなのか。もしかしたらがん細胞は、器官や生物の個体と同じく、コミュニティーのようなものなのかもしれない。それも、ある特定のタイミングで、ある特定の場所に居を定めるコミュニティーだ。がんに用いられる比喩は変化しつつある。協力的な集合体、異常をきたした生態系、邪悪な細胞と環境とのあいだで結ばれた悪の協定（がん細胞はその環境と共同で働く）、といったように。あるいは、こんなふうにも言われる。「交通渋滞が車の病気でないのと同じように、がんは細胞の病気ではない」。イギリスの医師で、がん研究者のD・W・スミザーズは一九六二年、《ランセット》誌にそう書いた[14]。「交通渋滞は車とその周囲の環境との正常な関係が障害されるために発生するものであり、車自体が正常に走行しているか否かに関係なく起きる」。この挑発的な発言はやや言い過ぎのきらいがあり、すぐに激しい反論がわき起こった（影響力の強いがん研究者のひとりであるロバート・ワインバーグは私に「まったくのナンセンス」だと言った）。スミザーズの発言はたしかに挑発的ではあったが、こう発言することによって、彼は人々の関心をがん細胞から引き離し、実際の環境でのがん細胞のふるまいへと向けようとしたのだ。

私たちががんの新しい比喩を生み出しつつある今、攻撃の対象も変異から代謝へ変わりつつある。たとえば、がんの中には特定の栄養素や特定の代謝経路に強く依存する（それらの「中毒になっている」）ものがある。ドイツの生理学者オットー・ワールブルクは一九二〇年代に、がん細胞の多くが速くて非効率的な糖の消費法を使ってエネルギーを産生することを発見した。[15] たとえ酸素が十分にあっても、がん細胞はミトコンドリアで起きる深く遅い燃焼より、この無酸素の発酵のほうを好むのだ。一方の正常細胞は、ほぼつねに、遅い燃焼と速い燃焼（酸素依存性と非依存性）という両方のメカニズムを組み合わせてエネルギーを産生している。がん細胞のこの代謝の癖を利用して、がんだけを殺す方法を生み出せないだろうか？[†]

私たちの研究チームは現在、コーネル大学のチームおよびルイス・カントレー（現在はハーバード大学に所属）と共同で、がん細胞が依存する糖とタンパク質の代謝メカニズムを標的にした臨床試験をおこなっている。その代謝経路は、不安をかき立てるほどに例外なく、どのがん細胞も利用しているが、正常細胞は使っていない。カントレーとの共同研究で、私たちは、ある種の（すべてではないが）がん細胞が、強力な抗がん剤に対抗するメカニズムとして、インスリン（その分泌は糖によって促進される）を利用することを発見した。つまり、がん細胞は抗がん剤の毒を浴びたあと、まるで狡猾な犯罪者のように、インスリンを利用して薬の毒性から逃れられるようになるのだ。この発見からさらに、特定の栄養素へのがん細胞の依存について、次のような疑問が生まれる。がん細胞が栄養素を利用する方法に不具合を生じさせ、そのあとで、がん細胞を標的にした薬を投与すれば、がん細胞はついに、その薬に対して「再感受性を示す」ようになるだろうか？　ある種のがんが依存しているプロリンというアミノ酸を身体から取り除いたなら、がんを栄養失調に陥らせることができるだろうか？

あるいはまた、免疫回避に注目するのはどうだろう。ジェームズ・アリソンと本庶佑は、すべてのがんがある時点で、免疫系に対抗する方法を見いだすという点に着目した。そして、がん細胞のマントを剥がせば、がん細胞が免疫系の攻撃を逃れる仕組みが解除されるはずだと考えた。一九九〇年代には、ジューダ・フォークマンが、がんに血液を送る血管をブロックするという考えを提唱した。さらには、エミリー・ホワイトヘッドの場合のように、患者自身のT細胞を改変して、白血病細胞を攻撃できるようにするという方法もある。

しかしまずは、がん細胞の生理機能を正常の細胞と同じように理解しよう。他のすべての細胞について考えるときのように、背景との関係でとらえるのだ。細胞が存在する器官や周囲の支持細胞、細胞が送るシグナル、細胞の持つ依存性と弱点といったものとの関係で。

謎は尽きない。改変したT細胞は白血病やリンパ腫を効果的に攻撃するが、卵巣がんや子宮がんを攻撃することはできない。なぜだろう？　サムに使われた免疫療法薬は、彼の皮膚の腫瘍を消失させたが、肺の腫瘍には効かなかった。なぜだろう？　私のチームの博士研究員が発見したように、食事療法でインスリンを枯渇させる方法はマウスの子宮体がんや膵臓がんの進行を遅らせた一方で、ある種の白血病の進行を速めた。なぜだろう？　私たちは、自分たちが何を知らないのかすら知らないのだ。

† なぜがん細胞は、酸素を使わない、速くてちゃちな（きわめて非効率的な）エネルギー産生メカニズムを使うのか。その理由はわかっていない。酸素依存性の呼吸（好気性呼吸）では三六分子のATPがつくられるが、酸素非依存性の発酵（嫌気性呼吸）からは二分子しかつくられず、そこには一八倍ものちがいがある。好気性のシステムを使えば、はるかに多くのエネルギーがつくれるうえ、資源にかぎりがあるわけでもないのに（たとえば、白血病細胞は文字どおり血液に浸かっていて、そこには栄養素も、好気性呼吸に使える酸素も豊富にある）、なぜがん細胞は非効率的なエネルギー産生システムのほうを使うのだろう？答えの一部は次の事実にあるかもしれない。エネルギーを産生するために酸素依存性の反応を使うと、毒性の副産物ができる。その副産物は、反応性がきわめて高い化学物質で、細胞にとって有害なため、排除しなければならない。好気性呼吸の有害な副産物には、DNAを変異させる化学物質も含まれており、その変異によって、分裂を止める細胞内装置が活性化される可能性がある（チェックポイント期であるG2を思い出してほしい。その時期に、細胞はDNAの質をチェックする）。がん細胞は「与えられた状況下でベストをつくす」ように進化した可能性がある。エネルギー効率を犠牲にするかわりに、自分にとって有害な副産物を寄せつけないようにしたのだ。だが、これは仮説のひとつにすぎず、がん細胞が嫌気性呼吸を好む理由について、これとはちがう説を唱える研究者もいる。ラルフ・デベラルディニスをはじめとする研究者たちによる最近の研究によって、ワールブルク効果（がん細胞がミトコンドリア以外の経路を使ってエネルギーを産生する現象）は、生体内と比較して、研究室（がん細胞を培養する際に私たちがつくり出している人工的な状況）でより顕著に観察されている可能性が示された[16]。研究室でがん細胞を培養する際、私たちはたいてい、培養皿に糖を大量に加えるため、がん細胞の代謝がミトコンドリア以外の経路に傾くのではないかというのが彼らの主張だ。ワールブルク効果はたしかに実在する。研究室ではなく人体で増殖するある種の「実際の」がんも、エネルギー産生の主要経路として、ミトコンドリア以外の経路を使っている。だが、私たちはその効果の程度を過大評価している可能性があるのだ。

‡ 本章のテーマはがん細胞の挙動や移動、代謝であるため、がんの予防や早期発見については触れなかった。それらのトピックのいくつかについては、拙著『がん―4000年の歴史―』の中で取り上げている。

細胞の歌

私にはどちらが好きかわからない
抑揚の美か
暗示による美か
クロウタドリがさえずるときか
さえずるのをやめた瞬間か
——ウォレス・スティーヴンズ「クロウタドリを見る一三の方法(*Thirteen Ways of looking at a Blackbird*)」[1]

アミタヴ・ゴーシュの『ナツメグの呪い(*Nutmeg's Curse: Parables for a Planet in Crisis*)』(二〇二一年)の中にこんな話がある。著名な植物学の教授が村の青年に案内されて熱帯雨林の中を歩いている。多種多様な植物種の名前を言うことができる青年の見識に驚いた教授は、その知識の深さをほめる。しかし青年は沈んだ表情になり、そして「うつむいたままうなずき、こう答える。〝はい、おれは木の名前を覚えましたが、まだ歌は学んでいません〟」[2]

読者の多くは、「歌」を比喩としてとらえるかもしれない。しかし私には、それは比喩よりもはるかに深いもののように思える。青年が嘆いていたのは、熱帯雨林の個々の植物の相互関連性——生態学や、相互依存――についてはまだ学んでいないということだったのではないか。熱帯雨林は全体として、どのように活動し、生きているのか。「歌」とは、内部のメッセージ――鼻歌のようなもの――であると同時に、外部へのメッセージでもある。相互関連性や協力を伝えるために、ある存在から別の存在へと送られるメッセージでもあるのだ（歌はしばしば、一緒に歌われたり、互いに向けて歌われたりする）。私たちは細胞や、細胞システムの名前を挙げることはできるが、細胞生物学の歌はまだ学んでいない。

ならば、私たちにとっての課題は次のようなものになる。私たちはすでに身体を器官と細胞システムに分けた。個別の機能を担う器官（腎臓や心臓や肺など）と、そうした機能を生み出す細胞システム（免疫細胞や神経細胞など）だ。そして、それらのあいだで交わされる、短距離および長距離シグナルを発見した。これだけでもすでに、独立した単一の生きたブロックの集合体として身体をとらえたフックやレーウェンフックからは大きく前進した。この前進によって、私たちは、身体を市民の集まりとしてとらえたウィルヒョウの考えに近づいた。

しかし、細胞の相互関連性についての私たちの理解にはまだ欠落がある。私たちはまだ、レーウェンフックの言葉を借りれば、細胞を「生きた原子」として――身体という宇宙に浮かぶ、孤立した単一の宇宙船として――とらえる世界に生きている。原子からなる世界を離れなければ、私たちは、イギリスの外科医スティーヴン・パジェットが投げかけた次の疑問を解き明かすことはないだろう。なぜ肝臓と脾臓はほぼ同じ大きさで、解剖学的にも近い位置にあり、実質上、血流を共有しているにもかかわらず、片方（肝臓）はがんが最も転移しやすい器官のひとつなのに対し、もう一方（脾臓）にはがんがめったに転移しないのだろう？　ある種の神経変性疾患の患者、とりわけパーキンソン病の患者のがんの罹患率が極端に低いのはなぜだろう？　あるいはまた、ヘレン・メイバーグが私に言ったように、自身のうつ状態を「存在の倦怠感」（彼女の言葉だ）のようなものだと説明する患者はたいていの場合、脳深部刺激療法に反応しないのに対し、「垂直な穴に落ちていく」ような感じだと表現する患者が反応しやすいのはなぜだろう？　熱帯雨林で顔を曇らせた青年と同じく、私たちは木の名前を覚えたが、木々のあいだを伝わる歌については学んでいないのだ。

何年も前に、ある友人から聞いた話が今も心に響いている。彼はそのとき、祖父と一緒に歩いていたという。二人は南アフリカのケープタウンからアメリカにやってきた。マサチューセッツ州ニュートンの、とあるアパートメントの前で祖父が足を止めた。ユダヤ系移民の一世や二世が住むアパートメントだった。友人の曾祖父はリトアニアから南アフリカに移住していた。祖父はアパートメントに近づいていった。ドアベルのそばに書かれた住人たちの名前が見たかったからだ。「でも、おじいちゃん」と友人は異を唱えた。「ぼくたちは、ここに住んでいる人をひとりも知らないじゃない」。祖父は足を止めて微笑み、言った。「いいや、そんなことはない。わしらはこの建物に住んでいる人を全員知っているんだ」

細胞からニューヒューマンをつくるには、名前だけでなく、名前同士の相互関連性も知らなければならない。住所だけでなく、その隣人についても知らなければならない。ＩＤカードだけでなく、性格や物語、歴史も知らなければならないのだ。

もしかしたら、本書が終わりに近づいている今、私たちはここでしばし立ち止まり、二〇世紀の科学における最も深遠な哲学的遺産と、その限界について考えるべきなのかもしれない。「原子論」とは、物質や情報、生物はみな基本単位からなるという考え方だ。私が前著の中で触れた、原子やバイト、遺伝子といった単位だ。それらの単位に、私たちはさらに細胞を加えるべきなのかもしれない。私たちは単一のブロックで構成されている。形や大きさ、機能は驚くほど多様だが、それでもやはり単一のブロックだ。

なぜだろう？　答えは推測でしかないが、次のようなものかもしれない。生物の世界では、単一のブロックから複雑な個体へ進化させるほうが簡単だからだ。ブロックの順番を変えたり、さまざまなブロックを組み合わせたりすることで、多様な器官系を生み出すことができる。その結果、各細胞はすべての細胞に共通する特徴（代謝、老廃物の排出、タンパク質合成）を保持しつつ、独自の機能を担えるようになる。心筋細胞や神経細胞、膵臓細胞、腎臓細胞はみな、共通の性質を持つ。エネルギーを産生するミトコンドリアや、細胞の境界を定める脂質の膜、タンパク質を合成するリボソーム、タンパク質を輸送する小胞体やゴルジ体、シグナルの出入りをする膜の孔、ゲノムを収納する核といったものだ。だが、こうした共通点を持ちながらも、それぞれの細胞は異なる機能を担っている。心筋細胞はミトコンドリアが産生するエネルギーを利用して収縮し、ポンプ機能を果たす。膵臓のβ細胞はそれと同じエネルギーを使ってインスリンを合成し、分泌する。腎臓細胞は細胞膜の孔を利用して、体内の塩分を調節する。神経細胞は細胞膜にあるまた別のチャネルを利用してシグナルを送り、知覚、感覚、意識を生み出す。一〇〇〇個の異なる形のレゴブロックを使って組み立てたら、いくつの異なる構造物ができるか想像してみてほしい。

もしかしたら、進化の観点から答えをとらえ直す必要があるかもしれない。単細胞生物が多細胞生物に進化したことを思い出してほしい。そうした進化は一度きりではなく、異なるタイミングで何度も起きた。それらの進化を牽引したのはおそらく、捕食を逃れる能力、乏しい資源をより効率的に獲得する能力、特殊化と多様化によってエネルギーを保存する能力だった。単一のブロック、すなわち細胞は、共通プログラム（代謝、老廃物の排出、タンパク質合成）と特殊プログラム（心筋細胞の収縮、膵臓のβ細胞のインスリン分泌）を組み合わせることによって、特殊性と多様性を生み出せるようになった。細胞同士は特定の目的を果たすために集合し、多様化し、そして生き延びたのだ。

「原子論」はたしかに強力だが、それによってすべてが説明できるわけではないことがわかってきた。物理的、化学的、生物学的な世界の大半は、進化による原子的単位の集合として説明することができるが、その説明には限界がある。遺伝子は、それだけでは生物の複雑さや多様性の説明として驚くほど不完全だ。生物の生理機能や運命を説明するには、遺伝子同士の相互作用や、遺伝子と環境の相互作用も考慮しなければならない。遺伝学者のバーバラ・マクリントックは、時代に何十年も先んじて、ゲノムを「細胞の繊細な器官」と呼んだ。[3] 器官と繊細なという言葉は、一九五〇年代から六〇年代の遺伝学者にとってはまったく馴染みのない概念だった。当時の遺伝学者たちが好んでいた原子論的な遺伝子ごとのアプローチに対して、マクリントックは、ゲノムは全体としてのみ、つまり環境に反応する「繊細な器官」としてのみ解釈できると主張したのだ。

それと同じ論理で、細胞も、それだけでは生物の複雑さを完全に説明することはできない。私たちは、細胞同士の相互作用や、細胞と環境との相互作用を考慮に入れ、細胞生物学にホーリズム（全体論）を取り入れる必要がある。生態学や社会学、「インタラクトーム」（生体内で起きるすべての相互作用の総称）など、私たちはすでに、こうした相互作用を指す初歩的な用語を持ってはいるが、それを理解するためのモデルや方程式、メカニズムは持ち合わせていない。病気もやはり、細胞同士の社会契約違反とみなすことができるかもしれない。

問題の一部は、「ホーリズム」という言葉自体が、科学的に汚されてきたことにある。この言葉は、私たちが理解していることを全部すりつぶして、刃のやわらかい（無能な）、機能不全のミキサーの中に放り込むことと同義になってしまった。オーウェルの言葉を言い換えるなら、方程式がひとつならいいが、四つは悪い、とでもいうように。

さらに悪いことに、ポストモダニズムの科学的思考が、この方程式を、それが書かれている黒板と一緒にゴミ箱に捨てた。そう、大切なものと無用なものをいっしょくたにして捨てたのだ。だがそれもまた、正反対だが同等のナンセンスだった。宇宙に投げられたニュートン学説のボールは実際に、ニュートンの法則にしたがう。ボールを支配する法則は宇宙誕生のころと同様に、本物であり、実在する。それと同じ理屈で、細胞と遺伝子もまた本物だ。ただ、孤立した状態では「本物」ではない。細胞や遺伝子は根本的に一体となって協力し合う単位であり、ともに生物の個体をつくり、維持し、修復する。矛盾する考えを同時に抱えるのはむずかしいかもしれない。しかし、もしかしたら非西洋哲学が助けになるかもしれない。「協力」と「単位」――無私と利己――とは相互に排他的な概念ではない。それらは同時に存在するのだ。

普遍原則は私たちを満足させる。方程式はひとつだけのほうがいい。なぜなら、そのほうが、宇宙は秩序だっているという私たちの考えに合致するからだ。しかし「秩序(オーダー)」はなぜひとつでなければならないのだろう？　なぜ唯一(ユニフェスト)でなければならないのだろう？　ひょっとしたら、細胞生物学の将来についての公約(マニフェスト)のひとつは「原子論」と「ホーリズム」の統合になるかもしれない。多細胞性は何度も進化を繰り返してきた。なぜなら細胞にとっては、自らの境界を維持しつつ市民として存在するほうが多くの面で有利だったからだ。もしかしたら私たちも、ひとつから多数へと焦点を移すべきなのかもしれない。そのほうが、細胞システムや、さらには細胞生態系を解明するうえで、他のどんな方法よりも有益だからだ。私たちはこの建物に住む全員を知る必要があるのだ。

一九〇二年一月、根拠の不確かな人類学的理論に基づいたドイツ学派分断の〝死の舞踏〟が周囲で渦巻きはじめたころ、急がしいスケジュールをこなしていたルドルフ・ウィルヒョウは、ベルリンのライプツィヒ通りで路面電車を降りるときに足を踏み外し、転倒して、太腿を痛めた。

ウィルヒョウは大腿骨を骨折した。しだいに痩せ衰え、衰弱していった彼は「小柄で、皮膚の黄色い、フクロウのような顔をした、眼鏡を掛けた男」だったと彼の助手は書いている。[4]「目は異様に鋭く、それでいてやや曇っており、睫毛が失われているのがはっきりと見えた。まぶたは羊皮紙のようで、紙ほどに薄かった……私たちが入っていったとき、彼はバターを塗ったパンを食べており、皿の横にはカフェオレの入ったカップがあった。それが彼の昼食だった。朝食と夕食のあいだに、彼はそれしか食べなかった」

彼の体内で、細胞病理の連鎖が解き放たれていた。骨折が起きたのは、骨がすでに脆くなっていたためで、骨が脆くなったのは、骨細胞が老化したためだった。骨細胞はもはや大腿骨を修復して構造を維持することができなくなっていた。

夏のあいだ、彼は静養したが、その後、状態は悪化した。免疫力が低下していたために（これもまた、細胞が変化したためだった）、感染症にかかり、感染症が引き金となって心不全（心筋細胞の機能不全）を発症した。正常を保っていたひとりの男の細胞社会がシステムごとに崩壊していった。一九〇二年九月五日、ウィルヒョウは息を引き取った。

ウィルヒョウは死の直前まで、細胞の生理と、その反対の状態である細胞の病理について理解を深めるために研究を続けた。彼の研究から生まれた数多くの重要な考えや、その後の数十年のあいだに生まれたさらに多くの考えは、消えることのない彼の遺産であり、本書の教訓だ。彼の考えを土台とした細胞生物学の教義は、私が列挙できるかぎり、少なくとも一〇項目に増えた。細胞についての私たちの理解が深まるにつれ、その数は今後、さらに増えるだろう。

1　すべての細胞は細胞から生じる。
2　最初のヒト細胞がすべてのヒト組織を生み出す。つまり、人体のすべての細胞は、原則的に、一個の胚細胞（幹細胞）からつくることができる。
3　各細胞は形態も機能も多様だが、その根本的な生理機能は似通っている。
4　細胞は生理機能の類似点を特殊な機能のために利用することができる。たとえば免疫細胞は摂取のための分子装置を利用して微生物を貪食し、グリア細胞はこれと似た仕組みを利用して脳のシナプスを刈り込む。
5　特殊な機能を持つ多数の細胞からなるシステムは、短距離および長距離メッセージを介して互いにコミュニケーションを取り合いながら、個々の細胞だけでは担うことのできない強力な生理機能を生み出す。傷の治癒や、代謝状態のモニター、感覚、認知、ホメオスタシス、免疫といった機能だ。人体は、細胞が市民としてふるまい、互いに協力し合うことによって機能する。
6　このように、細胞の生理は人体の生理の基盤であり、細胞の病理は人体の病理の基盤である。細胞同士の協力態勢が崩れれば、私たちは健康を維持できなくなり、病気になる。
7　個々の器官の衰退や修復、若返りのプロセスは器官ごとに独特だ。修復や若返りを絶えずおこなう特殊な細胞を持つ器官もあれば（スピードは遅くなるものの、成人になってからも血液は若返りつづける）、そうした細胞を持たない器官もある（神経細胞はめったに若返らない）。損傷と老化、修復と若返りのあいだのバランスが取れているか否かによって、最終的に、器官が正常を保つか、衰退していくかが決まる。

8　分離された細胞について理解するだけでなく、市民としての細胞の法則——寛容、コミュニケーション、特殊化、多様化、境界の形成、協力、微小環境、生態学的な関係——を解明することによって、最終的に、新しい種類の細胞治療を生み出すことができるだろう。

9　私たちの基本単位である細胞からニューヒューマンをつくる能力は今ではもう十分に医療の手が届く範囲にある。細胞リエンジニアリングによって、細胞の病的な状態を改善したり、場合によっては、正常に戻したりすることが可能になるかもしれない。

10　細胞リエンジニアリングによって、私たちはすでに、再設計された細胞を使ってヒトのパーツを再構築することができるようになった。この分野についての理解が広がるにつれ、医学的・倫理学的な新しい難問が生まれ、人間の根本的な定義や、私たちがどの程度自分たちを変化させたいのかという点についての考えが深まったり、揺らいだりするだろう。

これらの教義は今もなお、私たちを鼓舞し、駆り立て、ときに驚かす。医師として、私たちはこれらの原則を学び、患者として、これらの原則を生きている。医学の新たな領域に足を踏み入れつつある人間として、私たちはこの原則をどう受け入れ、どう挑むのか。そして、文化や社会、私たち自身にこの原則をどう取り入れるのか。学ぶべきことは多く残されている。

エピローグ――「私のよりよいバージョン」

もし私たちが人間以下なら。
もし恵みの大滝の縁に立ち、
ポケットが小銭で膨らんでいなければ、
私たちは何も盗まなかったことになるのに
――でも実際は、盗んだはずだ――
誰が盗まずにいられる？

――ケイ・ライアン『私たちが自らに課した試練（The Test We Set Ourselves）』（二〇一〇年）[1]

だが私も物をつくった
それがある日、
私のよりよいバージョンになるかもしれない

――ウォルター・シュランク「あらゆるサイズの鬨(とき)の声（Battle Cries of Every Size）」（二〇二一年）[2]

ポール・グリーンガードが亡くなる数週間前、私はまた彼とロックフェラー大学の滑りやすい大理石の道を一緒に歩いた。途中で、ジョージ・パラーデが地下の研究室を立ち上げた建物を通り過ぎた。パラーデはそこで生化学の手法と電子顕微鏡を使って、細胞の各パーツとそのサブパーツを分析した。キャンパスの一部は封鎖されて足場が組まれており、建設作業員たちが新しい研究室をつくっていた。私はグリーンガードにニューヒューマンをつくることについて話した。

「つまり、遺伝子レベルで？」と彼は尋ねた。[3]

彼が意味していたのは新技術のことだった。とりわけ、賀建奎などの研究者がヒトゲノムを意図的に改変するのに使った遺伝子編集技術だ。

しかし、私が意味していたのは遺伝子レベルでニューヒューマンをつくることではなかった。少なくとも、遺伝子レベルの話だけではなかった。エミリー・ホワイトヘッドのことを思い出してみよう。彼女の免疫系は、がんを殺せるように兵器化されたT細胞によって再構築された。あるいは、体外受精で誕生した最初の赤ちゃん、ルイーズ・ブラウンのことを。あるいは、HIVに抵抗力のある細胞を持つドナーから骨髄提供を受けたティモシー・レイ・ブラウンのことを。彼もまた、新しい細胞によって再構築された。妹の血液によって生きているナンシー・ラウリー。極小の電極から流れるエネルギーが脳内を巡っているヘレン・メイバーグの最初の患者たち。

ヒトのパーツの作製を別の細胞システムにも広げてみてはどうだろう？　1型糖尿病患者の不具合のある膵臓をインスリン産生細胞で再構築したり、変形性関節症の女性のすり減った関節を新しい軟骨に取り替えたりするのだ。私はグリーンガードに、コレステロール値を永久に低く保つ肝細胞を持つヒトを生み出そうとしている〈バーブ・セラピューティクス〉社の話をした。

グリーンガードはうなずいた。彼はちょうど神経オルガノイドに関するセミナーに参加したばかりだった。神経オルガノイドとは基質に似せた液体内で培養された神経細胞がボール状になったもので、研究者たちはそれを「ミニ脳」と呼びはじめている。その呼び名が誇張なのはまちがいないが、ヒトの神経細胞からなる小さなボールが発火し、互いにコミュニケーションを取り合っている様子を眺めるのは、まちがいなく、寒気のする体験だろう。そのようなオルガノイドのひとつの内部で、でたらめにせよ、なんらかの思考が生まれたことはあるのだろうか？　突かれたら、オルガノイドはその感覚を覚えるのだろうか？

ある朝、私の研究室の博士研究員であるトゥグルル・ジャファロフに培養フラスコを見せてもらった。フラスコの中には、マウスから採取したグレムリン発現細胞が多数存在していた。クラゲの蛍光タンパク質ＧＦＰの遺伝子がゲノムに挿入されているため、細胞は緑色に発光していた。最初は何も起こらず、細胞はフラスコの中でじっとしたままだった。しかしその後、細胞はゆっくりと分裂を始めた。分裂の勢いはしだいに猛烈になっていき、やがて細胞は自らのまわりに小さな軟骨を形成した。

フラスコが何百万個もの細胞でいっぱいになると、ジャファロフは毛髪二本分ほどの細い針で細胞を吸い上げ、マウスの膝関節に注入した。もう何カ月ものあいだ、彼はこの手技を繰り返しており、徐々に上達していった。まるでダイバーが水しぶきを立てることなく水中にすっと潜り込むように、関節に傷をつけることなく針を挿入しなければならない。

数週間後、彼から関節を見せてもらった。細胞は軟骨の薄い層を形成していた。私たちがつくったのはキメラ膝であり、クラゲのタンパク質がマウスの体内で静かに光っていた。完璧にはほど遠かったが（ほんの数個の細胞が生着しただけだった）、これが新しい細胞からなる関節をつくる第一歩なのは明らかだった。

カズオ・イシグロの作品中、最も謎めいた小説である『わたしを離さないで』の舞台は、ヒトのクローン作製が合法化された未来だ。[4] 小説には生徒たちが登場する。彼らはヘールシャムという名の寄宿学校で暮らしている。ひょっとしたら、その名前は偽物（シャム）の学校だということを暗示しているのかもしれない。生徒たちはやがて、自分たちが存在する唯一の目的は自分のクローンである大人に臓器を提供することだと気づく。臓器がひとつずつ、生徒たちから摘出され、大人に「提供」されていく。やがて臓器が摘出しつくされると、子供たちは避けがたく、命を落とすことになる。

この小説のある時点で、子供のひとりであるキャシーが、いずれ恋人となる友人のトミーが描いた絵を目にする。キャシーはこう書いている。「その一体一体が実に細かく、実に丁寧に描き込まれていることに驚きました。[5] まず、動物であるとわかるまでに、多少の時間がかかりました。わたしの受けた第一印象はラジオです。裏板をはずして、中を覗き込んだところ、とでも言いましょうか。細い管、うねるリード線、極小のねじと歯車が、これでもかという精密さで描かれていました。[6] でも、紙から顔を遠ざけると、それは確かにアルマジロに似た動物であったり、鳥であったりします。……騒々しいほどに金属的な特徴を持った動物なのに、どれにも、どこか柔らかくて傷つきやすい何かがありました」

「細い管、うねるリード線、極小のねじと歯車」というのはひょっとしたら、人体の構造（臓器や細胞）を表す比喩なのかもしれない。取り除いて、寄せ集め、ブロックのようにヒトからヒトへ移すことのできる移動可能な部品を表しているのかもしれない。批評家のルイ・メナンドは《ニューヨーカー》誌で次のように書いている。「『わたしを離さないで』の謎に包まれた背景には、遺伝子工学とそれに関連する技術がある」[7]。しかし、それは正確ではない。背景にあるのは細胞工学なのだ。ジャファロフがマウスの軟骨細胞を採取して別のマウスに移植する実験をおこなっていた時期に、私はイシグロの小説を読んだ。一匹目のマウスは犠牲にせざるをえなかった。しかし、その実験は無駄ではなかった。ジャファロフが追い求めていたのは、何十万人もの人が罹患し、そのせいで歩けなくなる変形性関節症の治療法だったのだ。しかし、当時の実験を思い出しながらこれを書いている今、私は良心の咎めを感じずにはいられない。そのような未来がもたらすなりゆきに対する不安が、私を身震いさせるのだ。

私たちは本書をとおしてさまざまな「ニューヒューマン」に出会ってきた。そして細胞を使って、パーツごとに、より新しい人間をつくっていくという考えにも出会ってきた。それは遠い未来の話かもしれない。しかし、そのうちのいくつかは、私がこれを書いている今まさに起きている。前述したように、ジェフリー・カープとダグラス・メルトンらの研究者チームが「人工膵臓」を作製中だ。彼らはこの新しい臓器を1型糖尿病患者に移植したいと考えている。〈ヴァーテックス〉と〈ヴィアサイト〉の二社がすでに、幹細胞から分化させた膵臓のインスリン産生細胞を投与する臨床試験の患者登録を開始している。メイヨークリニックでは、肝臓の細胞からバイオ人工肝臓がつくられている[8]。心臓については、これまでのところ遺体から摘出されたものが移植されてきたが、ある野心的な細胞工学プロジェクトでは、幹細胞から分化させた心筋細胞を心臓に似たコラーゲンでできた土台に埋め込んだバイオ人工心臓を生み出す実験がおこなわれている。

イシグロの小説はSFとして書かれており、フィクションであることはまちがいない。ヒトのクローンが作製され、臓器提供のためにその命が犠牲になるような未来が来るとは思えない。しかし、人間を増強するための細胞工学についてはどう考えればいいだろう？　ジャファロフが試みようとしている実験のひとつは、マウスの子の四肢と関節に骨・軟骨幹細胞を注入するというものだ。マウスの背は高くなるだろうか？　身体はマウスのままで、四肢だけがジャックウサギのようになるだろうか？　〝マウスウサギ〟に？　これもまた無駄な実験ではない。身長が極端に低い人の中には、背が高くなりたいと望んでいる人もいるからだ。しかし、全員が望んでいるわけではない。低身長の人の中には、自分の人生はまったく問題ないと考える人もいる。健康で、満たされている人もいる。低身長を〝障害〟とみなすことは、それ以外の人々に独特の〝能力〟を付与するのと同じだと彼らは主張する（果たして背の高さを〝能力〟とみなせるだろうか？）。

しかし、〝正常な〟人間が細胞治療を使って自分の身長を高くしたいと望む場合はどうだろう？　それはもはやＳＦの世界の話ではないように思える。未来はまだ謎に包まれているものの、その願望は想像の範囲内にある。そうした人々を思いとどまらせるべきなのだろうか？　だとすれば、それはなぜだろう？

哲学者のマイケル・サンデルは長いあいだ、この問題について考察してきた。[9] 何年も前、私はコロラド州のアスペンで彼に会った。「完璧さを追い求める手段としての遺伝子工学とヒトのクローニング」についてサンデルが講演したあとのことだった。美しい山間の午後で、秋の葉が風に揺れていた。青色のジャケットとネクタイという格好のサンデルは一分の隙もなく、いかにも教授といった感じだった（実際、彼はハーバード大学哲学科の教授である）。サンデルの講演は挑発的だった。彼は、増強（エンハンスメント）の探求に異を唱え、その根拠として、神学者の故ウィリアム・メイが「招かれざるものに対する寛容さ」と呼んだものを挙げた。[10]

「招かれざるもの」——予測できない、与えられるチャンス——は人間性にとって欠くことのできないものだとサンデルは主張する。私たちが子供たちの才能に驚かされることはよくあるが、もし私たちがエンハンスメントや完璧さを追求しはじめたら、そうした驚きや、驚きに対する反応はなくなるはずだと彼は言う。「招かれざる才能」でなんとかやっていくという人間の本質的な精神が汚される。人間は予測できないものと折り合いをつけ、それを最大限に活かしたほうがいいのだ、と。

二〇〇四年、サンデルは自身の考えを「完全な人間を目指さなくてもよい理由」というタイトルのエッセーにまとめ、ほどなくして、そのエッセーをもとにした書籍が出版された。《タイムズ》紙に掲載された書評の中で、倫理学者のウィリアム・サレタンは次のように書いている。「（サンデルが）より深く懸念しているのは、ある種のエンハンスメントが人間の営みに根づいた規範を打ち破ることだ。たとえば野球は多種多様な才能を伸ばし称賛するスポーツだ。しかしステロイドを使えば、野球というスポーツはゆがんでしまう。親は条件つきの愛だけでなく、無条件の愛も注ぎながら子供を育てるが、赤ん坊の性別を選択すれば、そうした親子の関係が失われる」[11]

人間のエンハンスメントに反対する立場で、サレタンはこう続けている。「サンデルはもっと深いものを必要としている。スポーツや芸術、子育ての規範に共通する土台だ。彼はそれを、天賦という考えに見いだした。ある程度までは、よい両親や、よいアスリートや演者であるためには自分が持って生まれた素材を受け入れ、大切にしなければならない（傍点は著者による）。自分の身体を強くはするが、それと同時に尊重する。子供を鼓舞するが、それと同時に愛する。生まれつきの性質を称賛する。すべてをコントロールしようとしてはいけない……なぜ私たちは自分が引いたくじを贈り物として受け入れなければならないのだろう？　なぜなら、そうした畏敬の念が失われたなら、私たちの道徳のあり方が変わってしまうからだ」

以前の私は、サンデルの主張には説得力があると思っていた。しかし、遺伝学と細胞工学が力を合わせて、人体と人間性の新たな深みに触れようとしている今、「道徳のあり方」は劇的に変化している。病気（極端な低身長や、病的な筋肉量の減少）からの解放と、人間の特質の強化（身長を伸ばしたり筋肉量を増やしたりすること）とのあいだの境界はあいまいになっている。増強はすでに新たな解放になったのだ。医療とエンハンスメントとの境界があいまいになるにつれ、サレタンの言う「素材」は文字どおりの意味に解釈されるようになる。「素材」であるということはつまり、何か別のもの――新しい種類の人間――につくり変えられるのを待っているということではないか、と。「素材」に相対する言葉である「こしらえる」には「強化する」という意味合いがあるが、それと同時に「不正」というニュアンスもある。果たしてエンハンスメントは不正なのだろうか？　発症するか否かわからない病気を予防するためにエンハンスメントが使われるとしたらどうだろう？　変形性関節症を発症する前の、つまり病気の前段階で、老化しつつある膝に軟骨形成幹細胞を注射してもいいのだろうか？

白血病の子供たちが骨髄移植を待っているスタンフォード大学医療センターからほど近いシリコンバレーで、〈アンブロジア〉というスタートアップ企業が顧客に「一六歳から二五歳の若者から採取した」若い適合血漿の注射を提供している。[12] その血漿を注入すれば、高齢の億万長者のしぼんだ身体が若返ると謳われている。関節は軋んでいるが、とびきり裕福な高齢者に、若い血液を注入するのだ。死体から古い血液を抜き取るのではなく。それはいわば死体の防腐処置の反対だ（つい吸血鬼にたとえたくなってしまうが、このぞっとするような〝細胞若返り処置〟にはきっと新しい呼び名がつけられるはずだ。たとえば「鮮度維持処置」とか、「脱ミイラ術」とか）。「若い血液」は一リットルあたり八〇〇〇ドルで、二リットルだとお値引き価格の一万二〇〇〇ドルだという。二〇一九年、FDAは、この治療には効果がないとして、プログラムに対して注意書を出した。ただ〈アンブロジア〉

側は、効果はあると主張している。

「自分が持って生まれた素材を受け入れ、大切にする」。素材とはなんだろう？　サンデルとサレタンはまさに遺伝子について議論しており、たしかに、この一〇年間、遺伝子治療や遺伝子編集、遺伝子選択は倫理学者や医師、哲学者の心を占拠してきた。しかし遺伝子は細胞なしには命を持ちえない。人体の真の「素材」とは、情報そのものではなく、情報が活性化され、解読され、変換され、統合される過程である。そう、細胞によって。「ゲノム革命はある種の道徳的な目眩を引き起こした」[13]とサンデルは書いた。しかし、この道徳的な目眩を現実化するのは細胞革命なのだ。

ウィリアム・Kという青年は、太古から存在する病気をわずらっていた。ボストンで血液内科のフェローだったときに、私は彼を受け持った。最初は病棟で、その後は外来で。二一歳の彼が罹っていたのは鎌状赤血球症だった。病気は一カ月に一度の頻度で急に悪化し、そのたびに、骨や胸に激しい疼痛が生じ、彼は入院した。痛みをやわらげるにはモルヒネの持続点滴しかなかった。

鎌状赤血球症は細胞レベルでも、分子レベルでも解明されており、赤血球内に存在するヘモグロビンという酸素運搬分子の病気だということがわかっている。ヘモグロビンは、進化が生み出した最も洗練された分子装置のひとつだといえる。この分子装置は四つのタンパク質の複合体で、四つ葉のクローバーのような形をしている。四枚の「葉」のうちの二枚は、αグロビンという名のタンパク質でできており、残りの二枚はβグロビンというタンパク質でできている。

各タンパク質の中心にはヘムという分子が存在する。まるでマトリョーシカのように、赤血球の中にヘモグロビン分子があり、ヘモグロビン分子の中にヘムがあるのだ。そしてヘムが鉄原子と結合する。酸素をつかんだり放したりしているのは、この鉄の部分だ。

ヘモグロビン分子内の四つの鉄原子のまわりにつくられた巧妙な装置は、明確な目的を持つ。赤血球は単に酸素と結合するだけではない。酸素を放出する必要もあるのだ。肺の毛細血管から酸素を取り込んだあと、赤血球は体内を循環する。そして、酸素の少ない環境（絶えず収縮し、全身に血液を送り出している心筋など）にやってくると、赤血球内のヘモグロビンが文字どおりねじれ、鉄原子がそれまでつかんでいた酸素を放出する。ヘモグロビンは血液の隠された秘密だといってもいい。ヘモグロビンというタンパク質は生物としての私たちの生存にとってあまりに重要であるため、私たちはそれを運ぶスーツケースの役割しか持たない赤血球という細胞を進化させたのだ。

しかし、酸素を運ぶヘモグロビンの形に異常があると、酸素の運搬システムはうまく機能しなくなる。鎌状赤血球症の患者は、βグロビン遺伝子の両方のコピーの変異を受け継いでいる。この変異はささやかなもので、βグロビンのたった一個のアミノ酸が変化しているだけだが、その影響は破壊的だ。赤血球が酸素濃度の低い部位にやってくると、その一個の変化によって生み出された異常ヘモグロビンが指のような形の塊になってしまうのだ。その繊維状の塊によって、赤血球そのものが変形する。正常な赤血球はコインのような形をしており、血管内を楽々と進むことができるが、鎌状赤血球症では、異常ヘモグロビンの塊が赤血球の膜を引っぱるため、赤血球は三日月形になる。この三日月形（鎌状）の赤血球は血管をうまく通り抜けることができず、とりわけ、骨髄の奥深くや手足の指先、腸管といった酸素濃度の低い組織で凝集して、毛細血管を詰まらせる。毛細血管が詰まることで生じる痛みは、まるで骨にコルク栓抜きがねじ込まれるような痛みだという（疼痛発作に襲われるたびに拷問部屋に無理やり閉じ込められるような感じがした、とウィリアムは言った。「そしてすべてのドアに鍵がかけられるんだ」）。鎌状赤血球症の疼痛発作は、骨髄や腸管に起きる心筋梗塞のようなものだ。医学用語ではこの状態を「鎌状赤血球症のクリーゼ（急性増悪）」と呼ぶ。

ウィリアム・Kは毎月のように疼痛発作に襲われ、激烈な痛みに身をよじりながら入院した。そして痛みが少し落ちつくと、経口の鎮痛剤を処方されて退院した。しかし、双子の悪魔――麻薬中毒になる可能性と、次のクリーゼへの不安――がつねに彼と私につきまとっていた。彼を担当するフェローとしての私の仕事は、これら二つの悪魔をどうにか抑え込むことだった。過剰投与に気をつけながら、痛みをかろうじて抑えられる量の薬を処方しなければならなかった。

二〇一九年から二〇二一年にかけて、複数の研究チームが鎌状赤血球症に対する遺伝子治療戦略の臨床試験の結果を報告した[14]。ある戦略では、通常の移植の場合のように、患者の造血幹細胞が採取されたあと、ウイルスを使って正常なβグロビン遺伝子が造血幹細胞に運び込まれた。正常なβグロビン遺伝子を挿入された造血幹細胞はその後、患者に戻され、この幹細胞から、正常な血液が永久につくり出されることになった（この治療は数人の患者に対して効果があったものの、臨床試験は結局、中止された。というのも、二人の患者が白血病に類似した病気を発症したからだ。この白血病様の病気がウイルスによるものなのか、それとも移植の際におこなわれた化学療法によるものなのかはわかっていない[15]）。

人間の生理機能の特徴を利用するきわめて巧妙な戦略も用いられている。胎児の赤血球は大人の赤血球とは異なるヘモグロビンを持つ。酸素濃度がきわめて低い子宮内の液体に浸かっている胎児は、胎盤を介して母親の血液から酸素を効率よく取り込まなければならないため、胎児の赤血球は酸素を取り込みやすい独特のヘモグロビン（胎児ヘモグロビン）を持つ（生後、新生児の肺が十分に機能しはじめると、胎児ヘモグロビンから成人ヘモグロビンへと合成が切り替わる）。成人ヘモグロビンと同じく、胎児ヘモグロビンも四つの鎖からなる。αグロビンが二つに、γグロビンが二つだ。しかし、これら四つの鎖はいずれもβグロビン遺伝子（鎌状赤血球症で変異を起こしている遺伝子）にコードされていないため、病気の原因となる異常なタンパク質がつくられることはない。ヘモグロビンは完全に正常であり、赤血球の形をゆがませることもない。それに、このヘモグロビンは実際、とりわけ酸素濃度が低い環境で効率的に酸素を取り込むことができる。

スチュアート・オーキンとデイヴィッド・ウィリアムスらの研究者チームは、細胞治療企業と共同で、造血幹細胞で胎児ヘモグロビンを永久に発現させ、それによってヘモグロビンの鎌状化を防ぐ方法を発見した[16]。鎌状赤血球症の患者から造血幹細胞を採取し、遺伝子編集によって胎児ヘモグロビンを成人で「再発現」させたあと、患者に戻す。成人の赤血球は実質上、胎児の赤血球に変化し、もはや鎌状化しなくなる。まさしく、古い血液が若返るのだ。

二〇二一年に報告された臨床試験では、鎌状赤血球症の三三歳の女性がこの治療を受けた[17]。治療後の一五カ月間で、女性の血液中のヘモグロビン濃度はほぼ二倍に増えた。治療前の二年間、彼女は毎年七回から九回の頻度で重度の疼痛発作に襲われたが、治療から一年半のあいだ、疼痛発作は一度もなかった。これまでのところ、この治療によって白血病を発症した例はない。今後なんらかの副作用が起きる可能性もゼロではないが、この女性の鎌状赤血球症は完治したといえるかもしれない。スタンフォード大学で、マシュー・ポーテウス率いる研究チームが、赤血球を鎌状化させるβグロビン遺伝子の変異を遺伝子編集によって修正した[18]（この場合は、胎児ヘモグロビンを活性化するのではなく、原因となる遺伝子変異を編集する方法が選択された）。現在、ポーテウスのこの戦略の効果を検証する臨床試験がおこなわれており、良好な初期の結果が得られている[19]。

ウィリアム・Kがこれら新治療のいずれかを受けるかどうかはわからない。今はもう私は彼の主治医ではないからだ。しかし一〇年にわたって彼を担当し、人となりをよく知る者としては、彼が臨床試験のどれかに参加する可能性は高いと思っている。彼はそもそも冒険心が強いほうだったし、あまりに頻回に疼痛発作に襲われていたうえに、麻薬中毒への不安にもつきまとわれていたからだ。

移植を受けるとき、彼もまた、境界線を越えることになる。再設計された自己細胞からなるニューヒューマンになる。新しい部分からなる新しい総和になるのだ。

謝辞

本書の誕生にあたって、感謝したい人は数え切れないほどいる。まずは、原稿を読んでくれた大勢の人たち。サラ・ジー、スジョイ・バッタチャリヤ、ラヌ・バッタチャリヤ、ネル・ブレイヤー、リーラ・ムカジー＝ジー、アリア・ムカジー＝ジー、リサ・ユスカヴァーゲ。

そして、膨大な科学情報をもたらしてくれた次の方々。ショーン・モリソン（幹細胞）、コリ・バーグマン（発生）、ニック・レーンとマーティン・ケンプ（進化）、マーク・フラジョレ（脳）、バリー・コラー（血小板）、ローラ・オーティス（歴史）、ポール・ナース（細胞周期）、アーヴィング・ワイスマン（免疫学）、ヘレン・メイバーグ（神経学）、トム・ホワイトヘッド、カール・ジューン、ブルース・レヴィン、ステファン・グラップ（CAR-T療法）、ハロルド・ヴァーマス（がん）、ロナルド・レヴィ（抗体療法）、フレデリック・アッペルバウム（移植）。ローラ・オーティスやポール・グリーンガード、エンゾ・セルンドロ、フランシスコ・マーティとの会話は不可欠のものだった。フレッド・ハッチンソンがん研究センターの看護師たちは骨髄移植の初期の歴史についての心に迫る逸話の数々を教えてくれた。

〈スクリブナー〉の私の担当編集者のナン・グラハム、〈ボッドリー・ヘッド〉のスチュアート・ウィリアムス、〈ペンギン・ランダムハウス〉のメル・ゴーカレーに深い謝意を伝える。ラーナ・ダスグプタと、私のエージェントである〈ワイリー・エージェンシー〉のサラ・シャルファンのサポートはなくてはならないものだった。ジェリー・マーシャルとアレクサンドラ・トゥルイットは、すばらしい写真セクションのリサーチを担当してくれた。

出版までの綿密なスケジュール管理をしてくれたサブリナ・ピュン、脚注や参考文献を照合するという英雄的な仕事を担ってくれたレイチェル・ロジー。柔術のような校閲によって、ひとつのコンマも、ひとつの脚注も見逃さなかったフィリップ・バッシェ。

そして最後に、本書を美しく飾る最も魅惑的な「細胞」の絵を快く提供してくれたキキ・スミスに感謝を伝えたい。ほんとうに、ありがとうございました。

解説

大阪大学名誉教授　生命科学者
仲野　徹

「これほど読む前から面白いに決まっている本はそうそうないはずだ」

米国の腫瘍内科医であるシッダールタ・ムカジーによるピュリッツァー賞受賞作『病の皇帝「がん」に挑む――人類４０００年の苦闘』が『がん―４０００年の歴史―』として文庫化された時、次作『遺伝子―親密なる人類史―』への期待をこめて解説の最後に書いた文である。この本の原著 *The Song of the Cell: An Exploration of Medicine and the New Human* が出版されたと耳にした時もまったく同じことを思った。その邦訳である本書『細胞―生命と医療の本質を探る―』は、予想を上回る面白さだった。

古代エジプトにおけるがん病変の記載から分子標的療法の開発まで、その歴史をあますことなく伝えた『がん』、アリストテレスから説き起こし、ダーウィンとメンデルの偉大な発見から現在にいたる研究の進展、そして未来の倫理的問題までを論じた『遺伝子』。これら二冊を読んだ人ならば、ムカジーを当代随一の医学ノンフィクションライターと呼ぶことに異論はあるまい。そのムカジーが、がん、遺伝子に次いで取り組んだテーマが細胞である。

生命の定義とはなにかをご存じだろうか。基本的には、「代謝する」、「外界と膜で隔てられている」、「自己複製する」、の三つに要約できる。これは取りも直さず、細胞の性質そのものでもある。だから、ムカジーが繰り返し述べるように、細胞は生命の基本単位なのだ。それと同時に、生命そのものであるということもできる。冒頭の「前奏曲」にこうある。

「本書は細胞の物語である。ヒトを含むあらゆる生物がこれらの『初歩的な粒子』で成り立つという発見をめぐる年代記である」

しかし、その年代記の内容は単に細胞だけに留まらない。細胞が集合して作る機能的単位である組織や器官、そして、それらの協調。さらには、疾患は細胞の機能異常により引き起こされるという細胞病理学の考えから細胞操作を用いた治療法まで「生物学と医学の革命について」の本である。

え、大丈夫なのか？　冒頭で明かされた本の内容を知った時、失礼ながらそう思ってしまった。がんや遺伝子に比べ、細胞というテーマは広大すぎる。がん研究と遺伝子研究はエポックメイキングな研究が際立っているので、ムカジーほどにうまく書けなくとも、誰が書いても同じようなあらすじになる。いわば一本道なのだ。それに対し、細胞研究の年代記はあまりに多岐にわたるため、一筋縄ではまとめられそうにない。

だが、それは杞憂だった。この本の目的は、細胞のすべてを、そしてその歴史を網羅的に紹介することではない。「空隙や欠落が避けがたく生じてしまう」ことをものともせず、「細胞という概念や細胞生理学についての知識が医学や科学、生物学、社会構造、文化をいかに変えたかを物語る」ムカジーによる通史である。だから、前の二作よりも著者の考えが色濃く表されており、その目論見は大当たりだ。

膨大な人数の研究者が登場する。ほとんどは生物学を学んだ人なら一度はその名前を聞いたことがある人たちだが、中には歴史に埋もれてしまった研究者もいる。そんな中、ムカジーが最大限の敬意を表すルドルフ・ウィルヒョウは知る人ぞ知るといったレベルだろうか。若くして旧来の説に異を唱え、細胞病理学という概念を確立し、細胞という単位が生理的のみでなく病理的にもいかに重要であるかを喝破した、一九世紀のプロシアに生きた医師である。そのような探求者たちと並んで、何人もの患者が登場する。トップに紹介されるのは、CAR－Tという新しいがんの免疫療法が奏功したエミリー・ホワイトヘッドと、同じ治療を受けながら残念にも亡くなってしまったムカジーの友人サム・Pである。

エミリーとサムは、ムカジーに言わせると、人為的な遺伝子操作が施されたCAR－T細胞を受け入れた「新しい人間（ニューヒューマン）」だ。執筆を始めた時はウィルヒョウに捧げるつもりであったが、最終的に本書は「細胞病理学を細胞治療へと転換するという初期の試みを経験した最初の患者たち」であるエミリーとサム、そして「彼らの細胞」に捧げられている。

「細胞生物学が新たな医療として生まれ変わるのを目の当たり（ま）にしながら、私はやはり計り知れないほどの高揚感を覚えている」

というのが最大の理由だろう。ムカジーが語る細胞の物語は、読者にも同じような感動を与えてくれる。以下、その内容を簡単に紹介していこう。

第一部「発見」は、一七世紀オランダのアントニ・ファン・レーウェンフックおよび英国のロバート・フックによる顕微鏡を用いた細胞の観察から始まる。フックはコルクを検鏡することにより、「小部屋」を意味するラテン語 cella から cell（細胞）と名付けた。これは細胞そのものではなくて、コルクの細胞壁の輪郭からの命名なので誤りだったのだが、その語はいまも生き続けている。

その後しばらくの間は進展がなかったが、一九世紀にはいって、天才たちが道を切り拓き始める。

ウィルヒョウが細胞病理学を確立し、ロベルト・コッホとルイ・パスツールという独仏の好敵手が、細菌――もちろんこれも細胞だ――が病気の原因になりうることを証明した。それに先だって、独学の生物学者フランソワ＝ヴァンサン・ラスパイユ――パリで最も長い通りのひとつに名を残しているとはいえ、ほとんど無名だ――が、自らの思考により「すべての細胞は細胞から生じる」という卓見を抱いたというのは驚異としか言いようがない。

「ひとつと多数」と名付けられた第二部では、細胞の構造から分裂、減数分裂と受精、そして多細胞生物の発生へと話は進められる。ここで詳しく紹介されるエピソードはどれも刺激的だ。まずは、後にいずれもノーベル賞に輝く、細胞分裂におけるサイクリンとCDK発見の物語と体外受精開発の物語である。「体外受精は何を隠そう、細胞治療である」という言葉には少なからず驚いた。細胞治療の定義にもよるが、言われてみればまさしくそのとおり。すでに一〇〇〇万人ほどの子どもが体外受精で生まれているのだから、驚異的に普及した細胞療法なのである。このような発想の伸びやかさがムカジーの真骨頂だ。

第三部「血液」はムカジーが専門とする分野だけに、語りの疾走感に拍車がかかる。「休まない細胞――循環する血液」では、ウィリアム・ハーヴェイの血液循環説からカール・ラントシュタイナーによる血液型の発見、そして輸血の発明へといたる物語が躍動感たっぷりに描かれている。以後、血小板の役割、自然免疫、抗体の発見とそれを用いた治療、免疫の司令塔ともいえるT細胞の研究とエイズ、がんの免疫療法の物語へと一気呵成に進められる。それぞれの研究の物語、すべてが大興奮の短篇冒険小説のようだ。

なるほど、このように説明すればいいのか、と溜め息をつきたくなるところがいくつもあった。その最たるものは、かつて免疫学最大の謎と言われた自己と非自己の認識メカニズムである。「構造と機能が一致する」という「生物学の最も美しい概念」の見事すぎる例が、図を使うこともなくわかりやすく説明できるとは、まるでマジックを見せつけられたような気さえした。

誉めてばかりいるようだが、気に入らないところもあった。ひとつは抗体の発見という大業績がエミール・フォン・ベーリングのものとされているところだ。ノーベル賞を受賞したのは確かにベーリングなのだが、実際のオリジナリティーは完全に北里柴三郎の破傷風抗毒素研究にある。もうひとつは、制御性T細胞という重要な細胞について、その発見者・坂口志文先生の名が記されていないこと。その研究は独力でなされた特筆に値するものだけに残念だ。

「知識」と題された第四部は、新型コロナウイルスをテーマにした内容である。他の部に比して短いのだが、パンデミックを経験した今、細胞について「私たちは多くを学んできた。しかし、学ぶべきことはまだあまりに多く残されている」という警句には誰もがうなずかざるをえまい。

第五部「器官」では、心臓、脳、ホルモンによるホメオスタシス（恒常性）の維持、そして複数の臓器の連関について。第六部「再生」では、造血幹細胞や、胚性幹細胞、iPS細胞の話から、自らの研究テーマである骨格幹細胞の話、さらに、「内部のホメオスタシスの故障」としてとらえたがんの話へと進む。そして最後は、ウィルヒョウの考えを土台にした一〇項目の「細胞生物学の教義」が示され、偉大なる知の巨人へのオマージュで締めくくられる。

日本語の「細胞」という言葉はどのようにしてつけられたのだろう。現在の岡山県北東部にあった津山藩の藩医、蘭学者であった宇田川榕菴（うだがわようあん）がオランダ語の「cel」につけた訳語らしい。「胞」は元々「えな」、すなわち胎児を覆う膜で、「細」は小さいを意味する。だから、イメージとしては、生命を覆う小さな袋といったところだろう。なかなかセンスがいい。cell などという誤ってつけられた言葉よりもはるかに優れているではないか。
「生命の粒子」たる細胞の研究は、顕微鏡による観察に始まり、生化学や分子生物学の威力を用いた解析の時代を経て、操作による「ニューヒューマン」を誕生させうる段階に達している。いろいろな病気の治療に大きな期待が持たれているが、本書のあちこちで書かれているように倫理的な問題を克服していく必要がある。倫理というと普遍的なものと考えがちだが、ムカジーも論じているように、時代と共に、あるいは、新たな発見によって移ろいゆくものだ。これこそが、先にも述べた「細胞という概念や細胞生理学についての知識が医学や科学、生物学、社会構造、文化をいかに変えたかを物語る」ということの証左である。

さて、細胞の年代記はこれからどのようなあゆみを見せていくのだろう。あのウィルヒョウでさえ、ゲノム編集による細胞操作の時代がやってくるなどとは夢にも思わなかったはずだ。そう考えると、凡人がいくら想像しても無駄なのかもしれない。しかし、ウィルヒョウは一歳年下のメンデルが遺伝の法則を発表したことすら知らなかったが、我々の状況はまったく違う。細胞についてすでに膨大な知識、さらに、いくつかの操作法さえ手に入れているのだから。

この本を読んで、細胞操作やニューヒューマンの将来について、細胞がこれからどのような活躍を見せてくれるのだろうかと空想の翼を思いっきり広げてみてほしい。それは、我々を構成する生命の基本単位を通じて、生命とはなにかを問い直すことになるはずだ。

二〇二三年一二月

索　引

■数字・アルファベット

■あ

■か

■さ

■た

■な

■は

■ま

■や

■ら

■わ

原 注

第三部　血液（承前）

識別する細胞——T細胞の鋭い知性

1 Jacques Miller, "Revisiting Thymus Function," *Frontiers in Immunology* 5 (August 28, 2014): 411, https://doi.org/10.3389/fimmu.2014.00411.

2 Jacques F. Miller, "Discovering the Origins of Immunological Competence," *Annual Review of Immunology* 17 (1999): 1–17, doi: 10.1146/annurev.immunol.17.1.1.

3 同上。

4 Margo H. Furman and Hidde L. Ploegh, "Lessons from Viral Manipulation of Protein Disposal Pathways," *Journal of Clinical Investigation* 110, no. 7 (2002): 875–79, https://doi.org/10.1172/JCI16831.

5 Alain Townsend, "Vincenzo Cerundolo 1959–2020," *Nature Immunology* 21, no. 3 (March 2020): 243, doi: 10.1038/s41590-020-0617-5.

6 Rolf M. Zinkernagel and Peter C. Doherty, "Immunological Surveillance Against Altered Self Components by Sensitised T Lymphocytes in Lymphocytes Choriomeningitis," *Nature* 251, no. 5475 (October 11, 1974): 547–48, doi: 10.1038/251547a0.

7 2019年におこなったアラン・タウンセンドへのインタビューより。

8 Pamela Bjorkman and P. Parham, "Structure, Function, and Diversity of Class I Major Histocompatibility Complex Molecules," *Annual Review of Biochemistry* 59 (1990): 253–88, doi: 10.1146/annurev.bi.59.070190.001345.

9 Alain Townsend and Andrew McMichael, "MHC Protein Structure: Those Images That Yet Fresh Images Beget," *Nature* 329, no. 6139 (October 8–14, 1987): 482–83, doi: 10.1038/329482a0.

10 William Butler Yeats, "Byzantium," in *The Collected Poems of W. B. Yeats* (Hertfordshire, UK: Wordsworth Editions, 1994), 210–11.

11 James Allison, B. W. McIntyre, and D. Bloch, "Tumor-Specific Antigen of Murine T-Lymphoma Defined with Monoclonal Antibody," *Journal of Immunology* 129, no. 5 (November 1982): 2293–300, PMID: 6181166. 以下も参照されたい。Yusuke Yanagi et al., "A Human T cell–Specific cDNA Clone Encodes a Protein Having Extensive Homology to Immunoglobulin Chains," *Nature* 308 (March 8, 1984): 145–49, https://doi.org/10.1038/308145a0.; Stephen M. Hedrick et al., "Isolation of cDNA Clones Encoding T cell–Specific Membrane-Associated Proteins," *Nature* 308 (March 8, 1984): 149–53, https://doi.

org/10.1038/308149a0.

12 Javier A. Carrero and Emil R. Unanue, "Lymphocyte Apoptosis as an Immune Subversion Strategy of Microbial Pathogens," *Trends in Immunology* 27, no. 11 (November 2006): 497–503, https://doi.org/10.1016/j.it.2006.09.005.

13 Charles A. Janeway et al., *Immunobiology: The Immune System in Health and Disease*, 5th ed. (New York: Garland Science, 2001): 114–30, https://www.ncbi.nlm.nih.gov/books/NBK27098/.

14 Lewis Thomas, *A Long Line of Cells: Collected Essays* (New York: Book of the Month Club, 1990), 71.〔『細胞から大宇宙へ――メッセージはバッハ』ルイス・トマス、橋口稔、石川統訳、平凡社、1976年〕

15 Philip D. Greenberg, "Ralph M. Steinman: A Man, a Microscope, a Cell, and So Much More," *Proceedings of the National Academy of Sciences of the United States of America* 108, no. 52 (December 8, 2011): 20871–72, https://doi.org/10.1073/pnas.1119293109.

16 Mirko D. Grmek, *History of AIDS: Emergence and Origin of a Modern Pandemic*, trans. Russell C. Maulitz and Jacalyn Duffin (Princeton, NJ: Princeton University Press, 1993), 3.

17 同上。5.

18 同上。6.

19 "*Pneumocystis* Pneumonia—Los Angeles," US Centers for Disease Control and Prevention, *Morbidity and Mortality Weekly Report* (*MMWR*) 30, no. 21 (June 5, 1981): 1–3, https://stacks.cdc.gov/view/cdc/1261.

20 同上。

21 同上。

22 Kenneth B. Hymes et al., "Kaposi's Sarcoma in Homosexual Men—A Report of Eight Cases," *Lancet* 318, no.8247 (September 19, 1981): 598–600,doi: 10.1016/s0140-6736(81)92740-9.

23 Robert O. Brennan and David T. Durack, "Gay Compromise Syndrome," Letters to the Editor, *Lancet* 318, no. 8259 (December 12, 1981): 1338–39, https://doi.org/10.1016/S0140-6736(81)91352-0.

24 Grmek, *History of AIDS*, 6–12.

25 "Acquired Immuno-Deficiency Syndrome—AIDS," US Centers for Disease Control and Prevention, *Morbidity and Mortality Weekly Report* (*MMWR*), 31, no. 37 (September 24, 1982): 507, 513–14, available at https://stacks.cdc.gov/view/cdc/35049.

26 M. S. Gottlieb et al., "Pneumocystis Carinii Pneumonia and Mucosal Candidiasis in Previously Healthy Homosexual Men: Evidence of a New Acquired Cellular Immunodeficiency," *New England Journal of Medicine* 305, no. 24 (December 10, 1981): 1425–31,doi:10.1056/NEJM198112103052401. 以下も参照されたい。H.Masur et al., "An Outbreak

of Community-Acquired Pneumocystis Carinii Pneumonia: Initial Manifestation of Cellular Immune Dysfunction," *New England Journal of Medicine* 305, no. 24 (December 10, 1981): 1431–38, doi: 10.1056/NEJM198112103052402.;F. P. Siegal et al., "Severe Acquired Immunodeficiency in Male Homosexuals, Manifested by Chronic Perianal Ulcerative Herpes Simplex Lesions," *New England Journal of Medicine* 305, no. 24 (December 10, 1981): 1439–44, doi: 10.1056/NEJM198112103052403.
27 Jonathan M. Kagan et al., "A Brief Chronicle of CD4 as a Biomarker for HIV/AIDS: A Tribute to the Memory of John L. Fahey," *Forum on Immunopathological Diseases and Therapeutics* 6, no. 1/2 (2015): 55–64, doi: 10.1615/ForumImmunDisTher.2016014169.
28 Françoise Barré-Sinoussi et al., "Isolation of a T-Lymphotropic Retrovirus from a Patient at Risk for Acquired Immune Deficiency Syndrome (AIDS)," *Science* 220, no. 4599 (May 20, 1983): 868–71, doi: 10.1126/science.6189183.
29 J. Schüpbach et al., "Serological Analysis of a Subgroup of Human T-Lymphotropic Retroviruses (HTLV-III) Associated with AIDS," *Science* 224, no. 4648 (May 4, 1984): 503–5, doi: 10.1126/science.6200937; Robert C. Gallo et al., "Frequent Detection and Isolation of Cytopathic Retroviruses (HTLV-III) from Patients with AIDS and at Risk for AIDS," *Science* 224, no. 4648 (May 4, 1984): 500–503, doi: 10.1126/science.6200936; M. G. Sarngadharan et al., "Antibodies Reactive with Human T-Lymphotropic Retroviruses (HTLV-III) in the Serum of Patients with AIDS," *Science* 224, no. 4648 (May 4, 1984): 506–8, doi: 10.1126/science.6324345; M. Popovic et al., "Detection, Isolation, and Continuous Production of Cytopathic Retroviruses (HTLV-III) from Patients with AIDS and Pre-AIDS," *Science* 224, no. 4648 (May 4, 1984): 497–500, doi: 10.1126/science.6200935.
30 Robert C. Gallo, "The Early Years of HIV/AIDS," *Science* 298, no. 5599 (November 29, 2002): 1728–30, doi: 10.1126/science.1078050.
31 Ruth Kulstad, ed., *AIDS: Papers from Science, 1982–1985* (Washington DC: American Association for the Advancement of Science, 1986).
32 Salman Rushdie, *Midnight's Children* (Toronto: Alfred A. Knopf, 2010).〔『真夜中の子供たち（上、下）』サルマン・ラシュディ、寺門泰彦訳、岩波文庫、2020年〕
33 L. Guay et al., "Intrapartum and Neonatal Single-Dose Nevirapine Compared with Zidovudine for Prevention of Mother-to-Child Transmission of HIV-1 in Kampala, Uganda: HIVNET 012 Randomised Trial," *Lancet* 354, no. 9181 (September 4, 1999): 795–802, https://doi.org/10.1016/S0140-6736(99)80008-7 (https://www.sciencedirect.com/science/article/pii/S0140673699800087).
34 Timothy Ray Brown, "I Am the Berlin Patient: A Personal Reflection," *AIDS Research and Human Retroviruses* 31, no. 1 (January 12, 2015): 2–3, doi: 10.1089/aid.2014.0224. 以下も参照されたい。Sabin Russell, "Timothy Ray Brown, Who Inspired Millions Living with HIV,

Dies of Leukemia," Hutch News Stories, Fred Hutchinson Cancer Research Center online, last modified September 30, 2020, https://www.fredhutch.org/en/news/center-news/2020/09/timothy-ray-brown-obit.html.

35 Brown, "I Am the Berlin Patient," 2–3.

寛容な細胞──自己、恐ろしい自己中毒、そして免疫療法

1 Walt Whitman, "Song of Myself," in *Leaves of Grass: Comprising All the Poems Written by Walt Whitman* (New York: Modern Library, 1892), 24.〔『アメリカ名詩選』ウォルト・ホイットマン、亀井俊介、川本皓嗣編、岩波文庫、1993年〕

2 Lewis Carroll, *Alice in Wonderland* (Auckland, NZ: Floating Press, 2009), 35.〔『不思議の国のアリス』ルイス・キャロル、河合祥一郎、角川文庫ほか〕

3 Elda Gaino, Giorgio Bavestrello, and Giuseppe Magnino, "Self/Non-Self Recognition in Sponges," *Italian Journal of Zoology* 66, no.4(1999):299–315, doi: 10.1080/11250009909356270.

4 Aristotle, *De Anima*, trans. R. D. Hicks (New York: Cosimo Classics, 2008).〔『新版　アリストテレス全集7　魂について　自然学小論集』アリストテレス、編集委員・内山勝利、神崎繁、中畑正志、岩波書店、2014年〕

5 Brian Black, *The Character of the Self in Ancient India: Priests, Kings, and Women in the Early Upanisads* (Albany: State University of New York Press, 2007).

6 Marios Loukas et al., "Anatomy in Ancient India: A Focus on the Susruta Samhita," *Journal of Anatomy* 217, no. 6 (December 2010): 646–50, doi: 10.1111/j.1469-7580.2010.01294.x.

7 James F. George and Laura J. Pinderski, "Peter Medawar and the Science of Transplantation: A Parable," *Journal of Heart and Lung Transplantation* 20, no. 9 (September 1, 2001), 927, https://doi.org/10.1016/S1053-2498(01)00345-X.

8 同上。

9 George D. Snell, "Studies in Histocompatibility" (Nobel Lecture, Stockholm, December 8, 1980).

10 Ray D. Owen, "Immunogenetic Consequences of Vascular Anastomoses Between Bovine Twins," *Science* 102, no. 2651 (October 19, 1945): 400–401, doi: 10.1126/science.102.2651.400.

11 Macfarlane Burnet, *Cellular immunology: Self and Not-Self* (London: Cambridge University Press, 1969), 25.

12 J. W. Kappler, N. Roehm, and P. Marrack, "T Cell Tolerance by Clonal Elimination in the Thymus," *Cell* 49, no. 2 (April 24, 1987): 273–80, doi: 10.1016/0092-8674(87)90568-x.

13 Carolin Daniel, Jens Nolting, and Harald von Boehmer, "Mechanisms of Self-Nonself Discrimination and Possible Clinical Relevance," *Immunotherapy* 1, no. 4 (July 2009): 631–

44, doi: 10.2217/imt.09.29.

14 Paul Ehrlich, *Collected Studies on Immunity* (New York: John Wiley & Sons, 1906), 388.

15 William Shakespeare, "When Icicles Hang by the Wall," Love's Labour's Lost, *London Sunday Times* online, last modified December 30, 2012, https://www.thetimes.co.uk/article/when-icicles-hang-by-the-wall-by-william-shakespeare-1564-1616-5kgxk93bnwc.

16 William B. Coley, "The Treatment of Inoperable Sarcoma with the Mixed Toxins of Erysipelas and Bacillus Prodigiosus: Immediate and Final Results in One Hundred and Forty Cases," *Journal of the American Medical Association* (*JAMA*) 31, no. 9 (August 27, 1898): 456–65, doi: 10.1001/jama.1898.92450090022001g; William B. Coley "The Treatment of Malignant Tumors by Inoculations of Erysipelas," *Journal of the American Medical Association* (*JAMA*) 20, no. 22 (June 3, 1893): 615–16, doi: 10.1001/jama.1893.02420490019007; William B. Coley "II. Contribution to the Knowledge of Sarcoma," *Annals of Surgery* 14, no. 3 (September 1891): 199–200, doi: 10.1097/00000658-189112000-00015.

17 Steven A. Rosenberg and Nicholas P. Restifo, "Adoptive Cell Transfer as Personalized Immunotherapy for Human Cancer," *Science* 348, no. 6230 (April 2015): 62–68, doi: 10.1126/science.aaa4967.

18 James P. Allison, "Immune Checkpoint Blockade in Cancer Therapy" (Nobel Lecture, Stockholm, December 7, 2018).

19 Tasuku Honjo, "Serendipities of Acquired Immunity" (Nobel Lecture, Stockholm, December 7, 2018).

20 Julie R. Brahmer et al., "Safety and Activity of anti-PD-L1 Antibody in Patients with Advanced Cancer," *New England Journal of Medicine* 366, no. 26 (June 28, 2012): 2455–65, doi: 10.1056/NEJMoa1200694. 以下も参照されたい。Omid Hamid et al., "Safety and Tumor Responses with Lambrolizumab (anti-PD-1) in Melanoma," *New England Journal of Medicine* 369, no. 2 (July 11, 2013): 134–44, doi: 10.1056/NEJMoa1305133.

第四部　知識

パンデミック

1 Giovanni Boccaccio, *The Decameron of Giovanni Boccaccio*, trans. John Payne (Frankfurt, Ger.: Outlook Verlag, 2020), 5.〔『デカメロン（上、中、下）』ジョヴァンニ・ボッカッチョ、平川祐弘訳、河出文庫、2017年〕

2 Michelle L. Holshue et al., "First Case of 2019 Novel Coronavirus in the United States," *New England Journal of Medicine* 382, no. 10 (March 5, 2020): 929–36,doi: 10.1056/NEJMoa2001191.

3 The Wire and Murad Banaji, "As Delta Tore Through India, Deaths Skyrocketed in Eastern UP, Analysis Finds," *The Wire*, February 11, 2022, https://science.thewire.in/health/covid-19-excess-deaths-eastern-uttar-pradesh-cjp-investigation/.
4 Mayank Aggarwal, "Indian Journalist Live-Tweeting Wait for Hospital Bed Dies from Covid," Asia, India. *Independent*, April 21, 2021, https://www.independent.co.uk/asia/india/india-journalist-tweet-covid-death-b1834362.html.
5 2020年4月におこなった岩崎明子へのインタビューより。
6 Camilla Rothe et al., "Transmission of 2019-nCoV Infection from an Asymptomatic Contact in Germany," *New England Journal of Medicine* 382(2020): 970–71,doi: 10.1056/NEJMc2001468.
7 Caspar I. van der Made et al., "Presence of Genetic Variants Among Young Men with Severe COVID-19," *Journal of the American Medical Association* (*JAMA*) 324, no. 7 (July 24, 2020): 663–73, doi: 10.1001/jama.2020.13719.
8 Daniel Blanco-Melo et al., "Imbalanced Host Response to SARS-CoV-2 Drives Development of COVID-19," *Cell* 181, no. 5 (May 15, 2020): 1036–45, doi: 10.1016/j.cell.2020.04.026.
9 2020年1月におこなったベン・テンオーバーへのインタビューより。
10 Qian Zhang et al., "Inborn Errors of Type I IFN Immunity in Patients with Life-Threatening COVID-19," *Science* 370, no. 6515 (September 24, 2020): eabd4570, doi: 10.1126/science.abd4570. 以下も参照されたい。Paul Bastard et al., "Autoantibodies Against Type I IFNs in Patients with Life-Threatening COVID-19," *Science* 370, no. 6515 (2020): eabd4585, doi: 10.1126/science.abd4585.
11 James Somers, "How the Coronavirus Hacks the Immune System," *New Yorker* (November 2, 2020), https://www.newyorker.com/magazine/2020/11/09/how-the-coronavirus-hacks-the-immune-system.
12 2020年4月におこなった岩崎明子へのインタビューより。
13 Zadie Smith, "Fascinated to Presume: In Defense of Fiction," *New York Review of Books*, October 24, 2019, https://www.nybooks.com/articles/2019/10/24/zadie-smith-in-defense-of-fiction/.

第五部　器官

市民細胞——所属することの利点

1 Elias Canetti, *Crowds and Power*, trans. Carol Stewart (New York: Continuum, Farrar, Straus and Giroux, 1981), 16.〔『群衆と権力（上、下)』エリアス・カネッティ、岩田行一訳、法政大学出版局ほか〕
2 William Harvey, *The Circulation of the Blood: Two Anatomical Essays*, trans. Kenneth J.

Franklin (Oxford, UK: Blackwell Scientific Publications, 1958), 12.〔『心臓の動きと血液の流れ』ウィリアム・ハーヴィ、岩間吉也訳、講談社学術文庫、2005年〕

3 Siddhartha Mukherjee, "What the Coronavirus Crisis Reveals about American Medicine," *New Yorker* (April 27, 2020), https://www.newyorker.com/magazine/2020/05/04/what-the-coronavirus-crisis-reveals-about-american-medicine.

4 Aristotle, *On the Soul, Parva Naturalia, On Breath*, trans. W. S. Hett (London: William Heinemann, 1964).〔『新版　アリストテレス全集7　魂について　自然学小論集』〕

5 Galen, *On the Usefulness of the Parts of the Body*, trans. Margaret Tallmadge May (New York: Cornell University Press, 1968), 292.

6 Izet Masic, "Thousand-Year Anniversary of the Historical Book: 'Kitab al-Qanun fit-Tibb'— The Canon of Medicine, Written by Abdullah ibn Sina," *Journal of Research in Medical Sciences* 17, no. 11 (Nov. 2012): 993–1000, https://www.ncbi.nlm.nih.gov/pmc/articles/PMC3702097/.

7 D'Arcy Power, *William Harvey: Masters of Medicine* (London: T. Fisher Unwin, 1897). 以下も参照されたい。W. C. Aird, "Discovery of the Cardiovascular System: From Galen to William Harvey," *Journal of Thrombosis and Haemostasis* 9, no. 1(July, 2011): 118–29, doi: 10.1111/j.1538-7836.2011.04312.x.

8 Edgar F. Mauer, "Harvey in London," *Bulletin of the History of Medicine* 33, no. 1 (Jan.–Feb. 1959): 21–36, https://www.jstor.org/stable/44450586.

9 William Harvey, *On the Motion of the Heart and Blood in Animals*, trans. Robert Willis, ed. Jarrett A. Carty (Eugene, OR: Resource Publications, 2016), 36.〔『心臓の動きと血液の流れ』ハーヴィ〕

10 Hannah Landecker, *Culturing Life: How Cells Became Technologies* (Cambridge: Harvard University Press, 2007), 75.

11 Alexis Carrel, "On the Permanent Life of Tissues Outside of the Organism," *Journal of Experimental Medicine* 15, no. 5 (May 1, 1912): 516–28, https://www.ncbi.nlm.nih.gov/pmc/articles/PMC2124948/pdf/516.pdf.

12 W. T. Porter, "Coordination of Heart Muscle Without Nerve Cells," *Journal of the Boston Society of Medical Sciences* 3, no. 2 (Nov. 18, 1898), https://pubmed.ncbi.nlm.nih.gov/19971205/.

13 Carl J. Wiggers, "Some Significant Advances in Cardiac Physiology During the Nineteenth Century," *Bulletin of the History of Medicine* 34, no. 1 (Jan.–Feb. 1960): 1–15, https://www.jstor.org/stable/44446654.

14 Beáta Bugyi and Miklós Kellermayer, "The Discovery of Actin: 'To See What Everyone Else Has Seen, and to Think What Nobody Has Thought,'" *Journal of Muscle Research and Cell Motility* 41 (March 2020): 3–9, https://doi.org/10.1007/s10974-019-09515-z. 以下も参照

されたい。Andrzej Grzybowski and Krzysztof Pietrzak, "Albert Szent–Györgyi (1893–1986): The Scientist who Discovered Vitamin C," *Clinics in Dermatology* 31 (2013): 327–31, https://www.cidjournal.com/action/showPdf?pii=S0738-081X%2812%2900171-X. ; Albert Szent-Györgyi, "Contraction in the Heart Muscle Fibre," *Bulletin of the New York Academy of Medicine* 28, no. 1 (January 1952): 3–10, https://www.ncbi.nlm.nih.gov/pmc/articles/PMC1877124/pdf/bullnyacadmed00430-0012.pdf.

15 同上。

熟考する細胞——一度に多くのことをなす神経細胞

1 Emily Dickinson, "The Brain Is Wider than the Sky," 1862, *The Complete Poems of Emily Dickinson*, ed. Thomas H. Johnson (Boston: Little, Brown, 1960), 312–13.

2 Camillo Golgi, "The Neuron Doctrine—Theory and Facts," Nobel Lecture. Sweden (December 11, 1906), https://www.nobelprize.org/uploads/2018/06/golgi-lecture.pdf.

3 Ennio Pannese, "The Golgi Stain: Invention, Diffusion and Impact on Neurosciences," *Journal of the History of the Neurosciences* 8, no. 2 (1999): 132–40, doi: 10.1076/jhin.8.2.132.1847.

4 Larry W. Swanson, Eric Newman, Alfonso Araque, and Janet M. Dubinsky, *The Beautiful Brain: The Drawings of Santiago Ramon y Cajal* (New York: Abrams, 2017), 12.

5 Marina Bentivoglio, "Life and Discoveries of Santiago Ramón y Cajal," Nobel Prize online (April 20, 1998), https://www.nobelprize.org/prizes/medicine/1906/cajal/article/. 以下も参照されたい。Luis Ramón y Cajal, "Cajal, as Seen by His Son," *Cajal Club* (1984), https://drive.google.com/file/d/1lJNdXlbw_qAwZ-7AdJhTbHPe3CRQkEMz/view; Santiago Ramón y Cajal, "The Structure and Connections of Neurons," Nobel Lecture, Sweden (December 12, 1906), https://www.nobelprize.org/uploads/2018/06/cajal-lecture.pdf.

6 Santiago Ramón y Cajal, *Recollections of My Life*, trans. E. Horne Craigie, and Juan Cano (Cambridge: MIT Press, 1996), 36.

7 "The Nobel Prize in Physiology or Medicine 1906," Nobel Prize online, https://www.nobelprize.org/prizes/medicine/1906/summary/.

8 Pablo Garcia-Lopez, Virginia Garcia-Marin, and Miguel Freire, "The Histological Slides and Drawings of Cajal," *Frontiers in Neuroanatomy* 4, no. 9 (March 10, 2010), doi: 10.3389/neuro.05.009. 2010.

9 Henry Schmidt, "Frogs and Animal Electricity," Explore Whipple Collections, Whipple Museum of the History of Science (University of Cambridge), https://www.whipplemuseum.cam.ac.uk/explore-whipple-collections/frogs/frogs-and-animal-electricity.

10 Christof J. Schwiening, "A Brief Historical Perspective: Hodgkin and Huxley," *Journal of Physiology* 590, no. 11 (June 2012): 2571–75, doi: 10.1113/jphysiol.2012.230458.

11 Alan Hodgkin and Andrew Huxley, "Action Potentials Recorded from Inside a Nerve Fibre," *Nature* 144, no. 3651 (October 21,1939): 710–11, doi: 10.1038/144710a0.

12 Kay Ryan, "Leaving Spaces," *The Best of It: New and Selected Poems* (New York: Grove Press, 2010), 38.

13 J. F. Fulton, *Physiology of the Nervous System* (New York: Oxford University Press, 1949).

14 Henry Dale, "Some Recent Extensions of the Chemical Transmission of the Effects of Nerve Impulses," Nobel Lecture. Sweden (December 12, 1936), https://www.nobelprize.org/prizes/medicine/1936/dale/lecture/.

15 *Report of the Wellcome Research Laboratories at the Gordon Memorial College,Khartoum*, vol. 3 (Khartoum: Wellcome Research Laboratories, 1908), 138.

16 Otto Loewi, "The Chemical Transmission of Nerve Action," Nobel Lecture. Sweden (December 12, 1936), https://www.nobelprize.org/prizes/medicine/1936/loewi/lecture/. 以下も参照されたい。Alli N. McCoy and Siang Yong Tan, "Otto Loewi (1873–1961): Dreamer and Nobel Laureate," *Singapore Medical Journal* 55, no. 1 (Jan. 2014): 3–4, doi: 10.11622/smedj.2014002.

17 Otto Loewi, "An Autobiographic Sketch," *Perspectives in Biology and Medicine* 4, no. 1 (1960): 3–25, https://muse.jhu.edu/article/404651/pdf.

18 Don Todman, "Henry Dale and the Discovery of Chemical Synaptic Transmission," *European Neurology* 60 (Autumn 2008): 162–64, https://doi.org/10.1159/000145336.

19 Stephen G. Rayport and Eric R. Kandel, "Epileptogenic Agents Enhance Transmission at an Identified Weak Electrical Synapse in Aplysia," *Science* 213, no. 4506 (Jul. 1981): 462–64, https://www.jstor.org/stable/1686531.

20 Annapurna Uppala et al., "Impact of Neurotransmitters on Health through Emotions," *International Journal of Recent Scientific Research* 6, no. 10 (Oct. 2015): 6632–36, https://www.recentscientific.com/sites/default/files/3500.pdf

21 Edward O. Wilson, *Letters to a Young Scientist* (New York: Liveright, 2013), 46.〔『若き科学者への手紙――情熱こそ成功の鍵』エドワード・O・ウィルソン、北川玲訳、創元社、2015年〕

22 Christopher S. von Bartheld, Jami Bahney, and Suzana Herculano-Houzel, "The Search for True Numbers of Neurons and Glial Cells in the Human Brain: A Review of 150 Years of Cell Counting," *Journal of Comparative Neurology* 524, no. 18 (Dec. 2016): 3865–95, doi: 10.1002/cne. 24040.

23 Sarah Jäkel and Leda Dimou, "Glial Cells and Their Function in the Adult Brain: A Journey through the History of Their Ablation," *Frontiers in Cellular Neuroscience* 11 (Feb. 2017), https://doi.org/10.3389/fncel.2017.00024.

24 Dorothy P. Schafer et al., "Microglia Sculpt Postnatal Neural Circuits in an Activity and

Complement-Dependent Manner," *Neuron* 74, no. 4 (May 2012): 691–705, doi: 10.1016/j.neuron. 2012.03.026.

25 Carla J. Shatz, "The Developing Brain," *Scientific American* 267, no. 3 (Sep. 1992): 60–67, https://www.jstor.org/stable/24939213.

26 2015年10月におこなったハンス・アグラワルへのインタビューより。

27 Beth Stevens et al., "The Classical Complement Cascade Mediates CNS Synapse Elimination," *Cell* 131, no. 6 (Dec. 2007): 1164–78, https://doi.org/10.1016/j.cell.2007.10.036.

28 2016年2月におこなったベス・スティーヴンスへのインタビューより。

29 Virginia Hughes, "Microglia: The Constant Gardeners," *Nature* 485 (May 2012): 570–72, https://doi.org/10.1038/485570a.

30 Andrea Dietz, Steven A. Goldman, and Maiken Nedergaard, "Glial Cells in Schizophrenia:A Unified Hypothesis," *Lancet Psychiatry* 7, no. 3 (March 2020): 272–81, doi: 10.1016/S2215-0366(19) 30302-5.

31 Kenneth Koch, "One Train May Hide Another," *One Train* (New York: Alfred A. Knopf, 1994).

32 William Styron, *Darkness Visible: A Memoir of Madness* (New York: Open Road, 2010), 10.〔『見える暗闇――狂気についての回想』ウィリアム・スタイロン、大浦暁生訳、新潮社、1992年〕

33 2019年1月におこなったポール・グリーンガードへのインタビューより。

34 同上。以下も参照されたい。Jung-Hyuck Ahn et al., "The B''/PR72 Subunit Mediates Ca^{2+}-dependent Dephosphorylation of DARPP-32 by Protein Phosphatase 2A," *Proceedings of the National Academy of Sciences* 104, no. 23 (June 2007): 9876–81, doi: 10.1073/pnas.0703589104.

35 Carl Sandburg, "Fog," *Chicago Poems* (New York: Henry Holt, 1916), 71.

36 Andrew Solomon, *The Noonday Demon: An Atlas of Depression* (New York: Scribner, 2001), 33.〔『真昼の悪魔（上、下）――うつの解剖学』アンドリュー・ソロモン、堤理華訳、原書房、2003年〕

37 Robert A. Maxwell and Shohreh B. Eckhardt, *Drug Discovery: A Casebook and Analysis* (New York: Springer Science +Business Media, 1990), 143–54. 以下も参照されたい。Siddhartha Mukherjee, "Post-Prozac Nation," *New York Times* (April 19, 2012), https://www.nytimes.com/2012/04/22/magazine/the-science-and-history-of-treating-depression.html.,; Alexis Wnuk, "Rethinking Serotonin's Role in Depression," *Brain-Facts* (March 8, 2019), https://brainfacts.org/diseases-and-disorders/mental-health/2019/rethinking-serotonins-role-in-depression-030819.

38 "TB Milestone: Two New Drugs Give Real Hope of Defeating the Dread Disease," *Life* 32, no. 9 (March 1952): 20–21.

39 Arvid Carlsson, "A Half-Century of Neurotransmitter Research: Impact on Neurology and Psychiatry," Nobel Lecture, Sweden (December 8, 2000), https://www.nobelprize.org/uploads/2018/06/carlsson-lecture.pdf.

40 Elizabeth Wurtzel, *Prozac Nation* (Boston: Houghton Mifflin, 1994), 203.〔『私は「うつ依存症」の女――プロザック・コンプレックス』エリザベス・ワーツェル、滝沢千陽訳、講談社、2001年〕

41 同上。454–55.

42 Per Svenningsson et al., "P11 and Its Role in Depression and Therapeutic Responses to Antidepressants," *Nature Reviews Neuroscience* 14 (2013): 673–80, doi: 10.1038/nrn3564. またドパミンのシグナルに関するグリーンガードの論文については以下を参照されたい。John W. Kebabian, Gary L. Petzold, and Paul Greengard, "Dopamine-Sensitive Adenylate Cyclase in Caudate Nucleus of Rat Brain, and Its Similarity to the 'Dopamine Receptor,'" *Proceedings of the National Academy of Science* 69,no. 8 (August 1972): 2145–49.doi: 10.1073/pnas.69.8.2145.

43 Helen S. Mayberg,"Targeted Electrode-Based Modulation of Neural Circuits for Depression,"*Journal of Clinical Investigation* 119, no. 4 (2009): 717–25, doi: 10.1172/JCI38454.

44 David Dobbs,"Why a 'Lifesaving' Depression Treatment Didn't Pass Clinical Trials," *Atlantic* (April 17, 2018), https://www.theatlantic.com/science/archive/2018/04/zapping-peoples-brains-didnt-cure-their-depression-until-it-did/558032/.

45 2021年11月におこなったヘレン・メイバーグへのインタビューより。

46 Helen S. Mayberg et al.,"Deep Brain Stimulation for Treatment-Resistant Depression," *Neuron* 45 (March 2005): 651–60, doi: 10.1016/j.neuron.2005.02.014. 以下も参照されたい。H. Johansen-Berg et al., "Anatomical Connectivity of the Subgenual Cingulate Region Targeted with Deep Brain Stimulation for Treatment-Resistant Depression," *Cerebral Cortex* 18, no. 6 (June 2008): 1374–83, doi: 10.1093/cercor/bhm167.

47 Dobbs, "Why a 'Lifesaving' Depression Treatment Didn't Pass Clinical Trials."

48 Peter Tarr," 'A Cloud Has Been Lifted' :What Deep-Brain Stimulation Tells Us About Depression and Depression Treatments,"Brain and Behavior Research Foundation (September 17, 2018), https://www.bbrfoundation.org/content/cloud-has-been-lifted-what-deep-brain-stimulation-tells-us-about-depression-and-depression.

49 "BROADEN Trial of DBS for Treatment-Resistant Depression Halted by the FDA,"The Neurocritic (January 18, 2014), https://neurocritic.blogspot.com/2014/01/broaden-trial-of-dbs-for-treatment.html.

50 Paul E. Holtzheimer et al., "Subcallosal Cingulate Deep Brain Stimulation for Treatment-Resistant Depression: A Multisite, Randomised, Sham-Controlled Trial," *Lancet Psychiatry* 4,

no. 11 (2017): 839–49, doi: 10.1016/S2215-0366(17)30371-1.

調整する細胞——ホメオスタシス、安定、バランス

1 Rudolf Virchow, "Lecture I: Cells and the Cellular Theory," trans. Frank Chance, *Cellular Pathology as Based Upon Physiological and Pathological Histology: Twenty Lectures Delivered in the Pathological Institute of Berlin* (London: John Churchill, 1860), 1–23.

2 Pablo Neruda, "Keeping Still," trans. Dan Bellum, *Literary Imagination* 8, no. 3 (2016): 512.

3 Salvador Navarro, "A Brief History of the Anatomy and Physiology of a Mysterious and Hidden Gland Called the Pancreas," *Gastroenterología y hepatología* 37, no. 9 (Nov. 2014): 527–34, doi: 10.1016/j.gastrohep.2014.06.007.

4 John M. Howard and Walter Hess, *History of the Pancreas: Mysteries of a Hidden Organ* (New York: Springer Science+Business Media, 2002).

5 同上。6.

6 同上。12.

7 同上。15.

8 同上。16.

9 Sanjay A. Pai, "Death and the Doctor," *Canadian Medical Association Journal* 167, no. 12 (2002): 1377–78, https://www.ncbi.nlm.nih.gov/pmc/articles/PMC138651/.

10 Claude Bernard, "Sur L'usage du suc pancréatique," *Bulletin de la Société Philomathique* (1848): 34–36. 以下も参照されたい。Claude Bernard, *Mémoire sur le pancréaset sur le role du suc pancréatique dans les phénomènes digestifs; particulièrement dans la digestion des matières grasses neutres* (Whitefish, MT: Kessinger Publishing, 2010).

11 Michael Bliss, *Banting: A Biography* (Toronto: University of Toronto Press, 1992).

12 Lars Rydén and Jan Lindsten, "The History of the Nobel Prize for the Discovery of Insulin," *Diabetes Research and Clinical Practice* 175 (2021), https://doi.org/10.1016/j.diabres.2021.108819.

13 Ian Whitford, Sana Qureshi, and Alessandra L. Szulc, "The Discovery of Insulin: Is There Glory Enough for All?" *Einstein Journal of Biology and Medicine* 28, no. 1 (2016): 12–17, https://einsteinmed.edu/uploadedFiles/Pulications/EJBM/28.1_12-17_Whitford.pdf.

14 Siang Yong Tan and Jason Merchant, "Frederick Banting (1891–1941): Discoverer of Insulin," *Singapore Medical Journal* 58, no. 1 (2017): 2–3, doi: 10.11622/smedj.2017002.

15 "Banting&Best: Progress and Uncertainty in the Lab," Insulin100: Story of the Discovery: Historical Articles, Defining Moments Canada (n.d.), https://definingmomentscanada.ca/insulin100/timeline/banting-best-progress-and-uncertainty-in-the-lab/.

16 Michael Bliss, *The Discovery of Insulin* (Toronto: McClelland & Stewart, 2021), 67–72.

17 Justin M. Gregory, Daniel Jensen Moore, and Jill H. Simmons, "Type 1 Diabetes Mellitus," *Pediatrics in Review* 34, no. 5 (May 2013): 203–15, doi: 10.1542/pir.34-5-203.

18 Douglas Melton, "The Promise of Stem Cell-Derived Islet Replacement Therapy," *Diabetologia* 64 (2021): 1030–36, https://doi.org/10.1007/s00125-020-05367-2.

19 David Ewing Duncan, "Doug Melton: Crossing Boundaries," *Discover* (June 5, 2005), https://www.discovermagazine.com/health/doug-melton-crossing-boundaries.

20 Karen Weintraub, "The Quest to Cure Diabetes: From Insulin to the Body's Own Cells," The Price of Health, WBUR (June 27, 2019), https://www.wbur.org/news/2019/06/27/future-innovation-diabetes-drugs.

21 Gina Kolata, "A Cure for Type 1 Diabetes? For One Man, It Seems to Have Worked," *New York Times* (November 27, 2021), https://www.nytimes.com/2021/11/27/health/diabetes-cure-stem-cells.html.

22 Felicia W. Pagliuca et al., "Generation of Functional Human Pancreatic β Cells in Vitro," *Cell* 159, no. 2 (Oct.2014): 428–39, doi: 10.1016/j.cell.2014.09.040.

23 Kolata, "A Cure for Type 1 Diabetes?"

24 John Y. L. Chiang, "Liver Physiology: Metabolism and Detoxification," *Pathobiology of Human Disease*, ed. Linda M. McManus and Richard N. Mitchell (Amsterdam: Elsevier, 2014), 1770–82, doi: 10.1016/B978-0-12-386456-7.04202-7.

25 Carl Zimmer, *Life's Edge: The Search for What It Means to Be Alive* (New York: Penguin Random House, 2021), 128–37.〔『「生きている」とはどういうことか——生命の境界領域に挑む科学者たち』カール・ジンマー、斉藤隆央訳、白揚社、2023年〕

第六部　再生

1 Philip Roth, *Everyman* (London: Penguin Random House, 2016), 133.

複製する細胞——幹細胞と移植の誕生

1 Rachel Kushner, *The Hard Crowd* (New York: Scribner, 2021), 229.

2 Joe Sornberger, *Dreams and Due Diligence: Till and McCulloch's Stem Cell Discovery and Legacy* (Toronto: University of Toronto Press, 2011), 30–31.

3 Jessie Kratz, "Little Boy: The First Atomic Bomb," *Pieces of History, National Archives* (August 6, 2020), https://prologue.blogs.archives.gov/2020/08/06/little-boy-the-first-atomic-bomb/. 以下も参照されたい。Katie Serena, "See the Eerie Shadows of Hiroshima That Were Burned into the Ground by the Atomic Bomb," *All That's Interesting* (January 19, 2023), https://allthatsinteresting.com/hiroshima-shadows.

4 George R. Caron and Charlotte E. Meares, *Fire of a Thousand Suns: The George R. "Bob"*

Caron Story: Tail Gunner of the Enola Gay (Westminster, CO: Web Publishing, 1995).〔『わたしは広島の上空から地獄を見た――エノラ・ゲイの搭乗員が語る半生記』ジョージ・R・キャロン、シャルロット・E・ミアーズ、金谷俊則訳、文芸社、2023年〕

5 Robert Jay Lifton, "On Death and Death Symbolism," *American Scholar* 34, no. 2 (Spring, 1965): 257–72, https://www.jstor.org/stable/41209276.

6 Irving L. Weissman and Judith A. Shizuru, "The Origins of the Identification and Isolation of Hematopoietic Stem Cells, and Their Capability to Induce Donor-Specific Transplantation Tolerance and Treat Autoimmune Diseases," *Blood* 112, no. 9 (Nov. 2008): 3543–53, doi: 10.1182/blood-2008-08-078220.

7 Cynthia Ozick, *Metaphor & Memory* (London: Atlantic Books, 2017), 109.

8 Ernst Haeckel, *Natürliche Schöpfungsgeschichte :Gemeinverständliche wissenschaftliche Vorträge über die Entwickelungslehre im Allgemeinen und diejenige von Darwin, Göthe und Lamarck im Besonderen, über die Anwendung derselben auf den Ursprung des Menschen und andern damit zusammenhängende Gründfragen der Natur-Wissenschaft. Mit Tafeln, Holzschnitten, systematischen und genealogischen Tabellen* (Berlin: Verlag von Georg Reimer, 1868). 以下も参照されたい。Miguel Ramalho-Santos and Holger Willenbring, "On the Origin of the Term 'Stem Cell,' " *Cell* 1, no. 1 (June 7, 2007): 35–38, https://doi.org/10.1016/j.stem.2007.05.013.

9 Valentin Hacker, "Die Kerntheilungsvorgänge bei der Mesodermund Entodermbildung von Cyclops," *Archiv für mikroskopische Anatomie* 39 (Dec. 1892): 556–81, https://www.biodiversitylibrary.org/item/49530#page/7/mode/1up.

10 Artur Pappenheim, "Ueber Entwickelung und Ausbildung der Erythroblasten," *Archiv für pathologische Anatomie* (1896): 587–643, https://doi.org/10.1515/9783112371107-028

11 Edmund Wilson, *The Cell in Development and Inheritance* (New York: Macmillan, 1897).

12 Wojciech Zakrzewski et al., "Stem Cells: Past, Present, and Future," *Stem Cell Research & Therapy* 10, no. 68 (Feb. 2019), https://doi.org/10.1186/s13287-019-1165-5.

13 Lawrence K. Altman, "Ernest McCulloch, Crucial Figure in Stem Cell Research, Dies at 84," *New York Times* (February 1, 2011), https://www.nytimes.com/2011/02/01/health/research/01mcculloch.html.

14 Sornberger, *Dreams and Due Diligence*. 以下も参照されたい。Edward Shorter, *Partnership for Excellence: Medicine at the University of Toronto and Academic Hospitals* (Toronto: University of Toronto Press, 2013), 107–14.

15 James E. Till, Ernest McCulloch, "A Direct Measurement of the Radiation Sensitivity of Normal Mouse Bone Marrow Cells," *Radiation Research* 14, no. 2 (Feb. 1961): 213–22, https://tspace.library.utoronto.ca/retrieve/4606/RadRes_1961_14_213.pdf.

16 Sornberger, *Dreams and Due Diligence*, 33.

17 同上。

18 同上。38.

19 2019年におこなったアーヴィング・ワイスマンへのインタビューより。

20 Gerald J. Spangrude, Shelly Heimfeld, and Irving L. Weissman, "Purification and Characterization of Mouse Hematopoietic Stem Cells," *Science* 241, no. 4861 (July 1988): 58–62, doi: 10.1126/science.2898810. 以下も参照されたい。Hideo Ema et al., "Quantification of Self-Renewal Capacity in Single Hematopoietic Stem Cells from Normal and Lnk-Deficient Mice," *Developmental Cell* 8, no. 6 (June 2005): 907–14, https://doi.org/10.1016/j.devcel.2005.03. 019.

21 Spangrude, Heimfeld, and Weissman, "Purification and Characterization of Mouse Hematopoietic Stem Cells," 58–62, doi: 10.1126/science.2898810. 以下も参照されたい。C. M. Baum et al., "Isolation of a Candidate Human Hematopoietic Stem-Cell Population," *Proceedings of the National Academy of Sciences of the United States of America* 89, no. 7 (April 1992): 2804–08, doi: 10.1073/pnas.89.7.2804; B. Péault, Irving Weissman, and C. Baum, "Analysis of Candidate Human Blood Stem Cells in 'Humanized' Immune-Deficiency SCID Mice," *Leukemia* 7, suppl. 2 (Aug. 1993): S98–101, https://pubmed.ncbi.nlm.nih.gov/7689676/.

22 W. Robinson, Donald Metcalf, and T. R. Bradley, "Stimulation by Normal and Leukemic Mouse Sera of Colony Formation *in Vitro* by Mouse Bone Marrow Cells," *Journal of Cellular Physiology* 69, no. 1 (Feb.1967): 83–91, https://doi.org/10.1002/jcp.1040690111. 以下も参照されたい。E. R. Stanley and Donald Metcalf, "Partial Purification and Some Properties of the Factor in Normal and Leukaemic Human Urine Stimulating Mouse Bone Marrow Colony Growth in Vitro," *Australian Journal of Experimental Biology and Medical Science* 47, no. 4 (Aug. 1969): 467–83, doi: 10.1038/icb.1969.51.

23 Carrie Madren, "First Successful Bone Marrow Transplant Patient Surviving and Thriving at 60," *American Association for the Advancement of Science* (October 2, 2014), https://www.aaas.org/first-successful-bone-marrow-transplant-patient-surviving-and-thriving-60. 以下も参照されたい。Siddhartha Mukherjee, "The Promise and Price of Cellular Therapies," Annals of Medicine, *New Yorker* (July 15, 2019), https://www.newyorker.com/magazine/2019/07/22/the-promise-and-price-of-cellular-therapies.

24 Frederick R. Appelbaum, "Edward Donnall Thomas (1920–2012)," *The Hematologist* 10, no. 1 (January 1, 2013), https://doi.org/10.1182/hem.V10.1.1088.

25 Israel Henig and Tsila Zuckerman, "Hematopoietic Stem Cell Transplantation—50 Years of Evolution and Future Perspectives," *Rambam Maimonides Medical Journal* 5, no.4 (Oct. 2014), doi: 10.5041/RMMJ.10162.

26 Geoff Watts, "Georges Mathé," *Lancet* 376, no. 9753 (Nov. 2010): 1640, https://doi.

org/10.1016/S0140-6736(10)62088-0. 以下も参照されたい。Douglas Martin, "Dr. Georges Mathé, Transplant Pioneer, Dies at 88," *New York Times* (October 20, 2010), https://www.nytimes.com/2010/10/21/health/research/21mathe.html.

27 Sandi Doughton, "Dr. Alex Fefer, 72, Whose Research Led to First Cancer Vaccine, Dies," *Seattle Times* (October 29, 2010), https://www.seattletimes.com/seattle-news/obituaries/dr-alex-fefer-72-whose-research-led-to-first-cancer-vaccine-dies/. 以下も参照されたい。Gabriel Campanario, "At 79, Noted Scientist Still Rows to Work and for Play," *Seattle Times* (August 15, 2014), https://www.seattletimes.com/seattle-news/at-79-noted-scientist-still-rows-to-work-and-for-play/; Susan Keown, "Inspiring a New Generation of Researchers: Beverly Torok-Storb, Transplant Biologist and Mentor," Spotlight on Beverly Torok-Storb, Fred Hutch, Fred Hutchinson Cancer Research Center (July 7, 2014), https://www.fredhutch.org/en/faculty-lab-directory/torok-storb-beverly/torok-storb-spotlight.html?&link=btn.

28 Marco Mielcarek et al., "CD34 Cell Dose and Chronic Graft-Versus-Host Disease after Human Leukocyte Antigen-Matched Sibling Hematopoietic Stem Cell Transplantation," *Leukemia & Lymphoma* 45, no. 1 (2004): 27–34, doi: 10.1080/10428190310001511103.

29 Frederick R. Appelbaum, "Haematopoietic Cell Transplantation as Immunotherapy," *Nature* 411 (May 2001): 385–89, https://doi.org/10.1038/35077251.

30 2019年6月におこなったフレデリック・アッペルバウムに対するインタビューより。

31 "Anatoly Grishchenko, Pilot at Chernobyl, 53," *New York Times* (July 4, 1990), https://www.nytimes.com/1990/07/04/obituaries/anatoly-grishchenko-pilot-at-chernobyl-53.html. 以下も参照されたい。Tim Klass, "Chernobyl Helicopter Pilot Getting Bone-Marrow Transplant in Seattle," AP News (April 13, 1990), https://apnews.com/article/5b6c22bda9eba11ec767dffa5bbb665b.

32 Avichai Shimoni et al., "Long-Term Survival and Late Events after Allogeneic Stem Cell Transplantation from HLA-matched Siblings for Acute Myeloid Leukemia with Myeloablative Compared to Reduced-Intensity Conditioning: A Report on Behalf of the Acute Leukemia Working Party of European Group for Blood and Marrow Transplantation," *Journal of Hematology & Oncology* 9 (Nov. 2016), https://doi.org/10.1186/s13045-016-0347-1. 以下も参照されたい。"Acute Myeloid Leukemia (AML)—Adult," Transplant Indications and Outcomes, Disease-Specific Indications and Outcomes. Be the Match. National Marrow Donor Program, https://bethematchclinical.org/transplant-indications-and-outcomes/disease-specific-indications-and-outcomes/aml—adult/.

33 Gina Kolata, "Man Who Helped Start Stem Cell War May End It," *New York Times* (November 22, 2007), https://www.nytimes.com/2007/11/22/science/22stem.html.

34 Sophie M. Morgani et al., "Totipotent Embryonic Stem Cells Arise in Ground-State Culture

Conditions," *Cell Reports* 3, no. 6 (June 2013): 1945–57, doi: 10.1016/j.celrep.2013.04.034.
35 James A. Thomson et al., "Embryonic Stem Cell Lines Derived from Human Blastocysts," *Science* 282, no. 5391 (Nov. 1998): 1145–47, doi: 10.1126/science.282.5391.1145.
36 David Cyranoski, "How Human Embryonic Stem Cells Sparked a Revolution," *Nature* (March 20, 2018), https://www.nature.com/articles/d41586-018-03268-4.
37 Varnee Murugan, "Embryonic Stem Cell Research: A Decade of Debate from Bush to Obama," *Yale Journal of Biology and Medicine* 82, no. 3 (Sep. 2009): 101–3, https://www.ncbi.nlm.nih.gov/pmc/articles/PMC2744932/
38 Kazutoshi Takahashi and Shinya Yamanaka, "Induction of Pluripotent Stem Cells from Mouse Embryonic and Adult Fibroblast Cultures by Defined Factors," *Cell* 126, no. 4 (Aug. 2006): 663–76, doi: 10.1016/j.cell.2006.07.024. 以下も参照されたい。Shinya Yamanaka, "The Winding Road to Pluripotency," Nobel Lecture, Sweden, (December 7, 2012), https://www.nobelprize.org/uploads/2018/06/yamanaka-lecture.pdf.
39 Megan Scudellari, "How iPS Cells Changed the World," *Nature* 534 (June 2016): 310–12, doi: 10.1038/534310a.
40 M. J. Evans and M. H. Kaufman, "Establishment in Culture of Pluripotential Cells from Mouse Embryos," *Nature* 292 (July 1981): 154–56, https://doi.org/10.1038/292154a0.
41 Kazutoshi Takahashi et al., "Induction of Pluripotent Stem Cells from Adult Human Fibroblasts by Defined Factors," *Cell* 131, no. 5 (Nov. 2007): 861–72, https://doi.org/10.1016/j.cell.2007.11.019.

修復する細胞——傷、衰え、恒常性

1 Ryan, "Tenderness and Rot," *The Best of It*, 232.
2 Robert W Service, "Bonehead Bill," Canadian Poets, Best Poems Encyclopedia, https://www.best-poems.net/robert_w_service/bonehead_bill.html.
3 Sarah C. Moser and Bram C. J. van der Eerden, "Osteocalcin—A Versatile Bone-Derived Hormone," *Frontiers in Endocrinology* 9 (January 2019): 794, https://doi.org/10.3389/fendo.2018.00794. 以下も参照されたい。Cassandra R. Diegel et al., "An Osteocalcin-Deficient Mouse Strain Without Endocrine Abnormalities," *PLOS Genetics* 16, no. 5 (2020): e1008361, https://doi.org/10.1371/journal.pgen.1008361; T. Moriishi et al., "Osteocalcin Is Necessary for the Alignment of Apatite Crystallites, but Not Glucose Metabolism, Testosterone Synthesis,or Muscle Mass," *PLOS Genetics* 16, no.5(2020): e1008586, https://doi.org/10.1371/journal.pgen.1008586.
4 Li Ding et al., "Clonal Evolution in Relapsed Acute Myeloid Leukaemia Revealed by Whole-Genome Sequencing," *Nature* 481 (Jan. 2012): 506–10, https://doi.org/10.1038/nature10738.

以下も参照されたい。Lei Ding and Sean J. Morrison, "Haematopoietic Stem Cells and Early Lymphoid Progenitors Occupy Distinct Bone Marrow Niches," *Nature* 495, no. 7440 (March 2013): 231–35, doi: 10.1038/nature11885; and L. M. Calvi et al., "Osteoblastic Cells Regulate the Haematopoietic Stem Cell Niche," *Nature* 425, no. 6960 (Oct. 2003): 841–46, doi: 10.1038/nature 02040.

5 Daniel L. Worthley et al., "Gremlin 1 Identifies a Skeletal Stem Cell with Bone, Cartilage, and Reticular Stromal Potential," *Cell* 160, no.1–2(Jan. 2015): 269–84, doi: 10.1016/j.cell.2014.11.042.

6 Charles K. F. Chan et al., "Identification of the Human Skeletal Stem Cell," *Cell* 175, no. 1 (Sep. 2018): 43–56.e21, doi: 10.1016/j.cell.2018.07.029.

7 Bo O. Zhou et al., "Leptin-Receptor-Expressing Mesenchymal Stromal Cells Represent the Main Source of Bone Formed by Adult Bone Marrow," *Cell Stem Cell* 15, no. 2 (August 2014): 154–68, doi: 10.1016/j.stem.2014.06.008.

8 Albrecht Fölsing, *Albert Einstein: A Biography*, trans. Ewald Osers (New York: Penguin Books, 1998), 219.

9 ジア・ウン、トゥグルル・ジャファロフ、シッダールタ・ムカジーによる未発表データ。

10 Koji Mizuhashi et al., "Resting Zone of the Growth Plate Houses a Unique Class of Skeletal Stem Cells," *Nature* 563 (Oct. 2018): 254–58, https://doi.org/10.1038/s41586-018-0662-5.

11 Philip Larkin, "The Old Fools," *High Windows* (London: Faber & Faber, 2012).〔『フィリップ・ラーキン詩集』フィリップ・ラーキン、児玉実用、村田辰夫、薬師川虹一、坂本完春、杉野徹訳、国文社、1988年〕

利己的な細胞――生態系の均衡とがん

1 William H. Woglom, "General Review of Cancer Therapy," *Approaches to Tumor Chemotherapy*, ed. F. R. Moulton (Washington, DC: American Association for the Advancement of Sciences, 1947), 1–10.

2 Vincent T. DeVita, Jr.,Theodore S. Lawrence, Steven A. Rosenberg,eds. *Cancer: Principles & Practice of Oncology*, 2nd ed., (Philadelphia: Lippincott Williams & Wilkins, 2012).〔『デヴィータ がんの分子生物学』ビンセント・T・デヴィータJr.、セオドール・S・ローレンス、スティーブン・A・ローゼンバーグ編、宮園浩平、石川冬木、間野博行監訳、メディカル・サイエンス・インターナショナル、2017年〕以下も参照されたい。Siddhartha Mukherjee, *The Emperor of All Maladies: A Biography of Cancer* (UK: Harper Collins, 2011).〔『がん―4000年の歴史―(上、下)』シッダールタ・ムカジー、田中文訳、ハヤカワ文庫NF、2016年〕

3 K. Anderson et al., "Genetic Variegation of Clonal Architecture and Propagating Cells in

Leukaemia," *Nature* 469 (Dec. 2011): 356–61, https://doi.org/10.1038/nature09650. 以下も参照されたい。Noemi Andor et al., "Pan-Cancer Analysis of the Extent and Consequences of Intratumor Heterogeneity," *Nature Medicine* 22 (Jan. 2016): 105–13, https://doi.org/10.1038/nm. 3984; Fabio Vandin, "Computational Methods for Characterizing Cancer Mutational Heterogeneity," *Frontiers in Genetics* 8, no. 83 (June 2017), doi: 10.3389/fgene.2017.00083.

4 Andrei V. Krivtsov et al., "Transformation from Committed Progenitor to Leukaemia Stem Cell Initiated by MLL-AF9," *Nature* 442, no.7104 (Aug. 2006): 818–22, doi: 10.1038/nature 04980.

5 Robert M. Bachoo et al., "Epidermal Growth Factor Receptor and Ink4a/Arf: Convergent Mechanisms Governing Terminal Differentiation and Transformation Along the Neural Stem Cell to Astrocyte Axis," *Cancer Cell* 1, no. 3 (April 2002): 269–77, doi: 10.1016/s1535-6108(02)00046-6. 以下も参照されたい。E. C. Holland, "Gliomagenesis: Genetic Alterations and Mouse Models," *Nature Reviews Genetics* 2, no. 2 (Feb. 2001): 120–29, doi: 10.1038/35052535.

6 John E. Dick and Tsvee Lapidot, "Biology of Normal and Acute Myeloid Leukemia Stem Cells," *International Journal of Hematology* 82, no. 5 (Dec. 2005): 389–96, doi: 10.1532/IJH97. 05144.

7 Elsa Quintana et al., "Efficient Tumour Formation by Single Human Melanoma Cells," *Nature* 456 (Dec. 2008): 593–98, https://doi.org/10.1038/nature07567.

8 Ian Collins and Paul Workman, "New Approaches to Molecular Cancer Therapeutics," *Nature Chemical Biology* 2 (Dec. 2006): 689–700, https://doi.org/10.1038/nchembio840.

9 Jay J. H. Park et al., "An Overview of Precision Oncology Basket and Umbrella Trials for Clinicians," *CA: A Cancer Journal for Clinicians* 70, no. 2 (April 2020): 125–37, https://doi.org/10.3322/caac.21600.

10 David M. Hyman et al., "Vemurafenib in Multiple Nonmelanoma Cancers with BRAF V600 Mutations," *New England Journal of Medicine* 373 (Aug. 2015): 726–36, doi: 10.1056/NEJMoa1502309.

11 Chul Kim and Giuseppe Giaccone, "Lessons Learned from BATTLE-2 in the War on Cancer: The Use of Bayesian Method in Clinical Trial Design," *Annals of Translational Medicine* 4, no. 23 (Dec. 2016): 466, doi: 10.21037/atm.2016.11.48.

12 Sawsan Rashdan and David E. Gerber, "Going into BATTLE: Umbrella and Basket Clinical Trials to Accelerate the Study of Biomarker-Based Therapies," *Annals of Translational Medicine* 4, no. 24 (Dec. 2016): 529, doi: 10.21037/atm.2016.12.57.

13 Michael B. Yaffe, "The Scientific Drunk and the Lamppost: Massive Sequencing Efforts in Cancer Discovery and Treatment," *Science Signaling* 6, no. 269 (April 2013): pe13, doi:

10.1126/scisignal.2003684.

14 D. W. Smithers and M. D. Cantab, "Cancer: An Attack on Cytologism," *Lancet* 279, no. 7228 (March 1962): 493–99, https://doi.org/10.1016/S0140-6736(62)91475-7.

15 Otto Warburg, K. Posener, and E. Negelein, "The Metabolism of Cancer Cells," *Biochemische Zeitschrift* 152 (1924): 319–44.

16 Ralph J. DeBerardinis and Navdeep S. Chandel, "We Need to Talk About the Warburg Effect," *Nature Metabolism* 2, no. 2 (Feb. 2020): 127–29, doi: 10.1038/s42255-020-0172-2.

細胞の歌

1 Wallace Stevens, "Thirteen Ways of Looking at a Blackbird," *The Collected Poems of Wallace Stevens* (New York: Alfred A. Knopf, 1971), 92–95.

2 Amitav Ghosh,*The Nutmeg's Curse: Parables for a Planet in Crisis* (Chicago: University of Chicago Press, 2021), 96.

3 Barbara McClintock, "The Significance of Responses of the Genome to Challenge," Nobel Lecture, Sweden (December 8, 1983), https://www.nobelprize.org/uploads/2018/06/mcclintock-lecture.pdf.

4 Carl Ludwig Schleich, *Those Were Good Days: Reminiscences*, trans. Bernard Miall (London: George Allen & Unwin, 1935), 151.

エピローグ――「私のよりよいバージョン」

1 Ryan, "The Test We Set Ourselves," *The Best of It*, 66.

2 Walter Shrank, *Battle Cries of Every Size* (Blurb, 2021), 45.

3 2019年2月におこなったポール・グリーンガードへのインタビューより。

4 Kazuo Ishiguro, *Never Let Me Go* (London: Faber & Faber, 2009).〔『わたしを離さないで』カズオ・イシグロ、土屋政雄訳、ハヤカワepi文庫、2008年〕

5 同上。171–72.

6 同上。171.

7 Louis Menand, "Something About Kathy," *New Yorker* (March 20, 2005).

8 Doris A. Taylor et al., "Building a Total Bioartificial Heart: Harnessing Nature to Overcome the Current Hurdles,"*Artificial Organs* 42, no.10 (Oct. 2018): 970–82, doi: 10.1111/aor.13336.

9 Michael J. Sandel,"The Case Against Perfection,"*Atlantic* (April 2004), https://www.theatlantic.com/magazine/archive/2004/04/the-case-against-perfection/302927/.

10 同上。

11 William Saletan,"Tinkering with Humans,"*New York Times* (July 8, 2007), https://www.

nytimes.com/2007/07/08/books/review/Saletan.html.

12 Luke Darby, "Silicon Valley Doofs Are Spending $8,000 to Inject Themselves with the Blood of Young People," *GQ* (February 20, 2019), https://www.gq.com/story/silicon-valley-young-blood.

13 Sandel, "The Case Against Perfection."

14 Ornob Alam, "Sickle-Cell Anemia Gene Therapy," *Nature Genetics* 53, no. 8 (2021): 1119, doi: 10.1038/s41588-021-00918-8. 以下も参照されたい。Arthur Bank, "On the Road to Gene Therapy for β-Thalassemia and Sickle Cell Anemia," *Pediatric Hematology and Oncology* 25, no. 1 (2008): 1–4, doi: 10.1080/08880010701773829; G. Lucarelli et al., "Allogeneic Cellular Gene Therapy in Hemoglobinopathies—Evaluation of Hematopoietic SCT in Sickle Cell Anemia," *Bone Marrow Transplantation* 47, no.2 (Feb. 2012): 227–30, doi: 10.1038/bmt.2011.79; R. Alami et al., "Anti-β S-Ribozyme Reduces β S mRNA Levels in Transgenic Mice: Potential Application to the Gene Therapy of Sickle Cell Anemia," *Blood Cells, Molecules, and Diseases* 25, no. 2 (April 1999): 110–19, doi: 10.1006/bcmd.1999.0235; A. Larochelle et al., "Engraftment of Immune-Deficient Mice with Primitive Hematopoietic Cells from β-Thalassemia and Sickle Cell Anemia Patients: Implications for Evaluating Human Gene Therapy Protocols," *Human Molecular Genetics* 4, no. 2 (Feb. 1995): 163–72, doi: 10.1093/hmg/4.2.163; W. Misaki, "Bone Marrow Transplantation (BMT) and Gene Replacement Therapy (GRT) in Sickle Cell Anemia," *Nigerian Journal of Medicine* 17, no. 3 (2008): 251–56, doi: 10.4314/njm.v17i3.37390; Julie Kanter et al., "Biologic and Clinical Efficacy of LentiGlobin for Sickle Cell Disease," *New England Journal of Medicine* 386, no. 7,617-28 (Feb. 2022), https://www.nejm.org/doi/full/10.1056/NEJMoa2117175.

15 Sunita Goyal et al., "Acute Myeloid Leukemia Case after Gene Therapy for Sickle Cell Disease," *New England Journal of Medicine* (Jan. 2022), https://www.nejm.org/doi/full/10.1056/NEJMoa2109167. 以下も参照されたい。Nick Paul Taylor, "Bluebird Stops Gene Therapy Trials after 2 Sickle Cell Patients Develop Cancer," *Fierce Biotech* (February 16, 2021), https://www.fiercebiotech.com/biotech/bluebird-stops-gene-therapy-trials-after-2-sickle-cell-patients-develop-cancer.

16 Christian Brendel et al., "Lineage-Specific BCL11A Knockdown Circumvents Toxicities and Reverses Sickle Phenotype," *Journal of Clinical Investigation* 126, no. 10 (Oct. 2016): 3868–78, doi: 10.1172/JCI87885.

17 Erica B. Esrick et al., "Post-Transcriptional Genetic Silencing of BCL11A to Treat Sickle Cell Disease," *New England Journal of Medicine* 384 (2021): 205–15, doi: 10.1056/NEJMoa2029392.

18 Adam C. Wilkinson et al., "Cas9-AAV6 Gene Correction of Beta-Globin in Autologous HSCs Improves Sickle Cell Disease Erythropoiesis in Mice," *Nature Communications* 12, no. 1 (Jan.

2021): 686, doi: 10.1038/s41467-021-20909-x.

19 Michael Eisenstein, "Graphite Bio: Gene Editing Blood Stem Cells for Sickle Cell Disease," *Nature Biotechnology* (July 7, 2021), https://www.nature.com/articles/d41587-021-00010-w.

参考文献

Ackerknecht, Erwin Heinz. *Rudolf Virchow: Doctor, Statesman, Anthropologist*. Madison: University of Wisconsin Press, 1953.〔『ウィルヒョウの生涯——19世紀の巨人＝医師・政治家・人類学者』E・H・アッカークネヒト、舘野之男、村上陽一郎、河本英夫、溝口元訳、サイエンス社、1984年〕

Ackerman, Margaret E., and Falk Nimmerjahn. *Antibody Fc: Linking Adaptive and Innate Immunity*. Amsterdam: Elsevier, 2014.

Addison, William. *Experimental and Practical Researches on Inflammation,and on the Origin and Nature of Tubercles of the Lungs*. London: J. Churchill, 1843.

Aktipis, Athena. *The Cheating Cell: How Evolution Helps Us Understand and Treat Cancer*. Princeton, NJ: Princeton University Press, 2020.〔『がんは裏切る細胞である——進化生物学から治療戦略へ』アシーナ・アクティピス、梶山あゆみ訳、みすず書房、2021年〕

Alberts, B., A. Johnson, J. Lewis, M. Raff, K. Roberts, P. Walter. *Molecular Biology of the Cell*. 5th ed. New York: Garland Science, 2007.〔『細胞の分子生物学　第5版』ブルース・アルバーツ、アレクサンダー・ジョンソン、ジュリアン・ルイス、マーティン・ラフ、キース・ロバーツ、ピーター・ウォルター、中村桂子、松原謙一監訳、青山聖子、滋賀陽子、滝田郁子、中塚公子、羽田裕子、宮下悦子訳、ニュートン・プレス、2020年〕

Alberts, B., D. Bray, K. Hopkin, A. D. Johnson, J. Lewis, M. Raff, K. Roberts, P. Walter. *Essential Cell Biology*. 4th ed. New York: Garland Science, 2013.〔『Essential 細胞生物学（原書第4版）』ブルース・アルバーツ、デニス・ブレイ、カレン・ホプキン、アレクサンダー・ジョンソン、ジュリアン・ルイス、マーティン・ラフ、キース・ロバーツ、ピーター・ウォルター、中村桂子、松原謙一監訳、南江堂、2016年〕

Appelbaum, Frederick R. *E. Donnall Thomas, 1920–2012*. Biographical Memoirs. National Academy of Sciences online, 2021, http://www.nasonline.org/publications/biographical-memoirs/memoir-pdfs/thomas-e-donnall.pdf.

Aristotle. *De Anima*. Translated by R. D. Hicks. New York: Cosimo Classics, 2008.〔『新版　アリストテレス全集7　魂について　自然学小論集』アリストテレス、編集委員・内山勝利、神崎繁、中畑正志、岩波書店、2014年〕

———.*On the Soul, Parva Naturalia, On Breath*. Translated by W. S. Hett. London: William Heinemann, 1964. First published 1691.〔『新版　アリストテレス全集7　魂について　自然学小論集』〕

Aubrey, John. *Aubrey's Brief Lives*. London: Penguin Random House UK, 2016.〔『名士小伝』ジョン・オーブリー、橋口稔、小池銈訳、冨山房百科文庫、1979年〕

Barton, Hazel B., and Rachel J. Whitaker, eds. *Women in Microbiology*. Washington, DC: American Society for Microbiology Press, 2018.

Bazell, Robert. *Her-2: The Making of Herceptin, a Revolutionary Treatment for Breast Cancer*. New York: Random House, 1998.〔『ハーセプチン Her-2——画期的乳がん治療薬ハーセプチンが誕生するまで』ロバート・バゼル、中村清吾監修、福見一郎訳、篠原出版新社、2008年〕

Biss, Eula. *On Immunity: An Inoculation*. Minneapolis: Graywolf Press, 2014.〔『子どもができて考えた、ワクチンと命のこと。』ユーラ・ビス、矢野真千子訳、柏書房、2018年〕

Black, Brian. *The Character of the Self in Ancient India: Priests, Kings, and Women in the Early Upanishads*. Albany: State University of New York Press, 2007.

Bliss, Michael. *Banting: A Biography*. Toronto: University of Toronto Press, 1992.〔『バンティング——インスリンの発見による栄光と苦悩の生涯』マイケル・ブリス、堀田饒訳、毎日新聞出版、2021年〕

———. *The Discovery of Insulin*. Toronto: McClelland & Stewart, 2021.〔『インスリンの発見』マイケル・ブリス、堀田饒訳、朝日新聞社、1993年〕

Boccaccio, Giovanni. *The Decameron of Giovanni Boccaccio*. Translated by John Payne. Frankfurt, Ger.: Outlook Verlag GmbH, 2020.〔『デカメロン（上、中、下）』ジョヴァンニ・ボッカッチョ、平川祐弘訳、河出文庫、2017年〕

Boyd, Byron A. *Rudolf Virchow: The Scientist as Citizen*. New York: Garland, 1991.

Bradbury, S. *The Evolution of the Microscope*. Oxford, UK: Pergamon Press, 1967.

Brasier, Martin. *Secret Chambers: The Inside Story of Cells and Complex Life*. Oxford, UK: Oxford University Press, 2012.

Brivanlou, Ali H., ed. *Human Embryonic Stem Cells in Development*. Cambridge, MA: Academic Press, 2018.

Burnet, Macfarlane. *Self and Not-Self*. London: Cambridge University Press, 1969.

Cajal, Santiago Ramon Y. *Recollections of My Life*. Translated by E. Horne Craigie and Juan Cano. Cambridge, MA: MIT Press, 1996.

Camara, Niels Olsen Saraiva, and Tarcio Teodoro Braga, eds. *Macrophages in the Human Body: A Tissue Level Approach*. San Diego: Elsevier Science, 2022.

Campbell, Alisa M. *Monoclonal Antibody Technology: The Production and Characterization of Rodent and Human Hybridomas*. Amsterdam: Elsevier, 1984.

Canetti, Elias. *Crowds and Power*. Translated by Carol Stewart. New York: Continuum, Farrar, Straus and Giroux, 1981.〔『群衆と権力（上、下）』エリアス・カネッティ、岩田行一訳、法政大学出版局ほか〕

Carey, Nessa. *The Epigenetics Revolution: How Modern Biology Is Rewriting Our Understanding of Genetics, Disease, and Inheritance*. London: Icon Books, 2011.〔『エピジェネティクス革命

——世代を超える遺伝子の記憶』ネッサ・キャリー、中山潤一訳、丸善出版、2015年〕

Caron, George R., and Charlotte E. Meares. *Fire of a Thousand Suns: The George R. "Bob" Caron Story: Tail Gunner of the Enola Gay*. Westminster, CO: Web, 1995.〔『わたしは広島の上空から地獄を見た——エノラ・ゲイの搭乗員が語る半生記』ジョージ・R・キャロン、シャルロット・E・ミアーズ、金谷俊則訳、文芸社、2023年〕

Carroll, Lewis. *Alice's Adventures in Wonderland*. London: Penguin Books, 1998.〔『不思議の国のアリス』ルイス・キャロル、河合祥一郎訳、角川文庫ほか〕

Chapman, Allan. *England's Leonardo: Robert Hooke and the Seventeenth-Century Scientific Revolution*. Bristol, UK: Institute of Physics Publishing, 2005.

Conner, Clifford D. *A People's History of Science: Miners, Midwives, and "Low Mechanicks."* New York: Nation Books, 2005.

Copernicus, Nicolaus. *On the Revolutions of Heavenly Spheres*. Translated by Charles Glenn Wallis. New York: Prometheus Books, 1995.〔『天体の回転について』コペルニクス、矢島祐利訳、岩波文庫、1953年〕

Crawford, Dorothy H. *The Invisible Enemy: A Natural History of Viruses*. Oxford, UK: Oxford University Press, 2002.〔『見えざる敵ウイルス——その自然誌』ドロシー・H・クローフォード、寺嶋英志訳、青土社、2002年〕

Danquah, Michael K., and Ram I. Mahato, eds. *Emerging Trends in Cell and Gene Therapy*. New York: Springer, 2013.

Darwin, Charles. *On the Origin of Species*. Edited by Gillian Beer. Oxford, UK: Oxford University Press, 2008.〔『種の起源（上、下）』チャールズ・ダーウィン、渡辺政隆訳、光文社古典新訳文庫ほか〕

Davis, Daniel Michael. *The Compatibility Gene: How Our Bodies Fight Disease, Attract Others, and Define Our Selves*. Oxford, UK: Oxford University Press, 2014.

Dawkins, Richard. *The Selfish Gene*. Oxford, UK: Oxford University Press, 1989.〔『利己的な遺伝子』リチャード・ドーキンス、日高敏隆、岸由二、羽田節子、垂水雄二訳、紀伊國屋書店、2018年〕

Dettmer, Philipp. *Immune: A Journey into the Mysterious System That Keeps You Alive*. New York: Random House, 2021.

DeVita, Jr., Vincent T., Theodore S. Lawrence, Steven A. Rosenberg, eds. *Cancer: Principles & Practice of Oncology*. 2nd ed. Philadelphia: Lippincott Williams & Wilkins, 2015.〔『デヴィータ がんの分子生物学』ビンセント・T・デヴィータJr.、セオドール・S・ローレンス、スティーブン・A・ローゼンバーグ編、宮園浩平、石川冬木、間野博行監訳、メディカル・サイエンス・インターナショナル、2017年〕

Dickinson, Emily. *The Complete Poems of Emily Dickinson*. Edited by Thomas H. Johnson. Boston: Little, Brown, 1960.〔『対訳 ディキンソン詩集——アメリカ詩人選（3）』亀井俊介編、

岩波書店、1998年〕

Dobson, Mary. *The Story of Medicine: From Leeches to Gene Therapy*. London: Quercus, 2013.

Dollinger, Ignaz. *Was ist Absonderung und wie geschieht sie?: Eine akademische Abhandlung von Dr. Ignaz Dollinger*. Wurzburg, Ger.: Nitribitt, 1819.

Doyle, Arthur Conan. *The Adventures of Sherlock Holmes*. Hertfordshire, UK: Wordsworth, 1996.〔『シャーロック・ホームズの冒険〈新版〉(上、下)』コナン・ドイル、大久保康雄訳、ハヤカワ・ミステリ文庫ほか〕

Dunn, Leslie. *Rudolf Virchow: Four Lives in One*. Self-published, 2016.

Dunn, Leslie Clarence. *A Short History of Genetics: The Development of Some of the Main Lines of Thought, 1864–1939*. Ames: Iowa State University Press, 1991.

Dyer, Betsey Dexter, and Robert Alan Obar. *Tracing the History of Eukaryotic Cells: The Enigmatic Smile*. New York: Columbia University Press, 1994.

Edwards, Robert Geoffrey, and Patrick Christopher Steptoe. *A Matter of Life: The Story of a Medical Breakthrough*. New York: William Morrow, 1980.〔『試験管ベビー』ロバート・エドワーズ、パトリック・ステプトウ、加藤隆訳、時事通信社、1980年〕

Ehrlich, Paul R. *The Collected Papers of Paul Ehrlich*. Edited by F. Himmelweit, Henry Hallett Dale, and Martha Marquardt. Amsterdam: Elsevier Science & Technology, 1956.

———. *Collected Studies on Immunity*. New York: John Wiley & Sons, 1906.

Florkin, Marcel. *Papers About Theodor Schwann*. Paris: Liege, 1957.

Frank, Lone. *The Pleasure Shock: The Rise of Deep Brain Stimulation and Its Forgotten Inventor*. New York: Penguin Random House, 2018.〔『闇の脳科学――「完全な人間」をつくる』フランク・ローン、赤根洋子訳、文藝春秋、2020年〕

Friedman, Meyer, and Gerald W. Friedland. *Medicine's 10 Greatest Discoveries*. New Haven, CT: Yale University Press, 1998.〔『医学の10大発見――その歴史の真実』マイヤー・フリードマン、ジェラルド・W.フリードランド、鈴木邑訳、ニュートンプレス、2000年〕

Galen. *On the Usefulness of the Parts of the Body*. Translated by Margaret Tallmadge May. Ithaca, NY: Cornell University Press, 1968.

Geison, Gerald L. *The Private Science of Louis Pasteur*. Princeton, NJ: Princeton University Press, 1995.〔『パストゥール――実験ノートと未公開の研究』ジェラルド・L・ギーソン、長野敬、太田英彦訳、青土社、2000年〕

Ghosh, Amitav. *The Nutmeg's Curse: Parables for a Planet in Crisis*. Chicago: University of Chicago Press, 2021.

Glover, Jonathan. *Choosing Children: Genes, Disability, and Design*. Oxford, UK: Oxford University Press, 2006.

Godfrey, E.L.B. *Dr. Edward Jenner's Discovery of Vaccination*. Philadelphia: Hoeflich & Senseman, 1881.

Goetz, Thomas. *The Remedy: Robert Koch, Arthur Conan Doyle, and the Quest to Cure Tuberculosis*. New York: Gotham Books, 2014.

Goodsell, David S. *The Machinery of Life*. New York: Springer, 2009.〔『生命のメカニズム――美しいイメージで学ぶ構造生命科学入門』David S. Goodsell、中村春木監訳、工藤高裕、西川建、中村春木訳、シナジー、2015年〕

Greely, Henry T. *CRISPR People: The Science and Ethics of Editing Humans*. Cambridge, MA: MIT Press, 2022.

Grmek, Mirko D. *History of AIDS: Emergence and Origin of a Modern Pandemic*. Translated by Russell C. Maulitz and Jacalyn Duffin. Princeton, NJ: Princeton University Press, 1993.

Gupta, Anil. *Understanding Insulin and Insulin Resistance*. Amsterdam: Elsevier, 2022.

Hakim, Nadey S., and Vassilios E. Papalois, eds. *History of Organ and Cell Transplantation*. London: Imperial College Press, 2003.

Harold, Franklin M. *In Search of Cell History: The Evolution of Life's Building Blocks*. Chicago: University of Chicago Press, 2014.

Harris, Henry. *The Birth of the Cell*. New Haven, CT: Yale University Press, 2000.〔『細胞の誕生――生命の「基」発見と展開』ヘンリー・ハリス、荒木文枝訳、ニュートンプレス、2000年〕

Harvey, William. *On the Motion of the Heart and Blood in Animals*. Edited by Jarrett A. Carty. Translated by Robert Willis. Eugene, OR: Resource, 2016.〔『心臓の動きと血液の流れ』ウィリアム・ハーヴィ、岩間吉也訳、講談社学術文庫、2005年〕

———. *The Circulation of the Blood: Two Anatomical Essays*. Translated by Kenneth J. Franklin. Oxford, UK: Blackwell Scientific, 1958.

Henig, Robin Marantz. *Pandora's Baby: How the First Test Tube Babies Sparked the Reproductive Revolution*. Cold Spring Harbor, NY: Cold Spring Harbor Laboratory Press, 2006.

Hirst, Leonard Fabian. *The Conquest of Plague: A Study of the Evolution of Epidemiology*. Oxford, UK: Clarendon Press, 1953.

Ho, Anthony D., and Richard E. Champlin, eds. *Hematopoietic Stem Cell Transplantation*. New York: Marcel Dekker, 2000.

Ho, Mae-Wan. *The Rainbow and the Worm: The Physics of Organisms*. 3rd ed. Hackensack, NJ: World Scientific, 2008.

Hofer, Erhard, and Jurgen Hescheler, eds. *Adult and Pluripotent Stem Cells: Potential for Regenerative Medicine of the Cardiovascular System*. Dordrecht, Neth.: Springer, 2014.

Hooke, Robert. *Micrographia: Or Some Physiological Descriptions of Minute Bodies Made by Magnifying Glasses with Observations and Inquiries Thereupon*. London: Royal Society, 1665.〔『ミクログラフィア図版集――微小世界図説』ロバート・フック、板倉聖宣、永田英治訳、仮説社、1985年〕

Howard, John M., and Walter Hess. *History of the Pancreas: Mysteries of a Hidden Organ*. New York: Springer Science+Business Media, 2002.

Ishiguro, Kazuo. *Never Let Me Go*. London: Faber & Faber, 2009.〔『わたしを離さないで』カズオ・イシグロ、土屋政雄訳、ハヤカワepi文庫、2008年〕

Jaggi, O. P. *Medicine in India: Modern Period*. Oxford, UK: Oxford University Press, 2000.

Janeway, Charles A., et al. *Immunobiology: The Immune System in Health and Disease*. 5th ed. New York: Garland Science, 2001.〔『免疫生物学——免疫系の正常と病理（第五版）』チャールズ・ジェンウェイ、ポール・トラバース、笹月健彦監訳、南江堂、2003年〕

Jauhar, Sandeep. *Heart: A History*. New York: Farrar, Straus and Giroux, 2018.

Jenner, Edward. *On the Origin of the Vaccine Inoculation*. London: G. Elsick, 1863.

Joffe, Stephen N. *Andreas Vesalius: The Making, the Madman, and the Myth*. Bloomington, IN: AuthorHouse, 2014.

Kaufmann, Stefan H. E., Barry T. Rouse, and David Lawrence Sacks, eds. *The Immune Response to Infection*. Washington, DC: ASM Press, 2011.

Kemp, Walter L., Dennis K. Burns, and Travis G. Brown. *The Big Picture: Pathology*. New York: McGraw-Hill, 2008.

Kenny, Anthony. *Ancient Philosophy*. Oxford, UK: Clarendon Press, 2006.

Kettenmann, Helmut, and Bruce R. Ransom, eds. *Neuroglia*. 3rd ed. Oxford, UK: Oxford University Press, 2013.

Kirksey, Eben. *The Mutant Project: Inside the Global Race to Genetically Modify Humans*. Bristol, UK: Bristol University Press, 2021.

Kitamura, Daisuke, ed. *How the Immune System Recognizes Self and Nonself: Immunoreceptors and Their Signaling*. Tokyo: Springer, 2008.

Kitta, Andrea. *Vaccinations and Public Concern in History: Legend, Rumor, and Risk Perception*. New York: Routledge, 2012.

Koch, Kenneth. *One Train*. New York: Alfred A. Knopf, 1994.

Koch, Robert. *Essays of Robert Koch*. Edited and translated by K. Codell Carter. New York: Greenwood Press, 1987.

Kulstad, Ruth. *AIDS: Papers from Science, 1982–1985*. Washington DC: AAAS Pub., 1986.

Kushner, Rachel. *The Hard Crowd: Essays, 2000–2020*. New York: Scribner, 2021.

Lagerkvist, Ulf. *Pioneers of Microbiology and the Nobel Prize*. Rive Edge, NJ: World Scientific, 2003.

Lal, Pranay. *Invisible Empire: The Natural History of Viruses*. Haryana, Ind.: Penguin/Viking, 2021.

Landecker, Hannah. *Culturing Life: How Cells Became Technologies*. Cambridge, MA: Harvard University Press, 2007.

Lane, Nick. *Power, Sex, Suicide: Mitochondria and the Meaning of Life*. Oxford, UK: Oxford University Press, 2005.〔『ミトコンドリアが進化を決めた』ニック・レーン、斉藤隆央訳、みすず書房、2007年〕

———. *The Vital Question: Energy, Evolution, and the Origins of Complex Life*. New York: W. W. Norton, 2015.〔『生命、エネルギー、進化』ニック・レーン、斉藤隆央訳、みすず書房、2016年〕

Lee, Daniel W., and Nirali N. Shah, eds. *Chimeric Antigen Receptor T-Cell Therapies for Cancer*. Amsterdam: Elsevier, 2020.

Le Fanu, James. *The Rise and Fall of Modern Medicine*. London: Abacus, 2000.

Lewis, Jessica L., ed. *Gene Therapy and Cancer Research Progress*. New York: Nova Biomedical, 2008.

Lostroh, Phoebe. *Molecular and Cellular Biology of Viruses*. New York: Garland Science, 2019.

Lyons, Sherrie L. *From Cells to Organisms: Re-Envisioning Cell Theory*. Toronto: University of Toronto Press, 2020.

Marquardt, Martha. *Paul Ehrlich*. New York: Schuman, 1951.

Maxwell, Robert A., and Shohreh B. Eckhardt. *Drug Discovery: A Casebook and Analysis*. New York: Springer Science+Business Media, 1990.

McCulloch, Ernest A. *The Ontario Cancer Institute: Successes and Reverses at Sherbourne Street*. Montreal: McGill-Queen's University Press, 2003.

McMahon, Lynne, and Averill Curdy, eds. *The Longman Anthology of Poetry*. New York: Pearson/Longman, 2006.

Mickle, Shelley Fraser. *Borrowing Life: How Scientists, Surgeons, and a War Hero Made the First Successful Organ Transplant a reality*. Watertown, MA: Imagine, 2020.

Milo, Ron, and Rob Phillips. *Cell Biology by the Numbers*. New York: Taylor & Francis, 2016.〔『数でとらえる細胞生物学』ロン・ミロ、ロブ・フィリップス、舟橋啓訳、羊土社、2020年〕

Monod, Jacques. *Chance and Necessity: An Essay on the Natural Philosophy of Modern Biology*. New York: Alfred A. Knopf, 1971.〔『偶然と必然――現代生物学の思想的問いかけ』ジャック・モノー、渡辺格、村上光彦 訳、みすず書房、1972年〕

Morris, Thomas. *The Matter of the Heart: A History of the Heart in Eleven Operations*. London: Bodley Head, 2017.

Mukherjee, Siddhartha. *The Emperor of All Maladies: A Biography of Cancer*. New York: Scribner, 2011.〔『がん―4000年の歴史―（上、下）』シッダールタ・ムカジー、田中文訳、ハヤカワ文庫NF、2016年〕

———. *The Gene: An Intimate History*. New York: Scribner, 2016.〔『遺伝子―親密なる人類史―（上、下）』シッダールタ・ムカジー、田中文訳、ハヤカワ文庫NF、2021年〕

Needham, Joseph. *History of Embryology*. Cambridge, UK: University of Cambridge Press, 1934.

Neel, James V., and William J. Schull, eds. *The Children of Atomic Bomb Survivors: A Genetic Study*. Washington, DC: National Academies Press, 1991.

Newton, Isaac. *The Principia: Mathematical Principles of Natural Philosophy*. Translated by I. Bernard Cohen and Anne Whitman. Oakland: University of California Press, 1999.〔『プリンシピア 自然哲学の数学的原理（第1、2、3編）』アイザック・ニュートン、中野猿人訳、講談社ブルーバックス、2019年〕

Nuland, Sherwin B. *Doctors: The Biography of Medicine*. New York: Random House, 2011.〔『医学をきずいた人々――名医の伝記と近代医学の歴史（上、下）』シャーウィン・B・ヌーランド、曽田能宗訳、河出書房新社、1991年〕

Nurse, Paul. *What Is Life? Understand Biology in Five Steps*. London: David Fickling Books, 2020.〔『WHAT IS LIFE（ホワット・イズ・ライフ？）生命とは何か』ポール・ナース、竹内薫訳、ダイヤモンド社、2021年〕

O'Malley, C. D. *Andreas Vesalius of Brussels, 1514–1564*. Berkeley: University of California Press, 1964.

O'Malley, Charles, and J. B. Saunders, eds. *The Illustrations from the Works of Andreas Vesalius of Brussels*. New York: Dover, 2013.

Ogawa, Yōko. *The Memory Police*. Translated by Stephen Snyder. New York: Pantheon Books, 2019.〔『密やかな結晶〈新装版〉』小川洋子、講談社、2020年〕

Otis, Laura. *Muller's Lab*. Oxford, UK: Oxford University Press, 2007.

Oughterson, Ashley W., and Shields Warren. *Medical Effects of the Atomic Bomb in Japan*. New York: McGraw-Hill, 1956.

Ozick, Cynthia. *Metaphor & Memory*. New York: Random House, 1991.

Perin,Emerson C.,et al.,eds. *Stem Cell and Gene Therapy for Cardiovascular Disease*. Amsterdam: Elsevier, 2015.

Pelayo, Rosana, ed. *Advances in Hematopoietic Stem Cell Research*. London: Intech Open, 2012.

Pepys, Samuel. *The Diary of Samuel Pepys*. Edited by Henry B. Wheatley. Translated by Mynors Bright. London: George Bell & Sons, 1893. Available at Project Gutenberg, https://www.gutenberg.org/files/4200/4200-h/4200-h.htm.〔『サミュエル・ピープスの日記』サミュエル・ピープス、臼田昭訳、国文社、1987年〕

Pfennig, David W., ed. *Phenotypic Plasticity and Evolution: Causes, Consequences, Controversies*. Boca Raton, FL: CRC Press, 2021.

Playfair, John, and Gregory Bancroft. *Infection and Immunity*. Oxford, UK: Oxford University Press, 2013.〔『感染と免疫』John Playfair、Gregory Bancroft、入村達郎、伝田香里監訳、加藤健太郎、佐藤佳代子、築地信訳、東京化学同人、2017年〕

Ponder, B.A.J.,and M.J.Waring. *The Genetics of Cancer*. Dordrecht: Springer Science+Business Media, 1995.

Porter, Roy, ed. *The Cambridge History of Medicine*. Cambridge, UK: Cambridge University Press, 2006.

———.*The Greatest Benefit to Mankind. A Medical History of Humanity from Antiquity to the Present*. London: HarperCollins, 1999.

Power, D' Arcy. *William Harvey: Masters of Medicine*. London: T. Fisher Unwin, 1897.

Prakash, S., ed. *Artificial Cells, Cell Engineering and Therapy*. Boca Raton, FL: CRC Press, 2007.

Rasko, John, and Carl Power. *Flesh Made New: The Unnatural History and Broken Promise of Stem Cells*. Sydney, NSW: ABC Books, 2021.

Raza, Azra. *The First Cell: And the Human Costs of Pursuing Cancer to the Last*. New York: Basic Books, 2019.

Reaven, Gerald, and Ami Laws, eds. *Insulin Resistance: The Metabolic Syndrome X*. Totowa, NJ: Humana Press, 1999.

Redi, Francesco. *Experiments on the Generation of Insects*. Translated by Mab Bigelow. Chicago: Open Court, 1909.

Rees, Anthony R. *The Antibody Molecule: From Antitoxins to Therapeutic Antibodies*. Oxford, UK: Oxford University Press, 2015.

Reynolds, Andrew S. *The Third Lens: Metaphor and the Creation of Modern Cell Biology*. Chicago: University of Chicago Press, 2018.

Ridley, Matt. *Genome: The Autobiography of a Species in 23 Chapters*. London: HarperCollins, 2017.〔『ゲノムが語る23の物語』マット・リドレー、中村桂子、斉藤隆央訳、紀伊國屋書店、2000年〕

Robbin, Irving. *Giants of Medicine*. New York: Grosset & Dunlap, 1962.

Robbins, Louise E. *Louis Pasteur: And the Hidden World of Microbes*. New York: Oxford University Press, 2001.〔『ルイ・パスツール——無限に小さい生命の秘境へ』オーウェン・ギンガリッチ編、ルイーズ・E・ロビンズ、西田美緒子訳、大月書店、2010年〕

Rogers, Kara, ed. *Blood: Physiology and Circulation*. Chicago: Britannica Educational, 2011.

Rose, Hilary, and Steven Rose. *Genes, Cells and Brains: The Promethean Promises of the New Biology*. London: Verso, 2014.

Roth, Philip. *Everyman*. London: Penguin Random House, 2016.

Rudisill, Valerie Byrne. *Born with a Bomb: Suddenly Blind from Leber's Hereditary Optic Neuropathy*. Edited by Margie Sabol and Leslie Byrne. Bloomington, IN: AuthorHouse, 2012.

Rushdie, Salman. *Midnight's Children*. Toronto: Alfred A. Knopf, 2010.〔『真夜中の子供たち（上、下）』サルマン・ラシュディ、寺門泰彦訳、岩波文庫、2020年〕

Ryan, Kay. *The Best of It: New and Selected Poems*. New York: Grove Press, 2010.

Sandburg, Carl. *Chicago Poems*. New York: Henry Holt, 1916.〔『シカゴ詩集』カール・サンドバーグ、安藤一郎訳、岩波文庫、1993年〕

Sandel, Michael J. *The Case Against Perfection: Ethics in the Age of Genetic Engineering*. Cambridge, MA: Harvard University Press, 2007.〔『完全な人間を目指さなくてもよい理由——遺伝子操作とエンハンスメントの倫理』マイケル・J・サンデル、林芳紀、伊吹友秀訳、ナカニシヤ出版、2010年〕

Schneider, David. *The Invention of Surgery*. New York: Pegasus Books, 2020.

Schwann, Theodor. *Microscopical Researches into the Accordance in the Structure and Growth of Animals and Plants*. Translated by Henry Smith. London: Sydenham Society, 1847.〔BRAIN and NERVE 63巻1号pp.88-89（医学書院、2011年）シュワン『動物および植物の構造と発育の一致に関する顕微鏡的研究』https://doi.org/10.11477/mf.1416100823〕

Sell, Stewart, and Ralph Reisfeld, eds. *Monoclonal Antibodies in Cancer*. Clifton, NJ: Humana Press, 1985.

Semmelweis, Ignaz. *The Etiology, Concept, and Prophylaxis of Childbed Fever*. Edited and translated by K. Codell Carter. Madison: University of Wisconsin Press, 1983.

Shah, Sonia. *Pandemic: Tracking Contagions, from Cholera to Ebola and Beyond*. New York: Sarah Crichton Books, 2016.〔『感染源——防御不能のパンデミックを追う』ソニア・シャー、上原ゆうこ訳、原書房、2017年〕

Shapin, Steven. *The Scientific Revolution*. Chicago: University of Chicago Press, 2018.〔『「科学革命」とは何だったのか——新しい歴史観の試み』スティーヴン・シェイピン、川田勝訳、白水社、1998年〕

———. *A Social History of Truth: Civility and Science in Seventeenth Century England*. Chicago: University of Chicago Press, 2011.

Shorter, Edward. *Partnership for Excellence: Medicine at the University of Toronto and Academic Hospitals*. Toronto: University of Toronto Press, 2013.

Simmons, John Galbraith. *Doctors & Discoveries: Lives That Created Today's Medicine*. Boston: Houghton Mifflin, 2002.

———. *The Scientific 100: A Ranking of the Most Influential Scientists, Past and Present*. New York. Kensington, 2000.

Skloot, Rebecca. *The Immortal Life of Henrietta Lacks*. London: Macmillan, 2010.〔『ヒーラ細胞の数奇な運命——医学の革命と忘れ去られた黒人女性』レベッカ・スクルート、中里京子訳、河出書房新社、2021年〕

Snow, John. *On the Mode of Communication of Cholera*. London: John Churchill, 1849.〔『コレラの感染様式について』ジョン・スノウ、山本太郎訳、岩波文庫、2022年〕

Solomon, Andrew. *Far from the Tree: Parents, Children and the Search for Identity*. New York:

Scribner, 2013.〔『「ちがい」がある子とその親の物語（Ⅰ）（Ⅱ）（Ⅲ）』アンドリュー・ソロモン、依田卓巳、戸田早紀、高橋佳奈子訳、海と月社〕

———. *The Noonday Demon: An Atlas of Depression*. New York: Scribner, 2001.〔『真昼の悪魔——うつの解剖学（上、下）』アンドリュー・ソロモン、堤理華訳、原書房、2003年〕

Sornberger, Joe. *Dreams and Due Diligence: Till and McCulloch's Stem Cell Discovery and Legacy*. Toronto: University of Toronto Press, 2011.

Spiegelhalter, David, and Anthony Masters. *Covid by Numbers: Making Sense of the Pandemic with Data*. London: Penguin Books, 2022.

Stephens, Trent, and Rock Brynner. *Dark Remedy: The Impact of Thalidomide and Its Revival as a Vital Medicine*. Reading MA : Basic Books, 2009.〔『神と悪魔の薬サリドマイド』トレント・ステフェン、ロック・ブリンナー、本間徳子訳、日経BP社、2001年〕

Stevens, Wallace. *Selected Poems: A New Selection*. Edited by John N. Serio. New York: Alfred A. Knopf, 2009.〔『ウォレス・スティーヴンズ詩集』ウォレス・スティーヴンズ、堀田三郎訳、英宝社、2022年〕

Styron, William. *Darkness Visible: A Memoir of Madness*. New York: Open Road, 2010.〔『見える暗闇——狂気についての回想』ウィリアム・スタイロン、大浦暁生訳、新潮社、1992年〕

Swanson, Larry W., et al. *The Beautiful Brain: The Drawings of Santiago Ramon y Cajal*. New York: Abrams, 2017.

Tesarik, Jan, ed. *40 Years After In Vitro Fertilisation: State of the Art and New Challenges*. Newcastle, UK: Cambridge Scholars, 2019.

Thomas, Lewis. *A Long Line of Cells: Collected Essays*. New York: Book of the Month Club, 1990.

———. *The Medusa and the Snail: More Notes of a Biology Watcher*. New York: Penguin Books, 1995.〔『歴史から学ぶ医学——医学と生物学に関する29章』ルイス・トマス、大橋洋一訳、思索社、1986年〕

Vallery-Radot, Rene. *The Life of Pasteur*. Vol. 1. Translated by R. L. Devonshire. New York: Doubleday, Page, 1920.

Van den Tweel, Jan G., ed. *Pioneers in Pathology*. cham: Springer, 2017.

Vesalius, Andreas. *On the Fabric of the Human Body*. 7 Vols. Vol. 1. Book I. *The Bones and Cartilages*. Translated by William Frank Richardson and John Burd Carman. San Francisco: Norman, 1998.〔『ファブリカ（第1巻、第2巻）』アンドレアス・ヴェサリウス、島崎三郎訳、うぶすな書院、2007年〕

Virchow, Rudolf. *Cellular Pathology as Based upon Physiological and Pathological Histology: Twenty Lectures Delivered in the Pathological Institute of Berlin During the Months of February, March, and April, 1858*. Translated by Frank Chance. London: John Churchill, 1860.〔『細胞病理学——生理的及び病理的組織学を基礎とする』ウィルヒョウ、吉田富三訳、

南山堂、1979年〕

———. *Disease, Life and Man: Selected Essays*. Translated by Lelland J. Rather. Stanford, CA: Stanford University Press, 1938.

Wadman, Meredith. *The Vaccine Race: How Scientists Used Human Cells to Combat Killer Viruses*. London: Black Swan, 2017.〔『ワクチン・レース——ウイルス感染症と戦った、科学者、政治家、そして犠牲者たち』メレディス・ワッドマン、佐藤由樹子訳、羊土社、2020年〕

Wapner, Jessica. *The Philadelphia Chromosome: A Genetic Mystery, a Lethal Cancer, and the Improbable Invention of a Life-Saving Treatment*. New York: The Experiment, 2014.

Wassenaar, Trudy M. *Bacteria: The Benign, the Bad, and the Beautiful*. Hoboken, NJ: Wiley-Blackwell, 2012.

Watson, James D., Andrew Berry. *DNA: The Secret of Life*. London: Arrow Books, 2017.〔『DNA——すべてはここから始まった』ジェームズ・D・ワトソン、アンドリュー・ベリー、青木薫訳、講談社、2003年〕

Watson, Ronald Ross, and Sherma Zibadi, eds. *Lifestyle in Heart Health and Disease*. London: Elsevier, Academic Press, 2018.

Wellmann, Janina. *The Form of Becoming: Embryology and the Epistemology of Rhythm, 1760–1830*. Translated by Kate Sturge. New York: Zone Books, 2017.

Whitman, Walt. *Leaves of Grass: Comprising All the Poems Written by Walt Whitman*. New York: Modern Library, 1892.〔『草の葉 初版』ウォルト・ホイットマン、富山英俊訳、みすず書房、2013年ほか〕

Wiestler, Otmar D., Bernard Haendler, and D. Mumberg, eds. *Cancer Stem Cells: Novel Concepts and Prospects for Tumor Therapy*. Berlin: Springer, 2007.

Wilson, Edmund. *The Cell in Development and Inheritance*. New York: Macmillan, 1897.

Wilson, Edward O. *Letters to a Young Scientist*. New York: Liveright, 2013.〔『若き科学者への手紙——情熱こそ成功の鍵』エドワード・O・ウィルソン、北川玲訳、創元社、2015年〕

Wolpert, Lewis. *How We Live and Why We Die: The Secret Lives of Cells*. London: Faber and Faber, 2009.

Wurtzel, Elizabeth. *Prozac Nation*. Boston: Houghton Mifflin, 1994.〔『私は「うつ依存症」の女——プロザック・コンプレックス』エリザベス・リーツェル、滝沢千陽訳、講談社、2001年〕

Yong, Ed. *I Contain Multitudes: The Microbes Within Us and a Grander View of Life*. London: Bodley Head, 2016.〔『世界は細菌にあふれ、人は細菌によって生かされる』エド・ヨン、安部恵子訳、柏書房、2017年〕

Yount, Lisa. *Antoni van Leeuwenhoek: Genius Discoverer of Microscopic Life*. Berkeley, CA: Enslow, 2015.

Zernicka-Goetz, Magdalena, and Roger Highfield. *The Dance of Life: Symmetry, Cells and How We Become Human*. London: Penguin Books, 2020.

Zhe-Sheng Chen, et al., eds. *Targeted Cancer Therapies, from Small Molecules to Antibodies*. Lausanne, Switz.: Frontiers Media, 2020.

Zimmer, Carl. *Life's Edge: The Search for What It Means to Be Alive*. New York: Penguin Random House, 2021.〔『「生きている」とはどういうことか――生命の境界領域に挑む科学者たち』カール・ジンマー、斉藤隆央訳、白揚社、2023年〕

―――. *A Planet of Viruses*. Chicago: University of Chicago Press, 2015.〔『ウイルス・プラネット』カール・ジンマー、今西康子訳、飛鳥新社、2013年〕

Žižek, Slavoj. *Pandemic! COVID-19 Shakes the World*. Cambridge UK: Polity Books, 2020.〔『パンデミック――世界をゆるがした新型コロナウイルス』スラヴォイ・ジジェク、斎藤幸平監修、中林敦子訳、Pヴァイン、2020年〕

細胞—生命と医療の本質を探る—〔下〕
2024年1月20日　初版印刷
2024年1月25日　初版発行
*
著　者　シッダールタ・ムカジー
訳　者　田中　文
発行者　早川　浩
*
印刷所　三松堂株式会社
製本所　大口製本印刷株式会社
*
発行所　株式会社　早川書房
東京都千代田区神田多町2－2
電話　03-3252-3111
振替　00160-3-47799
https://www.hayakawa-online.co.jp
定価はカバーに表示してあります
ISBN978-4-15-210301-7　C0047
Printed and bound in Japan
乱丁・落丁本は小社制作部宛お送り下さい。
送料小社負担にてお取りかえいたします。